GERHARD JELINEK

1924 SCHNELLER, FRECHER, WILDER

DER BEGINN DER FABELHAFTEN ZWANZIGER

Mit 32 Abbildungen

Amalthea Verlag

Bleiben wir verbunden!

Besuchen Sie uns auf unserer Homepage **amalthea.at**
und abonnieren Sie unsere monatliche Verlagspost unter
amalthea.at/newsletter

Wenn Sie immer aktuell über unsere Autor:innen und
Neuerscheinungen informiert bleiben wollen, folgen
Sie uns auf Instagram oder Facebook unter
@amaltheaverlag

Sie möchten uns Feedback zu unseren Büchern geben?
Wir freuen uns auf Ihre Nachricht an **verlag@amalthea.at**

Der Umwelt zuliebe **#ohnefolie**

Umschlaggestaltung und Satz: Anna Haerdtl und Barbara Reiter mit Silvia Fuchs und Andrea Weingrill, Bureau A/O
Umschlagmotiv: © mauritius images/Superstock/Sydney Morning Herald
Lektorat: Gudrun Likar
Herstellung: VerlagsService Dietmar Schmitz GmbH, Heimstetten
Gesetzt aus der Times New Roman, Freight Sans Pro, Voltaire
Designed in Austria, printed in the EU
ISBN 978-3-99050-253-2

INHALT

INHALT

INHALT

VORWORT

JETZT WIRD ALLES GUT. 1924.

Die Welt vergisst eine Pandemie. Die Spanische Grippe hat nach mehreren Wellen ihren tödlichen Schrecken verloren.

Eine Hyperinflation ebbt ab. Der an den Goldwert gebundene Schilling löst in Österreich die alte Krone ab. Wegen seiner Stabilität wird er bald zum „Alpendollar“.

In Deutschland werden auf den Geldscheinen zwölf Nullen gestrichen. Eine „Rentenmark“ ersetzt eine Billion Mark. Zur Sicherung der Währung werden sämtliche Grundstücke auf deutschem Boden verpfändet. Nun kann die Reichsmark eingeführt werden, die etwa einem Vierteldollar entspricht. Die Währungsreform ist bei den verfeindeten Parteien höchst umstritten.

Zehn Jahre nach Beginn des Weltkriegs finden sich Europas Völker langsam mit den neuen Wirklichkeiten ab. Amerika ist die einzige Supermacht. Eine zweite industrielle Revolution und stürmische Fortschritte in der Technik kurbeln die Wirtschaft an. Die Autoindustrie wird zum Motor des Wachstums. Mit der explosionsartigen Verbreitung des Radios und einer boomenden Filmindustrie entsteht eine neue Kultur für Millionen. Die Wirtschaft wächst in den USA jährlich um sechs Prozent: Vollbeschäftigung. Mit 1924 beginnen fünf „goldene Jahre“. Krieg, Revolution, Seuche, Inflation – das war einmal. Jetzt wird alles gut. Hoffnung statt Verzweiflung. Auch nach Europa schwappt die Nachkriegskonjunktur über, schwächer zwar, aber doch.

Stefan Zweig, der österreichische Schriftsteller, dessen Romanporträts in den 1920er-Jahren in Massenauflage gedruckt werden, schreibt in seinem Lebensrückblick *Die Welt von Gestern:* „Es war ... für Europa eine verhältnismäßig ruhige Zeit, dieses Jahrzehnt von

1924 bis 1933, ehe jener eine Mensch unsere Welt zerstörte. Gerade weil sie an Beunruhigungen so schwer gelitten, nahm unsere Generation den relativen Frieden als unverhofftes Geschenk. Wir alle hatten das Gefühl, man müsse nachholen, was die schlimmen Jahre des Kriegs und des Nachkriegs aus unserem Leben an Glück, an Freiheit, an geistiger Konzentration gestohlen; man arbeitete mehr und doch entlasteter, man wanderte, man versuchte, man entdeckte sich wieder Europa, die Welt. Nie sind die Menschen so viel gereist wie in diesen Jahren – war es die Ungeduld der jungen Leute, hastig gutzumachen, was sie versäumt in ihrem gegenseitigen Abgesperrtsein? Was es vielleicht ein dunkles Vorgefühl, man müsse noch rechtzeitig ausbrechen aus der Enge, ehe die Sperre wieder von neuem begann?"

Mit dem amerikanischen Dawes-Plan gelingt vorerst eine Stabilisierung der deutschen Wirtschaft auf Kredit. Bei den Berliner Reichstagswahlen Ende 1924 verlieren die radikalen Ränder, aber die gesellschaftliche Mitte bleibt dennoch gefährlich uneins.

Nach der Depression ist vor der Depression. Von 1924 bis 1929 geht es wirtschaftlich zunächst aufwärts. Selbst in den „Verliererstaaten" Deutschland und Österreich gelingt eine durch große Opfer (und amerikanische Kredite) erkaufte Stabilisierung. Deutschlands Industrie erholt sich, die Arbeitslosigkeit sinkt binnen weniger Monate. Selbst Österreichs Wirtschaft erholt sich auf niedrigem Niveau. Der Priester Ignaz Seipel amtiert als christlichsozialer Bundeskanzler einer „Bürgerblock"-Koalition mit deutschnationalen Parteien und lässt sich als „Retter Österreichs" plakatieren.

In Wien beginnen sich die Menschen langsam an die neue, die unbedeutende Rolle im europäischen Mächtespiel zu gewöhnen: Statt k. u. k. Glanz Bittsteller bei den Siegermächten. Der Völkerbund in Genf stellt die Republik unter Kuratel. Die einstige kaiserliche Metropole wird zum gesellschaftspolitischen Experimentierfeld einer selbstbewussten Sozialdemokratie. Zwischen dem „Roten Wien" und den katholisch-konservativen Bundesländern vertieft sich der Graben. Neben dem alten Adel versucht eine kleine Schicht von Neureichen auf dem gesellschaftlichen Parkett zu glänzen. Die teuren Logen auf der ersten Opernredoute nach dem Krieg sind zwar ausverkauft, doch Hunderte „normale" Eintrittskarten müssen verschenkt werden.

Die seit 1918 ungestillte Sehnsucht nach einem Anschluss Österreichs ans Deutsche Reich wird von den Siegermächten ignoriert. Österreich ist neutral und nähert sich Italien an. In Rom regiert seit zwei Jahren ein ehemaliger sozialistischer Journalist. Benito Mussolini träumt von einem neuen Imperium am Mittelmeer und erfindet den Faschismus als totalitäre Massenbewegung.

In Wien platzt im Frühjahr 1924 eine riesige Spekulationsblase. Finanzielle Abenteurer scheitern mit ihren Termingeschäften gegen den französischen Franc. Panik reißt die Börsenkurse nach unten. Kleinere und größere Banken schließen ihre Schalter. Sparer verlieren ihren Notgroschen. Das „Sanierungswerk" von Bundeskanzler Ignaz Seipel, dem es nach zähen Verhandlungen gelingt, einen vom Völkerbund garantierten Kredit für die notleidende Alpenrepublik zu bekommen, droht zu scheitern.

Der sagenhaft reiche Camillo Castiglioni, Großspekulant, wagemutiger Industrieller, Kunstliebhaber, finanziert dem Theatererneuerer Max Reinhardt die Rückkehr aus Berlin nach Wien. Das Theater in der Josefstadt wird unter der Direktion Reinhardts zu einer Bühne, auf der die großen deutschsprachigen Schauspieler gefeiert werden. Richard Strauss verlässt die Wiener Staatsoper im Streit und macht damit das kulturelle Wien zur Provinz.

In den „Goldenen Zwanzigern" verzücken neue Rhythmen die Welt: der Foxtrott, der Shimmy. 1924 schreibt der 29-jährige Pianist James P. Johnson den Schlager, der für eine ganze Epoche steht: „The Charleston". Das Jahrhundert des Jazz hat begonnen.

Auch in der Weimarer Republik swingt die neuartige amerikanische Musik in den Tanzsälen und Nachtcafés. Die Piccadilly Four aus Wiesbaden gelten als erste deutsche Jazzband. Auch wenn der US-Import von konservativen Kulturwächtern als „Negerkrach“ verunglimpft wird, so erobert er doch die Varietés.

Im französischen Chamonix beginnen die ersten Olympischen Winterspiele. Vier Sportler aus Österreich tragen die rot-weiß-roten Farben. Alle kommen aus Wien. Alle gewinnen Medaillen. Athleten aus Deutschland dürfen noch immer nicht an internationalen Wettspielen teilnehmen.

Auch die Olympischen Sommerspiele werden in Frankreich eröffnet. Das finnische Laufwunder Paavo Nurmi siegt in Paris und gewinnt fünf Goldmedaillen. Sein Name geht in den allgemeinen Sprachgebrauch ein: „Laufen wie ein Nurmi.“ Der US-amerikanische Schwimmer Johnny Weissmuller stellt einen neuen Weltrekord über 100 Meter Freistil auf. Er wird später als Tarzan Filmgeschichte schreiben.

Thomas Mann veröffentlicht seinen Roman *Der Zauberberg*. In den Lichtspielhäusern feiert Greta Garbo mit *Gösta Berling* – ihrem ersten Film unter diesem Namen – Triumphe. Die Schauspielikone Eleonora Duse stirbt. Die moderne Frau legt das Korsett ab: Bubikopf und kurze Röcke deuten ungeahnte sexuelle Freiheiten an. In Amerika nennt man diese Mädchen Flapper Girls. Tagsüber arbeiten sie in den Kontoren, nachts tanzen, rauchen, leben sie – einige auch exzessiv. Die meisten aber können vom schönen Leben, das ihnen auf der Leinwand vorgespiegelt wird, nur träumen.

In Wien findet Arthur Schnitzler eine neue Liebe. Der Engländer George Mallory scheitert beim Versuch, erstmals den Mount Everest zu besteigen, und gilt als verschollen. Berlin wird zum Zentrum der avantgardistischen Moderne: Konstruktivismus, Futurismus und die Künstler des Bauhauses.

Wetterleuchten am Horizont.

Wladimir Iljitsch Lenin stirbt in Gorki bei Moskau. Der Revolutionär und Putschist hat mit seinen Genossen die Sowjetunion gegründet. Seine Träume von einer mit wissenschaftlicher Notwendigkeit kommenden Weltrevolution sind gescheitert. Sein Nachfolger Josef Stalin übernimmt die Kommunistische Partei und wird die Sowjetunion zu einem diktatorischen Terrorstaat umbauen. Lenin ahnt das und warnt in seinem Testament vor dem Georgier Stalin. Er will ihn verhindern, auch damit scheitert der Todkranke.

In München wird der Führer einer krakeelenden Kleinpartei wegen eines dilettantischen Putschversuchs, bei dem ein Dutzend Menschen sterben, in einem Prozess zu nur vier Jahren Festungshaft verurteilt. Die Weltpresse schreibt von einem „Skandalurteil" einer mit den Angeklagten klüngelnden bayrischen Justiz. Adolf Hitler verfasst auf der Festung Landsberg seine politische Biografie: *Mein Kampf*. Nach wenigen Monaten Haft wird der Nationalsozialist noch im gleichen Jahr begnadigt.

Drei amerikanische Flugzeuge umrunden die Welt in 175 Tagen. Der deutsche Zeppelin Z.R. III überfliegt erstmals den Atlantik. Und der norwegische Polarforscher Roald Amundsen muss Konkurs anmelden. Österreichs Nationalteam schlägt Bulgarien 6:0, während Deutschland sein erstes Länderspiel gegen Italien verliert. Der Wiener Kicker-Star Matthias Sindelar beginnt bei einem neuen Verein und wirbt – eher untypisch für den späteren Cafetier – für saure Milch mit Erdbeermarmelade: „Fru-Fru".

Das Automobil gibt Gas, verdrängt Kutschen und Spaziergänger von den Straßen. In den USA fahren Mitte der 1920er-Jahre schon 15 Millionen Autos auf den Straßen. Das Jahrhundert der individuellen Mobilität beginnt. Fließbandarbeit verändert die Welt. Die industrielle Produktion bedrängt und verdrängt das Gewerbe. Konsumgüter werden für Millionen erschwinglich. Zwei neue Automarken prangen am Kühlergrill: Mercedes-Benz und Volvo. Beide Firmen werden 1924 gegründet.

Und in Österreich spottet Karl Kraus: „Der Hausmeister ist an den Kosmos angeschlossen." Das Radio ist erfunden. Der Rundfunk wird zum Massenmedium.

1924 WIRD DAS LEBEN SCHNELLER, FRECHER UND WILDER.
DIE FÜNF »GOLDENEN ZWANZIGERJAHRE« BEGINNEN.
ES WIRD EIN KURZES JAHRZEHNT.

DIE ERSTE BANKNOTE DER ÖSTERREICHISCHEN NATIONALBANK

NEUES JAHR, NEUER GELDSCHEIN, ALTE WÄHRUNG

2. JÄNNER · Das Jahr beginnt gut. Endlich kommt die Republik auch in den Portemonnaies der Österreicher an. Seit dem Ende der Monarchie hat die österreichisch-ungarische Nationalbank die alten k. u. k. Geldscheine eingezogen. Neue Banknoten werden aber mit den alten Klischees weiter gedruckt. Die Insignien der Habsburgermonarchie bleiben so erhalten. Auch die Trennung der Nationalbanken in nationale Zentralbanken der Nachfolgestaaten dauert Jahre. Die Doppelmonarchie gibt es seit November 1918 nicht mehr, eine österreichisch-ungarische Nationalbank aber schon.

1924 ist damit Schluss. Die im Jahr zuvor gegründete OeNB lässt einen neuen 10 000-Kronen-Schein drucken. Der Maler und Grafiker Rudolf Junk hat die Banknote ohne besondere Idee entworfen. Eine blondgelockte Maid mit zwölf Blüten im Haarkranz blickt versonnen in eine ungewisse Zukunft.

Der erste Schein wird auch der letzte sein. Denn schon zum Jahresende werden die Kronen-Papiere mit der roten Aufschrift „Ein Schilling" überdruckt. Der Völkerbundrat in Genf will das so. Der Wunsch der internationalen Geldgeber ist Befehl. Mit dem zügellosen Gelddrucken ist es vorbei. Österreich und Deutschland müssen zu stabilen Währungen zurückkehren.

Am 20. Dezember wird vom österreichischen Nationalrat das „Schillingrechnungsgesetz" beschlossen. Ein Schilling entspricht 10 000 alten Kronen. Die Münzen werden schon ab Juni ausgegeben und ersetzen die 10 000-Kronen-Scheine. Der Feingoldgehalt der neuen Währung wird mit exakt 0,211720086 Gramm festgelegt. Demnach wäre ein Schilling des Jahres 1924 heute 12,60 Euro wert, wäre der alte Schilling tatsächlich mit Gold aufzuwiegen gewesen.

Beim viel größeren nördlichen Nachbarn wird auf Druck Englands – und im Hintergrund Amerikas – endlich eine Währungsreform möglich. Die dem Verlierer Deutschland beim Friedensvertrag von Versailles aufgezwungenen und unrealistischen Reparationszahlungen für den Weltkrieg werden indirekt gesenkt. Die Gesamtsumme von ungeheuren 132 Milliarden Goldmark bleibt auf dem Papier bestehen, aber es gibt keine Zahlungsfrist mehr. Pro Jahr soll das Deutsche Reich eine Milliarde Goldmark zahlen. Das Thema bleibt allerdings auf der politischen Agenda und heizt weiterhin die nationalistische Propaganda an.

Die Vereinigten Staaten haben ein Interesse daran, dass Deutschland wirtschaftlich wieder auf die Beine kommt. Nur wenn die Deutschen an die Franzosen und Engländer zahlen (können), können diese den Amerikanern ihre Kriegsschulden zurückzahlen. Denn bei aller Bündnisfreundschaft: Die ungeheure Menge an Waffen- und Munitionslieferungen der USA an die Alliierten war nicht geschenkt, sondern auf Kredit finanziert.

Während sich die Kriegsverlierer Österreich und Deutschland durch die Hyperinflation auf Kosten ihres Mittelstands rasch entschulden können, müssen Engländer und Franzosen ihre Kriegsschulden in Dollar zahlen. London schafft das mit Mühe durch Steuererhöhungen, Paris hat den Krieg fast zu hundert Prozent mit Krediten finanziert.

Das amerikanische Eigeninteresse hilft Deutschland. New Yorker Banken gewähren dem Deutschen Reich im Rahmen des Dawes-Plans eine Anleihe von 960 Millionen Goldmark, um die Reichsmark zu stabilisieren. Diese Finanzhilfe funktioniert. Deutschland stabilisiert seine Reichsmark und wird wieder kreditwürdig. Die deutsche Industrie erhält Zugang zum internationalen Finanzmarkt. Innerhalb weniger Monate nimmt die Konjunktur Fahrt auf, befeuert von Krediten. In den wilden 1920er-Jahren borgen sich Staat, Geldinstitute und Unternehmen fast 25 Milliarden Reichsmark von den Banken an der New Yorker Wall Street und finanzieren damit die Boomjahre bis zur Weltwirtschaftskrise 1929. Die deutsche Wirtschaft steht unter Dampf, angeheizt durch ein Strohfeuer. Frankreich erhält endlich deutsche Reparationszahlungen und kann nun seinerseits seine Schulden an den amerikanischen Staat rückzahlen. Der Kreislauf des Geldes funktioniert wieder.

Der erste neue Geldschein der Österreichischen Nationalbank wird auch die letzte Banknote mit der „Kronen“-Währung sein. Die Regierung führt den Schilling ein.

ANHALTENDER STARKER FROST

„EINE KÄLTE, WIE WIR SIE SCHON LANGE NICHT VERSPÜRT HABEN“

3. JÄNNER · Es schneit weiter! In der Salzburger Getreidegasse liegt der Schnee am Dreikönigstag fast mannshoch. Für die Passanten ist ein schmaler Weg freigeschaufelt. Österreich, Italien, ja ganz Europa sind von einem dicken Schneemantel bedeckt. Selbst auf Sardinien ist dieser Tage sei 23 Jahren zum ersten Mal wieder Schnee gefallen. Der Vesuv hat eine weiße Haube und raucht. Auch aus Neapel und Sizilien werden starke Schneefälle gemeldet. Das Wetter wird zur Attraktion. Touristen reisen an, „um diesen seltenen Anblick zu genießen“.

In Ancona bebt zu Neujahr zehn Sekunden lang die Erde, was aber eher wenig mit dem Schneefall zu tun haben dürfte. In Mittelitalien herrscht große Kälte, in Rom rieselt seit zwei Tagen leise der Schnee, in Florenz schneit es hingegen heftig. Das Fußball-Länderspiel zwischen Österreich und Italien muss aus Turin nach Genua verlegt werden, da „die Gefahr besteht, daß Schneefall die Durchführung erschwert“.

Wenigstens in Mailand kann gekickt werden. Der Wiener Sportklub besiegt zu Neujahr Internazionale Milano mit 3:1. Heute wäre das eine Sensation. Anno 1924 bestätigt dieser Auswärtserfolg der Mannschaft aus der Wiener Vorstadt nur die europäische Vormachtstellung des Wiener Fußballs am Kontinent.

Der Beginn des Jahres 1924 wird vom Wetter beherrscht. Aber lange bevor die Klimaerwärmung zum Thema wird, bestaunen die Menschen im Alpenland die weiße Pracht. Seit den 1870er-Jahren war Frau Holle nicht mehr so fleißig wie zu Beginn des Jahres 1924. „Die ältesten Leute können sich nicht erinnern, daß in dieser Gegend ein solcher Schneefall jemals vorgekommen wäre. Der Verkehr zwischen den einzelnen Dörfern steht still, die Straßen und

Wege sind alle tief verschneit. Äußerlich sind die Feiertage daher auch sehr still verlaufen."

Die Schneemengen in der Getreidegasse sind so außerordentlich, dass geschäftstüchtige Photographen (vor hundert Jahren schreiben sie sich mit dem schönen griechischen „ph") sogar Ansichtskarten drucken lassen. Das *Linzer Volksblatt* bilanziert die Wetterlage zu den Feiertagen: „Das neue Jahr hat begonnen, wie das alte geschlossen hat, mit einer Kälte, wie wir sie schon lange nicht mehr verspürt haben. Der Neujahrstag war ein prachtvoller Wintertag, der Schnee knirschte unter den Füßen und ein blauer Himmel spannte sich über die weiße Erde. Die Kälte, die am Silvestertage 20 Minusgrade zeigte, hielt auch am Neujahrstage an."

Aus dem Tiroler Achental berichtet der *Allgemeine Tiroler Anzeiger*, dass es seit Menschengedenken rund um Weihnachten nicht mehr so viel geschneit habe. Der Postverkehr ist unterbrochen. Briefe müssen mit Schiffen über den Achensee zugestellt werden. Und

Zu Jahresbeginn zeigt der Winter, was er kann. Riesige Schneehaufen in der Salzburger Getreidegasse sind so ungewöhnlich, dass davon sogar Postkarten gedruckt werden. Die Kälte hat Europa im Griff. Schnee auch in Sizilien und Neapel.

auch in Vorarlberg hat die feuchte Luft aus dem Süden in Kombination mit einer hartnäckigen Nordströmung für jede Menge Pulverschnee gesorgt. 1,70 Meter Schneehöhe werden gemessen. Die Arlbergbahn ist unterbrochen. Das *Vorarlberger Tagblatt* weiß: Die Züge aus dem Osten können immerhin bis Dalaas fahren, dann heißt es für die Passagiere: Schienenersatzverkehr. Mit Fuhrwerken oder zu Fuß geht es weiter bis nach Bludenz.

Das Verkehrschaos, das vor hundert Jahren trotz aller Mühsal keine besondere Aufregung verursacht, hindert die Menschen nicht, Winterfreuden zu genießen. In Lustenau ziehen „die Wintersportler geradezu scharenweise aus, um sich in den umliegenden Bergen zu tummeln. Es ist erfreulich, daß heute so viele junge Leute dieses gesunde Vergnügen dem dumpfen Stubenhocken vorziehen." Und die *Salzburger Nachrichten aus Land und Stadt* wissen aus Lofer zu berichten, dass es ideale Bedingungen für den Wintersport gibt, während sich in Wien Heerscharen von Schneeschauflern bei den Meldestellen der Straßenbahn einfinden. Es werden mehr als 14 000 Arbeiter aufgeboten, um die wichtigsten Straßen vom Schnee zu befreien. Für die vielen Arbeitslosen ist das Schneeschaufeln ein willkommenes Zubrot. Und der Wetterbericht der Zentralanstalt für Meteorologie in der *Wiener Zeitung* verheißt weitere Arbeit: „Wie vorhergesehen, wurde die in den Kontinent eingedrungene warme Luft durch den kräftigen Vorstoß der Kälte wieder zurückgeworfen, beziehungsweise vom Boden abgehoben. Das Frostgebiet ist heute nachts bis zu den Pyrenäen vorgerückt. Die Voraussage lautet: Wechselnd bewölkt, zeitweise leichter Schneefall nicht ausgeschlossen, anhaltender starker Frost."

Die „Schneebahnen" am Semmering bleiben weiterhin gut befahrbar. Das freut die Gäste der Nobelhotels und der Kurhäuser.

DIE ERSTE OPERNREDOUTE NACH DEM KRIEG

„HARMLOSE MENSCHEN MIT VIEL SEHNSUCHT NACH SCHÖNHEIT UND LUXUS!“

22. JÄNNER · Es müssen zwei verschiedene Veranstaltungen gewesen sein. Das *Wiener Salonblatt*, das so tut, als ob es die Monarchie und ihre Gesellschaft noch immer gäbe (was ja partiell auch nicht ganz falsch ist), berichtet geradezu überschwänglich von der ersten Neuauflage des Opernballs im Haus am Ring: „Die Opernredoute hielt alles, was man von ihr nur erwartet hatte. Und man hatte sehr viel erwartet. An Ausschmückung des Raumes, Licht, Glanz, Blumen: Meister Roller hatte sich selbst übertroffen, an reichem Besuch, auch aus dem Auslande, die Erwartungen auch darin erfüllt, vor allem aber an schon Tradition gewordener Schönheit und Charme der Wienerinnen.“

Gegen die äußeren Reize der maskierten Damen wird ein Gentleman wohl nichts einwenden dürfen. Aber so ein Opernball hat seit jeher eine politische Dimension. Der christlichsoziale Bundeskanzler Ignaz Seipel bleibt dem Ball demonstrativ fern. Ein tanzender Priester im Talar wäre damals schwer vorstellbar gewesen. Und die Bekleidungsvorschrift sah Frack, Zylinder und Gehstock vor. Lange Kleider für die Damen sowieso.

Der katholische Politikerpriester ärgert sich im Vorfeld über die Zurschaustellung von Reichtum und Champagnerlaune, das passt nicht zu seinem harten Sparprogramm, das Österreich vom Völkerbund als Preis für einen Millionenkredit verordnet wurde. Das sagt Seipel auch in einer Ansprache vor dem Fest in der Oper. Ihn stören die kolportierten Preise für die begehrten Logen. Zwölf Millionen Kronen kostet einer der plüschigen Sitze für die Redoute. Viel Geld? Damals schon. Für die ins Heute transponierte Summe von rund 6000 Euro lässt sich heute keine

Eine Schöne der Nacht. Der Stummfilmstar Eva May glänzt auf der ersten Wiener Opernredoute nach dem Krieg. Wenige Monate nach dem Ball wird sich Eva May in einem Hotel erschießen. Grund: Der steinreiche Patronenfabrikant Fritz Mandl weigert sich, sie zu heiraten. Er ehelicht später die Schauspielerin Hedwig Kiesler. Sie wird als Hedy Lamarr in Hollywood ein Weltstar.

Loge für den Opernball mehr reservieren, nicht einmal am zweiten Rang. Andere Zeiten.

Der befrackte Berichterstatter von *Der Tag* korrigiert den Bundeskanzler. Er erkennt hinter den Masken der besseren Gesellschaft die verarmte Elite einer klein gewordenen Alpenrepublik. Die Gala-Uniformen der k. u. k. Militärs fehlen, nur die Saaldiener erinnern in ihren schwarz-gelben Livreen an die Habsburgerzeit. „Die Zwölfmillionenlogen waren vollbesetzt, und der Schmuck, die Toiletten der Sanierten, die in ihnen saßen, haben ungeheuere Werte repräsentiert. Die Zweimillionenstadt Wien, Zentrum eines komplizierten mitteleuropäischen Lebens, hat mindestens 106 Familien, die reich, sehr reich sogar sind! Ganz stimmt das nicht, denn ungefähr 30 von diesen Logen beherbergten Tschechoslowaken, Polen, Jugoslawen, Italiener und andere Ausländer. Allerdings, Parkett und Bühnensaal füllten nicht nur die Logengäste, sondern mehr noch die zwei- bis dreitausend Damen und Herren, die ein Eintrittsgeld von einer halben Million zu zahlen hatten."

„Hätten" ist korrekter. Denn im kalten Winter 1924 bleibt die Nachfrage nach Opernballkarten hinter den Erwartungen zurück. So werden kurz vor der Veranstaltung 1500 Billetts weitgehend verschenkt, um sich die Peinlichkeit von gähnender Leere zu ersparen. Das hätte das Bild getrübt. Wien und seine „bessere" Gesellschaft spielen sich selbst alte Größe vor. Die Bühne, nach Entwürfen des Bühnenbildners Alfred Roller adaptiert, ist in ein riesiges Zelt verwandelt und bietet „geradezu einen feenhaften Anblick". Im hellen Licht Dutzender Kristalllüster findet der kritische Blick des *Der Tag*-Reporters manch Fadenscheiniges: „Die Mehrzahl der Besucher war geradezu das, was man schäbig gekleidet nennen darf! Armseligere, unmodernere, fleckengeputzte, gewendete und umgeänderte Fähnchen an solchen Masten hat man noch nie auf einem Elitefest gesehen! Und die Herren erst! Man hätte die Redoute ruhig unter der Devise ‚Frack- und Zylinderrevue 1850 bis heute' vor sich gehen lassen können. Großväterliche und urgroßväterliche Fracks mit mächtigen Schwalbenschwänzen und ungeheuer breiten Hosen. Diese Opernredoute mit ihren Zwölfmillionenlogen war wahrhaftig kein orgiastisches Fest, sie bewies, wie ungeheuer weit wir von einer durchgreifenden Gesundung des Lebens entfernt sind."

In den anderen Wiener Blättern wird da eher die Eleganz der Logengäste gelobt. Das Modellhaus Berta Farnhammer schneidert für ein Dutzend Damen die entsprechenden Roben. Auffallen um einen hohen Preis. Die Stummfilm-Ikone Eva May zieht alle Blicke auf sich: „Weiße Perücke, Silbercorsage, mit Brillanten gestickt, rosa Seide, mit Tüll überzogen, von unten bis oben mit Marabou besetzt, feenhaft." Es ist einer der letzten öffentlichen Auftritte der Schauspielerin. Ihr Liebesleben verläuft turbulent und endet unglücklich. Eva May bemüht sich, ihren Cousin, den schwerreichen Waffenfabrikanten Fritz Mandl, zu ehelichen. Der schillernde Billionär mit exzellenten Kontakten zu den italienischen Faschisten führt jedoch später eine andere Schauspielerin aufs Standesamt: Hedwig Eva Maria Kiesler, die in Hollywood als schönste Frau der Welt gilt, als Hedy Lamarr im Film *Ekstase* die erste Nacktszene der Filmhistorie dreht und einen weiblichen Orgasmus auf die Leinwand bringt.

Ludwig Hirschfeld, Chefredakteur des Gesellschaftsblatts *Moderne Welt* sieht genau hin, greift zur Feder und verpackt ironische Kritik an der neureichen, aber nicht unbedingt stilsicheren Gesellschaft in Reime: „Mit dem Hut im Genick, / Um die Mitte sehr dick, / Im unmöglichen Frack, / Die Hände im Sack, / Mit taxierendem Blick: / Die haben jetzt Glück."

Hat sich viel geändert in hundert Jahren? Die von Bundeskanzler Ignaz Seipel im Vorfeld befürchteten Proteste gegen das scheinbare „Fest der Reichen" bleiben zur allgemeinen Überraschung aus. Der Prälat hat sich geirrt. Die Oper ist schon Stunden vor Beginn der Redoute von einer „erregten Menschenmenge umbraust", schreibt der Journalist von *Der Tag* in einem fiktiven „Brief an den Bundeskanzler": Es sind aber keine wütenden Inflationsopfer, keine zornigen Arbeiter aus den Vorstädten, die von der Polizei zurückgedrängt werden: „Diese Leute, die in bitterer Frostnacht stundenlang ausharrten, waren wirklich nicht gekommen, um zu demonstrieren, sondern – um zu sehen! Um schöne Frauen, elegante Männer, bedeutende Persönlichkeiten, Schmuck und Perlen wenigstens aus der Ferne, von der Galerie herab oder gar nur beim Aussteigen aus dem Auto sehen zu können! Und man hörte keinen Hohn, keine haßerfüllten Beschimpfungen, kein neidisches Wort, sondern nur das ‚Ah!' und ‚Oh!' und ‚Schau!' harmloser Menschen mit viel Sehnsucht nach Schönheit und Luxus!"

THOMAS MANN UND DIE AUFNAHMSPRÜFUNG IN DIE GEISTERWELT

„... DAS UNMÖGLICHE SEHEN, DAS DENNOCH GESCHIEHT.“

2. FEBRUAR · Im Rotlicht erhebt sich ein Taschentuch, schwebt einen Meter über dem Boden. Eine Schreibmaschine beginnt wie von Geisterhand zu klappern. Ein in Trance versetztes Medium, dessen Arme und Beine mit phosphoreszierenden Nadeln gespickt sind, damit im Dunkeln deren Bewegungen beobachtet werden können, überwindet mit der Kraft seines Geistes den Raum und die Schwerkraft. Das Medium hebt von seiner Chaiselongue ab schwebt minutenlang im dunklen Raum. Das Dutzend Zuseher – Ärzte, Universitätsprofessoren und ein Schriftsteller – ist aufgeregt, gar erregt. Die Männer sind Zeugen einer Levitation.

Der Mann, der im Mittelpunkt des Interesses „fliegt“, heißt Rudi Schneider, ein 21-jähriger gelernter Mechaniker aus Braunau am Inn an der bayrisch-österreichischen Grenze. Der Hochschullehrer und praktische Arzt Adalbert Freiherr von Schrenck-Notzing hat Rudi verpflichtet. Er ist zurzeit das bekannteste Medium. An ihm – und an seinem Bruder Willi – will der Freiherr seine parapsychologischen Forschungen betreiben.

Auch Thomas Mann nimmt an dieser exklusiven Séance teil. Der Schriftsteller ist fasziniert und gleichzeitig angewidert, er weiß nicht, was er von dem, was er da sieht, halten soll, und beschreibt seine Zweifel in seinem Essay-Band *Okkulte Erlebnisse:* „Ich werde also versuchsweise noch ein oder das andere Mal mich zu Herrn von Schrenck-Notzing begeben, zwei- oder dreimal, nicht öfter. Das kann mir nicht schaden, ich kenne mich. Ich bin der Mann der kurzen Leidenschaften, ich werde sehen, daß es zu nichts führt und mir das Ganze für immerdar aus dem Sinne schlagen. Ich will auch nicht zwei- oder dreimal noch dorthin gehen, sondern nur noch ein einziges Mal, und dann nie wieder. Ich will nichts weiter, als einmal noch das Taschentuch vor meinen Augen ins Rotlicht aufsteigen sehen. Das ist mir ins Blut gegangen, ich kann's nicht vergessen. Noch einmal möchte ich, gereckten Halses, die Magennerven angerührt von Absurdität, das Unmögliche sehen, das dennoch geschieht."

Was geschieht in der Villa des Münchner Arztes? Schrenck-Notzing ist in jenen Tagen der erfahrenste Experimentator auf dem Gebiet der Parapsychologie. Ein Faszinierter, ein Forscher, kein Scharlatan. Er hat nicht nur mit den beiden Innviertler Brüdern, sondern auch mit anderen „Medien" Séancen abgehalten.

Willi Schneider wird durch Thomas Mann zu einem europäischen Star. Der spätere Nobelpreisträger für Literatur verarbeitet 1924 die Séancen beim Freiherrn Schrenck-Notzing und verwendet das Material, nur ein wenig literarisch verbrämt, für seinen Roman *Der Zauberberg.* Das Medium im Schweizer Sanatorium oberhalb von Davos heißt nicht Willi, sondern Ellen Brand, die Versuchsanordnung im Roman entspricht aber weitgehend dem von Thomas Mann drei Mal Erlebten, Beschriebenen und Gesehenen, es selbst kaum glaubend, aber doch seinen Sinnen vertrauend: „Wir warten. Und bei meiner Ehre, so wahr ich hier sitze, da fängt vor unseren Ohren die Schreibmaschine dort unten am Boden zu ticken an. Es ist verrückt. Es ist, auch nach allem, was zuvor geschehen, verblüffend, lächerlich, empörend durch seine Absurdität und anziehend durch seine Merkwürdigkeit bis zum Äußersten."

In *Der Zauberberg* vertreiben sich die Patienten die Langeweile mit spiritistischen Sitzungen, in denen die Geister der Verstorbenen gerufen werden und auch erscheinen. Das funktioniert – in der Literatur.

Nach dem Ende des Weltkriegs erleben Phänomene (und Betrügereien) des Okkultismus und des Spiritismus eine Hochblüte – in Berlin, Paris, London und Wien. Infolge des Zerfalls der alten politischen Ordnungen, der Auflösung religiöser Bindungen, in einer Atmosphäre gesellschaftlicher Depression und rauschhafter Neuerung suchen viele Menschen die Sensation des Übersinnlichen. In Wien entwickelt der abgerüstete k. u. k. Hauptmann Erich Czernin von Dirkenau einschlägige Aktivitäten. Czernin wird zum Sammelpunkt einer Schar von großbürgerlichen Existenzen und Aristokraten, die Interesse an „übersinnlichen" Erscheinungen mit dem Glauben daran verwechseln. Czernin-Dirkenau engagiert die damals bekanntesten „Medien" zur Vorführung der „physikalischen Phänomene" und berichtet über die Sitzungen in vier Vorträgen, die auch als schmales Büchlein im Wiener „Prognostisch astronomischen Verlag" erscheinen.

Die Zeitungen und die Bevölkerung sind an derartigen „wissenschaftlichen" Veranstaltungen höchst interessiert. Gläubige und Spötter liefern sich auf den Seiten der Boulevardpresse heftige Wortgefechte. Die Aufhebung physikalischer Gesetze durch übersinnliche Kräfte fasziniert das Publikum und auch höchst angesehene Wissenschaftler. Der Psychiater Edmund Holub, Primarius an der Niederösterreichischen Landes-Heil- und Pflegeanstalt für Nerven- und Geisteskranke, wird zum Zentrum dieser Experimente, die sehr oft mit den Schneider-Brüdern Willi und Rudi Am Steinhof stattfinden.

Auch Physiker, Mathematiker und Philosophen des später weltberühmten Wiener Kreises werden in den Bann des Okkulten gezogen, was der wissenschaftlichen Haltung der Forschergruppe diametral entgegengesetzt ist. Dennoch entwickeln einzelne Mitglieder des Wiener Kreises ein höchst intensives Interesse an diesen metaphysischen Phänomenen, die mit dem unscharfen Begriff „Parapsychologie" umschrieben werden. Das führt durchaus zu Kontroversen im Wiener Kreis. Dieser ist die bedeutendste intellektuelle Hervorbringung Wiens der Nachkriegsjahre. Das zentrale Thema dieses interdisziplinären Zirkels von Wissenschaftlern ist eine rational-empirisch geprägte Weltsicht, die unter der Überschrift „Wissenschaftliche Weltauffassung" internationale Geltung erlangt. Karl Popper und Ludwig Wittgenstein gehören der am physikalischen

Institut der Universität Wien diskutierenden Gruppe eigentlich nur am Rande an. Zum ursprünglichen Kreis zählen die Mathematiker Hans Hahn und Richard von Mises sowie der Nationalökonom Otto Neurath. Der Philosophieprofessor Moritz Schlick ist das „Zentralgestirn" dieser Wissenschaftsströmung. Und der Philosoph, der allem Esoterischen abhold ist, lässt sich für eine Kommission zur Wahrheitsfindung gewinnen.

Die eher linksliberale Zeitung *Der Tag* berichtet am 2. Februar in großer Aufmachung über die Gründung eines Komitees, das sich zur Aufgabe gestellt habe, Para-Erscheinungen zu studieren. Sieben honorige Herren, allesamt habilitierte Professoren, darunter eben Moritz Schlick und der weltberühmte Doyen der Wiener Psychiatrie, Julius Wagner-Jauregg, wollen den okkulten Phänomenen auf die Schliche kommen. „Ein Name mit internationaler Bedeutung taucht in der Diskussion auf. Wagner-Jauregg, eine der ersten Leuchten unserer Wiener Medizinischen Fakultät, erklärt sich bereit, die Erscheinungen studieren zu wollen. Was er sagt, werden auch die glauben, die bisher skeptisch waren und in dieser modernsten Wissenschaft nichts anderes fanden, als einen Grund, um ihren voreiligen Spott anzubringen."

Der namenlose Redakteur von *Der Tag* lässt Sympathien fürs Unerklärbare erkennen, wenn er schreibt: „Die offizielle Wissenschaft stand den parapsychischen Erscheinungen lange Zeit scharf ablehnend gegenüber. Mehr noch, sie traf jeden, der sich in dieses Studium vertiefen wollte, mit ihrem Bannstrahl. Nun ist endlich nach einer monatelang dauernden, fruchtlosen Debatte das Eis gebrochen worden."

Der Redakteur hat selbst an spiritistischen Sitzungen teilgenommen und staunend im Sesselkreis die Kunststücke (darauf wird es wohl hinauslaufen) gesehen: „In einem Kreis von acht oder neun Sitzungsteilnehmern stand ein Sessel mit einer Weckeruhr, einer Glocke und einer mit Leuchtfarbe bestrichenen Pappendeckelschachtel. Willi ließ durch die von ihm ausgehende Kraft diese

Ein Medium im Zwielicht. Der Braunauer Rudi Schneider fasziniert mit seinen parapsychologischen Fähigkeiten auch Thomas Mann. Erst Jahre später fliegt der Schwindel auf.

Dinge nacheinander frei in die Luft schweben." Betrug scheint ausgeschlossen. „Das Medium selbst war ebenso wie die Sitzungsteilnehmer ungefähr einen Meter weit von dem Phänomen entfernt und hatte keineswegs die Möglichkeit, den auf dem Sessel liegenden Dingen mit Armen oder Beinen nahezukommen."

Ob das wissenschaftliche Komitee je eine der spiritistischen Sitzungen tatsächlich begleitet und überwacht hat, bleibt fraglich. Tatsache ist jedoch, dass die Schneider-Brüder bald nach den Experimenten Am Steinhof des Betrugs überführt werden. Der Wiener Physikprofessor Karl Gabriel Przibram enttarnt die Tricks der beiden Innviertler „Medien" und kann in einer entsprechenden Versuchsanordnung die telekinetischen Experimente nachstellen. Damit verblasst der Ruhm der gelernten Motormechaniker bald.

Thomas Manns Roman *Der Zauberberg* wird 1924 gedruckt, mit aller übersinnlichen Verzauberung seiner Protagonisten. Es ist ja nur Literatur, aber große.

GOLD IN CHAMONIX

„EIN DREIFACHES HIPP-HIPP-HURRA!“

5. FEBRUAR · Österreichs Medaillenbilanz bei den ersten Olympischen Winterspielen ist beeindruckend. Jeder Teilnehmer kommt mit einer Medaille aus Chamonix heim. Gut, es waren genau zwei Männer und zwei Frauen, die die strapaziöse Reise aus Wien in den mondänen französischen Wintersportort am Fuße des Mont Blanc angetreten haben. Und alle Winter-Olympioniken kommen aus der Bundeshauptstadt. Das ist schon sehr speziell, wie diese ganze „Wintersportwoche“ im Zeichen der fünf olympischen Ringe.

Denn zu den offiziell ersten Olympischen Spielen wird Chamonix erst zwei Jahre nach dem bescheidenen Sportfest in den französischen Hochalpen geadelt. Die Winterspiele finden zwar unter der olympischen Fahne statt, das olympische Feuer aber darf nicht entzündet werden. Jahrelang haben die Herren im Internationalen Olympischen Komitee darüber gestritten, ob es neben den Sommerspielen auch Winterspiele geben soll. Der Gründer des Olympischen Komitees, Pierre de Frédy, Baron de Coubertin, scheitert immer wieder an den Vertretern der nordischen Länder. Norwegen, Finnland und Schweden mögen keine Konkurrenz zu ihren seit 1901 regelmäßig ausgetragenen „Nordischen Spielen“ oder zu den Sprung- und Langlauf-Bewerben am Holmenkollen, dem Hausberg von Oslo. Und immerhin gilt Wintersport in den ersten Jahren des 20. Jahrhunderts vornehmlich als skandinavische Angelegenheit.

Ende Jänner 1924 ist es dann aber so weit. 245 Männer und 13 Frauen kämpfen in 16 Disziplinen um Gold, Silber und Bronze. Es sind auch nur 16 Nationen in die französischen Alpen gekommen. Der alpine Skilauf gehört bei der ersten „Wintersportwoche“ noch gar nicht zum offiziellen Programm. Dafür aber Curling, Bobfahren

Der kleine große Star. Die elfjährige Eiskunstläuferin Sonja Henie wird bei den ersten Olympischen Winterspielen in Chamonix Letzte. Vier Jahre später siegt sie in St. Moritz.

und Eishockey. Bei der bescheidenen Eröffnungszeremonie vor ein paar Hundert Schaulustigen marschieren alle Wettkämpfer in ihrer Sportadjustierung, also mit langen Sprunglatten auf der Schulter, umgehängten Schlittschuhen – dazu kommt noch ein Trupp verwegener Männer mit Besen. Dieses Utensil benötigen die Herren beim Curling, damals bereits olympisch.

Athleten aus dem Deutschen Reich werden auch sechs Jahre nach Kriegsende gar nicht eingeladen. Österreicher schon. Dabei überlegen die alpenländischen Behörden lange, überhaupt Sportler nach Chamonix zu schicken. Das *Illustrierte (Österreichische) Sportblatt* erinnert in seiner Ausgabe vom 9. Februar an das bürokratische Zaudern im Vorfeld: „Es ist am Platz, daran zu erinnern, wie groß die Gefahr des Unterbleibens der Expedition nach Chamonix war. Die ursprünglich schwankende Haltung des Hauptverbandes in dieser Frage entsprach den Stimmungen jener Tage, und wer weiß, wie die Entscheidung ausgefallen wäre, wenn nicht Pierre Coubertin im letzten Moment die letzten Zweifel und Missverständnisse zerstreut hätte. Erst jetzt sieht man, welch unverzeihlicher, nie wieder gutzumachender Fehler die Nichtbeschickung der Winterspiele in Chamonix gewesen wäre."

Hinter der norwegischen Flagge ziehen 14 Athleten über die Dorfstraße auf den Eislaufplatz, der noch bis kurz vor der Eröffnung aufgrund des warmen Wetters einem See gleicht. Eine Kunsteisbahn gibt es in Chamonix nicht. Zum Glück für die Olympischen Spiele strömt kalte Luft aus dem Norden und lässt das Wasser doch noch gefrieren. Norwegen hat nur Sportler geschickt, die als sichere Sieger gelten, mit einer Ausnahme: Sonja Henie. Die elfjährige Eiskunstläuferin wird trotz schöner Pirouetten aufgrund einiger Hoppalas Letzte bei den Damen. Vier Jahre später wird die Tochter eines vermögenden Pelzhändlers Olympiasiegerin in St. Moritz. Sie wird noch zwei weitere Goldmedaillen gewinnen und als zehnfache Weltmeisterin in die Annalen des Sports eingehen – freilich nicht nur in diese. Die blonde Norwegerin hat einen besonderen Fan: Adolf Hitler. Bei einem Schaulaufen im Berliner Sportpalast begrüßt sie ihn mit einem lauten „Heil Hitler!". Wiederholt sind Sonja (und ihre Eltern) private Gäste beim Reichskanzler am Obersalzberg. Und Joseph Goebbels unterstützt ihre erfolgreiche Filmkarriere, die sie auch nach Hollywood führt.

In Chamonix wird freilich eine Wienerin zum Star der Eislaufbewerbe. Herma Planck-Szabó ist amtierende mehrfache Weltmeisterin und gilt als unschlagbar. In den österreichischen Blättern wird der erste heimische Olympiasieg, noch dazu der einer Frau, trotzdem eher beiläufig behandelt, gleichrangig mit irgendwelchen steirischen Meisterschaften. Olympia hat noch nicht die Strahlkraft, die es wenige Jahre später entwickeln wird. Nur 88 Reporter berichten für die ganze Welt aus Chamonix. Ein österreichischer Journalist

Paarweise. Die Wiener Schule des Eiskunstlaufs hat Weltgeltung. Im Paarlauf gewinnt das Paar Engelmann/Berger olympisches Gold.

ist nicht dabei. *Die Stunde* berichtet dennoch: „Vollständig erwartet kam der Sieg der Frau Herma Planck-Szabó im Damenkunstlaufen. Die glänzende Wiener Läuferin kann derzeit keine ebenbürtige Gegnerin finden. Ihr Sieg erfolgte mit Stimmeneinheit der Preisrichter. Ebenso erfreulich ist der Sieg von Fräulein Engelmann und Herrn Berger im Paarlaufen, während die Niederlage des Ingenieurs Willy Böckl gegen den Schweden Grafström eine durchaus ehrenvolle ist. Der österreichische Triumph wäre sonst ein vollständiger gewesen.“ Der Klagenfurter Willy Böckl unterliegt zwar dem (später) dreifachen schwedischen Olympiasieger Gillis Grafström, wird aber schon im nächsten Jahr Weltmeister.

Wien ist in den 1920er-Jahren das absolute Eislauf-Mekka. Der Platz des Eislaufvereins und die Engelmann-Arena draußen in Hernals sind Geburtsorte des klassischen Eiskunstlaufs. Eduard Engelmann jr. hat die erste Kunsteisbahn der Welt in Wien bauen lassen. Er ist der Onkel von Herma Planck-Szabó, und ihre Cousine Helene Engelmann gewinnt in Chamonix die Goldmedaille im Paarlauf. Eine Familie, zweimal Gold. Auch das ist olympisch.

Herma Planck-Szabó macht nicht nur durch ihre eleganten Sprünge Furore im Eissport. Sie ist die erste Sportlerin, die mit einem kurzen Rock aufs Eis geht und die knöchellangen Kleider ablegt. Können und Attraktivität nutzen ihr allerdings drei Jahre später wenig. Sie wird bei den Weltmeisterschaften in Christiania von der 15-jährigen Sonja Henie entthront. Obwohl Herma Planck-Szabó nach der Pflicht weit in Führung liegt, stimmt die fünfköpfige Jury mehrheitlich für die junge Norwegerin. Drei der fünf Juroren sind Norweger. Die Österreicherin fühlt sich um den verdienten Sieg geprellt und hängt ihre Schlittschuhe an den Nagel.

Doch zunächst gilt es im Februar 1924, den Wiener Erfolg zu feiern. Die vergoldeten Heimkehrer werden in den Räumlichkeiten des Wiener Eislaufvereins am Heumarkt mit Funktionärsansprachen geehrt. Die zum Festakt eingeladenen Behördenvertreter verkennen die Bedeutung der ersten Olympiasiegerin. Sie erscheinen nicht, was den Präsidenten des Eislaufverbands Hofrat Hayek zu folgender Anmerkung veranlasst: „So klein und bitterarm unser Land ist, als so minderwertig es allenthalben betrachtet wird, so hat es doch gezeigt, daß es im Sport eine bedeutende Rolle spielt. Die Bewerber aus Österreich sind mit Ruhm bedeckt heimgekehrt. Die alten Olympiasieger wurden durch Denkmäler in Stein und Erz geehrt, wir können die modernen Olympioniken nicht anders ehren, als ihnen ein Denkmal des Dankes und der Liebe in unsern Herzen zu errichten."

Der Herr Hofrat schließt seine Rede mit einem dreifachen „Hipp-hipp-hurra!", in das die Anwesenden begeistert einstimmen. Lorbeerkränze werden umgehängt und – wie im *Sportblatt* berichtet wird – „ein kleines Mäderl feierte die Sieger mit einem sinnigen Poem, und ein noch kleinerer Bub tut das Gleiche, wenn auch nicht mit demselben Geschick". Dann spielt die Musikkapelle einen Tusch. Das *Wiener Sonn- und Montagsblatt* beobachtet, nicht ganz frei von sexistischen Anspielungen: „Zahlreiche Eissportler, erfreulicherweise solche jüngeren Datums, waren bemüht, die fesche Herma auf Händen zu tragen. Im Triumph ging es einmal rund um den Eislaufvereinsplatz. Dass dabei die Beine – und was für Beine – in höheren Regionen schwebten als das Köpferl, war nur ein Regiefehler."

Die in Österreich dominierende Eishockey-Mannschaft des WEV war nicht als Nationalteam nach Chamonix gereist, als zu gering schätzte man die Erfolgsaussichten ein. Wahrscheinlich nicht zu Unrecht. Denn im olympischen Eisstadion von Chamonix werden die Kanadier ihrer Favoritenrolle gerecht. Sie besiegen die Tschechoslowakei mit 30:0 und stürmen auch sonst eher grimmig übers Eis. Im Laufe des Turniers schießen die Kanadier 122 Tore. Ihr Goalie muss nur drei Mal den Puck aus seinem Gehäuse holen. „Unter diesen Umständen erscheint es sehr angebracht, daß unsere Leute nicht nach Chamonix gegangen sind."

Dem Wintersport-Publikum im Schatten des Mont Blanc hat das Gebotene gefallen. Immerhin gezählte 10 004 Besucher haben

Eintritt für die olympischen Bewerbe gezahlt. Damit sind die Kosten für die ersten Olympischen Winterspiele gedeckt.

Erstmals wird Wintersport olympisch: Chamonix 1924.

EINE LÖWIN HÄLT SICH NICHT ANS DREHBUCH

„EINE VERQUICKUNG VON MISSLICHSTEN UMSTÄNDEN“

8. FEBRUAR · Die Löwin hält sich nicht (oder doch?) ans Drehbuch. Ihre Rolle in der Neuauflage des Stummfilm-Klassikers *Quo vadis?* ist wortlos, aber dramatisch. Unter den Augen von Kaiser Nero werden Christen im Circus einem Dutzend Raubkatzen zum Fraß vorgeworfen. Bei den Dreharbeiten in einem eigens für die Filmproduktion gebauten Studio am Gianicolo-Hügel – mit antiken Pappmaché-Monumentalbauten und Blick über die Ewige Stadt – kommt es zu einem grauenhaften Unfall. Eine der Löwinnen in der Filmarena fällt einen italienischen Statisten an und zerfleischt ihn vor der Kamera. Der dramatische Vorfall wird filmisch dokumentiert. Denn ein „kaltblütiger und kaltherziger Operateur“ dreht während der Löwenattacke ungerührt weiter und belichtet den Tod

Die Löwen sind los. Der deutsche Kapitän Alfred Schneider tritt mit Dutzenden Löwen in Europas Varietés und Zirkuszelten auf. Er gilt als „Tierflüsterer“. Doch die Raubkatzen bleiben gefährlich. Bei einem Filmdreh in Rom wird ein Komparse getötet.

des jungen Statisten auf Zelluloid. Die römischen Carabinieri werden später die Filmrollen beschlagnahmen.

Das Unglück ist die beste Werbung für dieses monumentale Filmprojekt. Die Wiener *Illustrierte Kronen Zeitung* erreicht Hauptdarsteller Emil Jannings in Berlin. Jannings spielt den römischen Kaiser Nero und kommt den Löwen am Filmset zu nahe. „Es wurde die Szene aufgeführt, in der Nero, auf einer Sänfte liegend, mit drei jungen Löwen auf dem Schoß spielt. Der Tierbändiger Schneider führte während dieser Szenen die Mutter der jungen Löwen an die Stufen der Terrasse. Als die Löwin ihrer Jungen ansichtig wurde, sprang sie mit mächtigen Sätzen zur Terrasse hinauf, den Tierbändiger, der sie an einem Draht führte, mit sich schleifend. Jannings hatte gerade noch Zeit, von der Sänfte herunterzuspringen und aus dem Atelier hinauszulaufen." Nicht auszudenken, wenn das wilde Tier den Filmkaiser gefressen hätte.

Der in der Schweiz geborene Jannings ist ein Weltstar und einer der beliebtesten Schauspieler der Weimarer Republik. Mit Filmen wie *Sein letzter Befehl* (im US-Original *The Last Command*) oder *Der blaue Engel* schreibt er in den 1920er- und 1930er-Jahren Filmgeschichte. Jannings ist Filmpartner von Marlene Dietrich und Gary Cooper. Und politisch wohlgelitten. Der NS-Propagandaminister Joseph Goebbels verehrt ihn, Italiens Faschistenführer Benito Mussolini protegiert den Deutschschweizer. Jannings wird zum Gagenkaiser. 1924 bekommt er für den Film *Der letzte Mann* ein bis dato unerreichtes Honorar von 600 000 Mark.

Quo vadis? ist eine finanziell üppig ausgestattete deutsch-italienische Gemeinschaftsproduktion der Cinematografica d'Italia. Regie führen Georg Jacoby und der Sohn des italienischen Nationaldichters Gabriele D'Annunzio, Gabriellino. Beide Herren verschwinden nach dem Unfalltod eines ihrer Statisten spurlos. Auch der Direktor des Ateliers taucht unter. Im italienischen Strafrecht gilt eine 24-Stunden-Frist. Nur in dieser können mutmaßliche Täter auf „frischer Tat" ertappt und eingesperrt werden. Das gilt es zu vermeiden. Die Polizei zeigt die drei Herren und den Löwendompteur wegen fahrlässiger Tötung an. Das Verfahren versandet, und die Dreharbeiten gehen weiter.

Der Mann, der das Raubtier vor der Kamera im Zaum halten sollte, ist der Löwendresseur Kapitän Alfred Schneider. Er gilt als einer der bekanntesten Tierbändiger seiner Zeit. Die Löwen, die er von klein auf aufzieht, folgen ihm aufs Wort, meist jedenfalls. Manchmal bedient sich der gebürtige Dresdner auch simpler Tricks. Die Löwin, die Emil Jannings zu nahe treten wollte, hängt an einer dünnen Leine aus Stahldraht, die im Film nicht sichtbar ist. Und der Dompteur ist bei Dreharbeiten mit seinen Löwen immer mit im Bild, diesfalls als Sklave verkleidet. Alfred Schneider ist ein gelernter Bauingenieur mit einem starken Hang zum Tingeltangel-Geschäft. In Varietés tritt er als Radsportartist auf, später verlegt er sich auf die Arbeit mit Löwen. Er züchtet eine eigene Gruppe von bis zu 60 Raubtieren und sucht den direkten Körperkontakt mit den (scheinbar) zahmen Löwen. Er spricht mit ihnen im sächsischen Dialekt.

Schneider reist mit seinen Raubtieren durch die Welt. Artisten und Tiere sind die Attraktion. Im Frühjahr 1924 eröffnet der Kapitän mit angeblich 50 Löwen im „lenzfrohen" Prater die Sommerspielzeit des Zirkus Zentral am Praterstern. Wiens satirische Wochenzeitschrift *Kikeriki* steigert die Erwartung ihrer Leserschaft: „Man erinnert sich mit Freude an die Eigenart dieses ‚Bändigers', der nur durch die Macht seiner Person, ohne Schreck- und Züchtigungsmittel, ein Verhältnis zwischen sich und seinen Lieblingen herzustellen weiß, das in seinem noch nie gesehenen Vertrautsein eine immer neue Sensation bildet. Sein Einleben und Einfühlen in die Natur jeder einzelnen seiner reizenden Bestien ist so immens, daß jeder, der ihn mitten in einem wild bewegten, fressgierigen Rudel Löwen jeden Alters gesehen hat, es nur einer Verquickung von mißlichsten Umständen zuschreiben wird, daß bei der Filmaufnahme in Rom eine seiner Löwinnen einen Statisten angefallen hat."

Im Prater springen die Tiere manierlich durch die Manege. Alfred Schneider hat in bester Zirkusmanier die Werbetrommel gerührt. Er klappert mit einigen putzigen Nachwuchslöwen die Zeitungsredaktionen ab, setzt sie ans Volant eines Steyr-Sechszylinders und macht Reklame: für seine Auftritte und für den Luxuswagen von Steyr. Die *Allgemeine Automobil-Zeitung* berichtet am 16. Juni in Wort und Bild. „Natürlich sind das keine ‚älteren Herren' unter den Löwen, die sich unter der Leitung, wir wollen beileibe nicht sagen Dressur, des Herrn Kapitän Schneider zum Automobil bekannt haben. Die älteren Herren sind, wie man weiß, im Allgemeinen konservativ, sie haben zumindest ein gewisses Vorurteil gegen das Automobil, wogegen die ‚jungen Herren', seien es nun Löwen der Saison oder wirkliche Löwen, nicht erst besonders haranguiert zu werden brauchen, um sich mit dem Automobil vertraut zu machen."

Die 1920er-Jahre sind eine Hochzeit von Zirkus und Varieté. Die Menschen wollen sich nach Kriegs-, Pandemie- und Hyperinflationsjahren amüsieren. Sehr oft ist die Unterhaltung billig, im doppelten Sinn des Wortes. Das Kino als preiswerteres Theater des

Emil Jannings spielt den römischen Kaiser Nero und wird von der *New York Times* für seine Schauspielkunst verspottet. Fünf Jahre später bekommt er den ersten Oscar überhaupt, und das als Deutscher.

kleinen Mannes (vor allem aber der Frau) hat sich längst durchgesetzt.

Die Bilder haben zwar laufen, aber noch nicht sprechen gelernt. Allein in Wien warten 120 Lichtspieltheater allabendlich auf Besucher. Dementsprechend groß ist die Filmproduktion. Jedes Jahr werden Dutzende Zelluloidstreifen in Berlin, Wien, aber vor allem in Hollywood produziert. *Quo Vadis?* kommt 1924 in die europäischen Kinos, Wochen später in Amerika. Die Kritiken fallen eher gemischt aus, selbst an der Darstellungskunst des Superstars Emil Jannings gibt es etwas auszusetzen. Die *New York Times* bedauert den Zither spielenden römischen Imperator beinahe: „Es war an Emil Jannings, der bereits in Filmen einen russischen Zaren, einen französischen König und später einen deutschen Türsteher verkörpert hatte, Nero als einen schwabbeligen, einfältigen, kriecherischen und sabbernden Feigling darzustellen, den es ständig nach Gesang gelüstet und der allzu leichtgläubig den Huldigungen und Schmeicheleien von Speichelleckern unterliegt. […] Selbst wenn Nero Emil Jannings' schlimmster Feind gewesen wäre, hätte dieser ihn nicht mehr der größtmöglichen Lächerlichkeit preisgeben können."

Die Bezeichnung „alter Tragöde" muss Jannings ins Mark getroffen haben. Fünf Jahre nach dem imperialen Löwendrama wird Emil Jannings dann aber als erster Schauspieler überhaupt mit einem Oscar für die Filme *The Way of All Flesh* und *The Last Command* geehrt. Er ist bis heute der einzige deutsche Schauspieler, der die prestigeträchtige Auszeichnung für den besten Hauptdarsteller erhalten hat (Maximilian Schell, der – für *Urteil von Nürnberg* – ebenfalls einen Oscar erhielt, war ja Wiener). Die Zeremonie anno 1929 ist ein wenig schlichter als heutzutage. Jannings hat den goldenen Knaben schon vor der Verleihung eingepackt und dampft längst auf einem Schiff über den Atlantik gen Europa.

Nach drei Jahren Hollywood hat Jannings genug gesehen. Time to go. Dem amerikanischen Film droht angesichts der Erfindung des Radios der Niedergang. Plötzlich bleiben viele Kinositze leer. Millionen Menschen unterhalten sich lieber daheim vor den voluminösen Radiogeräten. Sie hören Musik aus dem Trichter und sind von der Sensation der tönenden Ätherwellen begeistert. Die Ära des Stummfilms und seiner Stars ist zu Ende. Viele europäische Schauspieler, die in den frühen 1920er-Jahren in amerikanischen Filmen zu sehen gewesen sind, scheitern an der englischen Sprache und kehren heim nach Europa. Oscar-Preisträger Emil Jannings hingegen kann auch im Tonfilm an seine früheren Erfolge anknüpfen. Mit seiner Rolle in *Der blaue Engel* schreibt er zusammen mit Marlene Dietrich Filmgeschichte.

Alfred Schneider tingelt weiter mit seinen Löwen durch die Vergnügungsetablissements Europas. Die Tiere sind sein Ein und Alles, und sie werden schließlich auch sein Schicksal. Der sanfte Löwendompteur wird im Dezember 1941 in Dahlewitz von mehreren seiner Raubkatzen angefallen. Der Kapitän erliegt seinen Verletzungen.

ZEITUNGSKRIEG UND REVOLVERPRESSE

„GLÄNZENDER VERLAUF DES CONCORDIA-BALLS“

19. FEBRUAR · Es gibt sie wieder, die Damenspende. Mag die Arbeitslosigkeit auch hoch, die wirtschaftliche Lage drückend, die Weltpolitik gefährlich sein, in Wien wird wieder getanzt: Ballsaison. Und was später der Opernball sein wird, ist im Fasching des Jahres 1924 der Concordia-Ball, wieder und noch immer: *das* gesellschaftliche Ereignis der Saison. „Krone der Elitebälle“ nennt ihn die *Morgenpost.* „Die Einen kommen, um zu sehen, die Anderen, um gesehen zu werden.“ Seite an Seite tanzen Minister und Diplomaten, Künstler und Intellektuelle, Theaterstars und Zeitungsmacher. Kronprinz Rudolf war einst Stammgast.

Wiens „bürgerliche Journalisten“ (anno 1924 gibt es die noch) laden weiter zum Tanz, und auch die Republik erscheint. Die Herren ausnahmslos mit ihren Orden und Auszeichnungen am Frack, die Damen, als Begleitung, darum wetteifernd, wer das elegantere Kleid aus den Innenstadt-Salons trägt. Hut und Perücke sind ausdrücklich verpönt. Und zur Freude des Publikums gibt es endlich wieder eine „Damenspende“. Das kleine Geschenk an die elegante Tänzerin ist ja leider in den Saisonen nach dem Ende des Weltkriegs außer Mode gekommen, an irgendetwas muss schließlich gespart werden.

Das *Neue Wiener Journal* widmet sich der vom Journalistenclub „Concordia“ plakativ angekündigten „besonders aparten Überraschung“. Der namenlose Schreiber kann in seinem „Originalbericht“ eine leichte Enttäuschung nicht verbergen: „Man war gespannt auf die ‚aparte Überraschung‘, aber sie war anders, als man sie erwartet hatte. Ein Bändchen ‚Liebeslyrik von Heine bis Liliencron‘. Die erste Ausgabe eines Büchleins, das man jetzt in jeder Buchhandlung erhält und dessen Inhalt ohnedies fast jeder kennt, der sich für solche Bücher interessiert, bildete die Huldigung für die Ballbesucherinnen.“ Das schmale Bändchen erscheint im erst vor sieben Jahren gegründeten Wiener Amalthea Verlag und weist eine „elegante“ Besonderheit auf: Das Buch ist mit einer seidenen Schlaufe versehen. Die Damen können daher die Liebeslyrik vom Handgelenk baumeln lassen, wenn sie von ihrem Galan durch den Saal gewirbelt werden.

„Immerhin etwas“, tuscheln die realistisch angehauchten Damen der Zeit, wobei in den 1920er-Jahren die Liebeslyrik Heines, aber nicht unbedingt die Gedichte Detlev von Liliencrons en vogue sind. Die Herren der „Concordia“ mögen sich schon etwas bei der Auswahl der Damenspende gedacht haben. Das Präsent war meist ein „literarisches Ragout für besondere Feinschmecker“, immerhin versammeln sich in der „Concordia“ die Größen und Meister einer Branche, die des Schreibens kundig ist.

Das *Neue Wiener Journal* schwelgt in nostalgischer Vorkriegserinnerung: „Es wurden oft in köstlich offenherziger Weise den Fernstehenden Geheimnisse des journalistischen Berufes und seiner Jünger preisgegeben.“ Über Jahrzehnte ist der Theaterkritiker und Librettist Julius Bauer für die Gestaltung der Concordia-Damenspende verantwortlich. Eine Legende. „Er tat immer eine erkleckliche Dosis seines kaustischen (Anm.: scharfen) Witzes hinein und wußte seine Mitarbeiter gut zu wählen. Was würde wohl heuer sein Vorwurf sein? Eine der vielen Journalistenaffären, die in letzter Zeit die Gemüter erregten, Politik oder Theater?“ Nichts von alledem, kein scharfer Witz, keine beißende Ironie – Liebesgedichte von Heinrich Heine. Ein wenig ist die Enttäuschung zu verstehen.

Der Journalismus in der jungen Republik hat einiges an Glanz eingebüßt. Spötter wie Karl Kraus arbeiten sich an den Herren mit der spitzen Feder ab. Im Verlagsgeschäft tummeln sich Existenzen, deren Ruf nicht der allerbeste ist.

Imre Békessy, Besitzer des Boulevardblatts *Die Stunde* und des Wirtschaftsblatts *Die Börse*, verdient mit seinen Nachrichten in der

Trafik und an der Börse. Békessy gilt als skrupelloser Spekulant, der seine Zeitungen auch für Erpressungsgeschäfte nützt. Eigene Agenten besuchen mit der Druckfahne geplanter Artikel honorige Geschäftsleute und motivieren sie so zu inserieren, widrigenfalls der Artikel nicht, genau so oder ganz anders gedruckt würde.

Just drei Wochen vor dem Concordia-Ball tobt in Wien am Landesgericht ein Zeitungskrieg. Die beiden Herausgeber der Wirtschafts-Wochenzeitung *Der Österreichische Volkswirt*, Gustav Stolper und Walther Federn, klagen Békessy, wegen Ehrenbeleidigung. Der gebürtige Ungar hat die Konkurrenten in seinem Boulevardblatt *Die Stunde* als „ehrlose und niederträchtige Schurken" beschimpft. Es ist die Retourkutsche Békessys für einen Artikel im *Volkswirt*. Dort haben Stolper und Federn eine „Leumundsnote" der Wiener Polizei abgedruckt, die Békessy eben diesen „Leumund" abspricht: „Békessy, der als reich gilt, vertritt nach der Äußerung weiter journalistischer Kreise in Wien in seiner journalistischen Tätigkeit eine ganz eigenartige Auffassung, die von der Wiener Journalistik als mit den Standespflichten eines Journalisten nicht vereinbar angesehen wird. Diese Auffassung geht dahin, dass, ebenso wie der Rechtsanwalt oder der Arzt von seinem Klienten bzw. Patienten für geleistete Dienste honoriert werde, auch der Journalist auf Entlohnung von Seiten jener Personen Anspruch erheben könne, welchen er durch Publizieren, aber auch durch Verschweigen von Mitteilungen Dienste erwiesen habe."

Beleidigung folgt auf Beleidigung. Klage auf Klage. Im Gerichtsverfahren geht Békessy in die Offensive und erklärt dem Herrn Rat und den Laienrichtern: „Die Zeitung ist, was man ihnen hier vormachen wird, meine Herren Geschworenen und hoher Gerichtshof, keine moralische Institution. [...] Ich bin auch der Meinung, dass eine Zeitung ein Geschäft ist, das auf der einen Seite mit reinen, auf der anderen Seite mit unreinen Händen geführt wird."

Im Gefolge dieser Affäre wird Karl Kraus in seiner *Fackel* fordern: „Hinaus aus Wien mit dem Schuft!" Und der gefeuerte *Die*

Stunde-Redakteur Ernst Spitz verfasst Jahre später die Broschüre *Békessy's Revolver*, in der er dessen Verständnis von „Journalismus“ anprangert. Trotzdem ist der Verleger 1924 noch auf dem Weg zum Gipfel. Im Herbst gründet er seine dritte Zeitschrift, *Die Bühne*. Mit einer Startauflage von 30 000 Exemplaren und angesehenen Schreibern wie Anton Kuh, dem Musikwissenschaftler Paul Stefan und dem späteren Hollywood-Regisseur Billy Wilder wird die Wochenzeitschrift ein Erfolg. Auch *Die Stunde*, die mit rund 50 000 verkauften Exemplaren die erste „moderne“ Boulevardzeitung Wiens ist, vertritt politisch eher eine linksliberale Position, sieht sich auf der Seite der Demokratie und bekämpft die aufkommenden Nationalsozialisten. Chefredakteur Karl Tschuppik träumt von einer mitteleuropäischen Wirtschaftsföderation.

Doch so ein Zeitungskrieg schadet der gesamten Branche. Daher schaltet sich das „Concordia“-Präsidium ein und vermittelt einen Vergleich. Beide Streitparteien ziehen ihre Vorwürfe und ihre Klagen zurück. Eine gerichtliche Aufarbeitung der wechselseitigen Vorwürfe hätte dem Ruf der Zeitungsbranche enorm geschadet. Jeder weiß vom anderen einfach zu viel.

Die kommunistische Parteizeitung *Die Rote Fahne* kommentiert die Vorgänge in der „bürgerlichen Presse“ mit Häme (und offenbar mit Insiderwissen). Békessy habe durchblicken lassen, er sei im Besitz einer Liste mit den Namen von 70 bürgerlichen Journalisten, die von Banken Geldsubventionen erhalten haben. Tatsächlich deckt der Wirtschaftswissenschaftler Ludwig von Mises später auf, dass die Nationalbank einen geheimen „Reptilienfonds“ finanziert hat. Aus dieser „schwarzen Kasse“ seien Dutzende Wiener Journalisten „gefüttert“ – also bestochen – worden. Die Namen auf der Liste bleiben im Dunkeln. Es darf also getanzt werden an diesem 19. Februar. Der Ball selbst ist gewohnt glanzvoll. Es geht kaum ums Vergnügen, sondern mehr ums Sehen und für die „Hautevollee“ ums Gesehenwerden. Im Wiener Konzerthaus wird das traditionelle Concordia-Ball-Spalier, das durch den ganzen Saal bis zur Estrade reicht, zum Laufsteg der Wichtigkeit und wohl auch der Eitelkeit.

Die *Neue Freie Presse* berichtet am 21. Februar über den Einzug der Prominenz und vergisst bei ihrer Auflistung so gut wie keine bedeutende Persönlichkeit. Wer da nicht mit Namen und sämtlichen abgeschafften Adelstiteln aufscheint, ist eben unwichtig. Selbstverständlich ist auch die Diplomatie „nahezu vollständig" angetreten, die Bankenwelt namhaft vertreten. Beinahe alle bedeutenden Industriebosse genießen das Souper in den Logen. Die Nachfrage war „eine erhebliche". Als Letzter der Ballgesellschaft, um Punkt zehn Uhr, zieht Bundespräsident Michael Hainisch in den Saal des Konzerthauses ein. Er bezieht die große Loge rechts in Begleitung von Völkerbund-Kommissar Alfred Zimmermann, der wohl auch an diesem Abend darüber wacht, dass Österreichs Steuergelder zweckmäßig eingesetzt werden, damit die Zinsen der Völkerbundanleihe auch pünktlich bezahlt werden können. Der angekündigte Bundeskanzler Ignaz Seipel bleibt dem Journalistenball fern. In seiner Vertretung hält der Minister des Äußeren Dr. Alfred Grünberger eine programmatische Rede. Er lobt das „ungeschriebene Pflichtverhältnis" zwischen Bundesregierung und Journalistik. Die „Erfolge der Sanierung" seien nur möglich gewesen, weil die bürgerliche Presse die Regierung so tatkräftig unterstützt habe. Die Gegenleistung der Regierung bestehe darin, dass sie sich immer der sachkundigen Kontrolle der Presse gebeugt habe.

Die Ballbesucher, darunter auch der „Vater der Verfassung" Hans Kelsen, erfreuen sich am Eröffnungswalzer, den nur zehn Paare, diese aber immerhin „aus der Wiener Gesellschaft", zu den Klängen des „Donauwalzers" tanzen. Dabei böte sich doch für die „Concordia" eine Reihe anderer Walzer an. Johann Strauss hat für die schreibende Zunft anno 1864 den „Morgenblätterwalzer" komponiert, sein Rivale Jacques Offenbach antwortet im gleichen Jahr mit dem „Abendblätterwalzer" und erhält vom Ballpublikum mehr Applaus. Kompositionen von Franz Lehár, Oscar Straus, Jean Gilbert, Leo Fall, Karl Weinberger und Emil Berté „werden mit lebhaftem Beifall aufgenommen". Die Choreografie hat Willy Fränzl, Solotänzer der Staatsoper, einstudiert. Fränzl wird noch jahrzehntelang im Konzerthaus eine Tanzschule betreiben und nach dem Zweiten Weltkrieg den Opernball mit den Worten „Alles Walzer" eröffnen. Der „Concordia-Ball" nahm übrigens, wie die *Neue Freie Presse* berichtet, einen „glänzenden Verlauf".

DAS SILBERNE ZEITALTER DER OPERETTE

„EIN QUELL UNERSCHÖPFLICHER KÜNSTLERISCHER KRAFT“

28. FEBRUAR · Graf Tassilo singt: „Grüß mir die süßen, die reizenden Frauen, im schönen Wien. / Grüß mir die Augen, die lachenden blauen, im schönen Wien. / Grüß mir die Donau und grüß mir den Walzer im schönen Wien …“ So klingt die Musik der „wilden 1920er-Jahre“. Operettenmeldodien zum Mitsingen. Der Shimmy, der Charleston, der Jazz, Modetänze von jenseits des Atlantiks – in den Berliner Tanzsälen und schummrigen Bars (Bars können nicht hell erleuchtet sein) wiegen sich Damen und Herren, manchmal auch nur Damen und nur Herren, im neuen Takt, aber wirklich populär sind die althergebrachten Melodien.

Die Welt ist im Umbruch? Eine neue Zeit hat begonnen? Althergebrachtes ist umstritten? Nicht in den Theatersälen von Wien, Berlin, Köln oder Prag und Budapest. Das Zeitalter der Operette mag nur noch „silbern“ schimmern, aber es glänzt. Dafür sorgen Komponisten wie Franz Lehár, Robert Stolz, Leo Blech, Oscar Straus und Emmerich Kálmán. Ihr Blick ist rückwärtsgewandt, auf die „gute alte Zeit“ gerichtet. Auf den Bühnen – vom Wiener Burgtheater bis zur Volksoper, vom Berliner Metropol-Theater bis zum Zürcher Schauspielhaus und in Budapest sowieso – feiern „beschwingt-heitere“ Operetten Premiere. Franz Lehár erhält im Wiener Bürgertheater für die Uraufführung des harmlosen Dreiakters *Clo-Clo*, der später mangels durchschlagenden Erfolgs in *Lolotte* umbenannt wird, Beifall.

Sein Konkurrent Emmerich Kálmán feiert eine Woche zuvor die Premiere von *Gräfin Mariza* im Theater an der Wien. Wieder einmal beweist Sänger und Direktor Hubert Marischka sein Gespür für den Erfolg. Seit einem Jahr leitet er diese Bühne.

Ein vielfacher Erfolg. Emmerich Kálmáns *Gräfin Mariza* wird nach der Wiener Premiere auf vielen europäischen Bühnen bejubelt.

Marischka ist ein Allrounder. Er besetzt die Hauptrolle mit sich selbst, singt und inszeniert, engagiert strahlende Sängerstars und erfolgreiche Librettisten und Komponisten. Er ist Produzent, Hauptdarsteller und Theatermacher, alles in einer Person und in familiärer Erbfolge. Marischka leitet nebenbei für kurze Zeit auch das Wiener Stadttheater, besitzt einen Musikverlag, lehrt als Professor an der Musikakademie das Fach Operette und ist anscheinend trotzdem nicht ausgelastet. Immerhin findet er auch Zeit für vier Ehen.

Gräfin Mariza wird ein musikalischer Welterfolg. Schon nach der Premiere singen die Kritiker Loblieder. Die *Wiener Caricaturen* schreiben: „Das Theater an der Wien hat abermals einen brillanten Schlager gefunden. Emmerich Kálmáns ‚Gräfin Mariza', Text von Julius Brammer und Alfred Grünwald, errang einen glänzenden Erfolg."

Die Handlung ist eine der üblichen Verwechslungskomödien, in der sich im Finale natürlich die Richtigen in die Arme fallen und dabei ein wunderschönes Duett singen: Ein verarmter Graf soll als Verwalter auf einem ungarischen Gut die Mitgift für seine Schwester erwirtschaften. Eine reiche, aber emotional verunsicherte Gräfin ist in die Puszta geflüchtet, um den Heiratsgelüsten eines reichen Magnaten zu entgehen, und entdeckt dort ihre Liebe zum scheinbar nicht standesgemäßen Verwalter. Ein erfundener Verlobter, der plötzlich vor der Tür steht, und allerlei Bedienstete tragen das Ihre zu den Verwicklungen bei.

In der Hauptrolle der Gräfin Mariza verzaubert Betty Fischer. Die gelernte Schneidermeisterin heißt eigentlich Barbara, nennt sich abwechselnd Betti, Betty oder Wetty und wird in Wien als „Lercherl von Hernals“ verehrt. Sie tritt im Ronacher, im Raimundtheater und immer wieder mit Hubert Marischka am Theater an der Wien auf. Die beiden sind ein Operetten-Traumpaar.

Neben Franz Lehár versüßt der gebürtige Budapester Emmerich Kálmán die bittere Nachkriegszeit in der Donaumetropole mit seinen Operetten: *Die Csárdásfürstin, Gräfin Mariza* und nur zwei Jahre später *Die Zirkusprinzessin*. Es sind Welthits, die in praktisch jeder europäischen Hauptstadt zeitgleich gespielt werden. In Berlin verkörpert die Wienerin Fritzi Massary die „Gräfin“ am Metropol-Theater. Hubert Marischka übernimmt auch in der deutschen Hauptstadt die männliche Hauptrolle. Kurt Tucholsky verschaut sich in die Hauptdarstellerin: „Auf der Bühne steht SIE: die Massary – und alles ist vergeben und vergessen.“ Die elegante Wienerin gilt als bestbezahlte „Operettenkönigin“. Nicht nur Kurt Tucholsky entflammt für sie. Auch die *Berliner Zeitung* lobt: „Sie hat eine Art, von der Höhe der naiven Empfindung herabzusteigen zu den leicht lasziven Alt-Tönen, die Erfahrung verraucht hat. Und zwinkert dabei mit dem Auge, zuckt mit dem Mund, der sich dann plötzlich in ein großes Lächeln legt. Lächeln als Refrain.“

Zum Premierenerfolg trägt das komödiantische Talent eines jungen Schauspielers bei: Hans Moser wird nach dem Zweiten Weltkrieg im deutsch-österreichischen Film zum Typus des grantelnden Alten – und zum vielgeliebten Star. Die Kultur-Wochenzeitung *Die Bühne* geht zwar vorsichtig auf intellektuelle Distanz, kann aber die Begeisterung des Publikums nicht überhören: „Trotz der Applausexzesse der Lohnklatscher, trotz des ohrenbetäubenden Gequietsches mehrerer hysterischer Ladenmamsellen, die von der zweiten Galerie herab ihrer Wollust durch Namensaufruf ihrer Bühnenlieblinge Ausdruck gaben, hatte die Operette ‚Gräfin Mariza‘ dennoch einen durchschlagenden Erfolg.“

Zum Erfolg der Operettenmelodien trägt auch das moderne Medium Radio bei. Mangels praktischer Aufzeichnungstechniken wird im kleinen Studio „live“ gesungen. Die Schlager der *Gräfin Mariza* werden „Ohrwürmer“ und „Gassenhauer“ und erreichen via Ätherwellen ein Publikum, das sich den Besuch eines Theaters nicht leisten kann. Das Wochenblatt *Der Humorist* meint es ganz ernst: „Kálmáns Musik sprudelt wie aus einem Quell unerschöpflicher künstlerischer Kraft; die einzelnen Piecen aus der Gräfin Mariza werden bald in aller Ohren sein.“

Tatsächlich bleibt die *Gräfin Mariza* kein „One-Hit-Wonder“. Schon im Herbst desselben Jahres wird die 300. Aufführung im Theater an der Wien gefeiert. Selbst der strenge Kulturkritiker der *Bühne* greift zu Superlativen. „Vorläufig stellt dieses reizende, melodiöse und auch textlich erfreuliche Werk den Weltrekord der Operette dar.“

Ein anspruchsvolleres Hörverhalten wurde den Premierengästen von einem vor 1924 vollendeten, aber bis dahin noch nie zu Gehör gebrachten Musikwerk abverlangt. Der Wiener Komponist Arnold Schönberg hat sein halbstündiges Einpersonenstück *Erwartung* schon 1909 komponiert, zur szenischen Uraufführung kommt es aber erst im Juni 1924, allerdings nicht in Wien, sondern am Neuen Deutschen Theater in Prag. Gassenhauer findet sich in Schönbergs expressionistischem Monodrama keiner, das hätte vom Begründer der Zwölftontechnik auch niemand erwartet.

Große Klassik hingegen erwartet die Zuhörer bei der Premiere einer neuen Symphonie von Anton Bruckner. Die „nullte Sinfonie“ hat der oberösterreichische „Musikant Gottes“ zwar schon 1869 (eigentlich als zweites symphonisches Werk) komponiert, sie aber nie zur Aufführung gebracht. Er selbst hat aufs Titelblatt enttäuscht „Nullte Symphonie“ hingekritzelt und sein Werk damit „annulliert“. Zum hundertsten Geburtstag des Komponisten wird das Orchesterstück in d-Moll in Klosterneuburg uraufgeführt. Bruckner ist da schon 28 Jahre tot.

IN WIEN PLATZT EINE UNGEHEURE SPEKULATIONSBLASE

„ES HIESS AUF EINMAL GELDER HERANSCHAFFEN UM JEDEN PREIS, AUS ALLEN SCHLUPFWINKELN, AUS ALLEN SCHUBLADEN.“

13. MÄRZ · Großes kündigt sich oft im Kleinen an. Es sind die „Iden des März“, historisch eine Zeit des Umbruchs. Am 13. März drucken Wiens Tagesblätter eine Agenturmeldung aus New York: „Das Bankensyndikat Morgan hat der Bank von Frankreich einen Kredit von 100 Millionen Dollar zur Verfügung gestellt. Diese habe zugestimmt, den Kredit in Gold zurück zu zahlen!“

Die Börsenkrise des Jahres 1924 ist keine Schlagzeile wert. Vorerst. Doch der Bankkredit aus der New Yorker Wall Street an Frankreich hat Signalwirkung. Die französische Währung steht massiv unter Druck, sie verliert monatlich an Wert. Das siegreiche Frankreich hat seine Kriegsausgaben fast ausschließlich durch Kredite und durch das beschleunigte Rotieren der Banknotendruckmaschinen bestritten. Die „Grande Nation“ steht bei den Vereinigten Staaten dick in der Kreide. Frankreich kann seine Kriegsschulden an Amerika nur zurückzahlen, wenn es von Deutschland ungeheure Reparationszahlungen kassiert. Champagner-Exporte reichen nicht. Berlin verhandelt, verzögert, blockiert.

Bei aller Verbundenheit der Siegermächte, auf die geliehenen Dollar – plus fünf Prozent Zinsen – verzichten amerikanische Banken nicht. Die USA sind wahrscheinlich der einzige „Gewinner“ des Ersten Weltkriegs. In den Kriegsjahren wird die Wall Street zum größten Gläubiger der Welt, und die Herrschaft über die maritimen Handelswege wechselt vom britischen Empire zum Alliierten jenseits des Atlantiks. Das amerikanische Jahrhundert beginnt.

Das Deutsche Reich (und seine Verbündeten Österreich-Ungarn und das Osmanische Reich) haben den Krieg verloren, England und Frankreich wirtschaftlich aber nicht gewonnen. Während

London immerhin fast die Hälfte der horrenden Kriegskosten durch Steuererhöhungen aufbringen kann, ist Frankreich vollständig von den transatlantischen Gläubigern abhängig. Die Kriegsschulden der Siegermächte werden im Dezember 1924 auf 108,82 Milliarden Goldmark geschätzt. Das entspricht etwa dem heutigen Geldwert von 420 Milliarden Euro – mehr oder minder, eher mehr.

Mit dem Hundert-Millionen-Dollar-Kredit setzt die internationale Finanzwelt ein Zeichen. Sie wird Frankreich weiter stützen. Der Gouverneur der französischen Nationalbank gibt Garantien ab. „Frankreich macht im Augenblick sein finanzielles Verdun durch, aber dank dem Beistand aller Franzosen wird es abermals triumphieren und sich eine würdige Finanzpolitik zu eigen machen."

Finanz- und Börsenpolitik ist Psychologie. „Der Markt" fasst Vertrauen. Binnen weniger Tage kann der Sturz des Francs gebremst werden. Die französische Währung gewinnt an Wert. Und Wien stürzt ab.

Eine im Rückblick verrückte Aktienhausse an der Wiener Börse hat zu Beginn des Jahres 1924 ihren Höhepunkt erreicht. Weil die Hyperinflation den Wert von Bargeld und Staatsanleihen vernichtet, flüchten die, die können, in Aktien. Unternehmen stellen einen Sachwert dar. In den zwei Jahren vor 1924 steigen die Aktienkurse auf das Zwölffache. Zahlreiche Aktiengesellschaften werden gegründet, die Anleger kaufen in wilder Gier. Spekulanten aller Art gehen im verarmten Österreich auf Schnäppchenjagd.

Die einen verlieren Vermögen, die anderen werden reich. Auch viele Unternehmen beteiligen sich an der Aktienhysterie. Sie zahlen ihre Schulden nicht oder mit monatelanger Verzögerung, investieren das zurückgehaltene Geld in Unternehmenspapiere und hoffen, den „großen Schnitt" zu machen. Wiens Börse wird zu einem Tollhaus. Der Zinssatz von Krediten, die als Sicherheit Wertpapiere hinterlegt haben, beträgt 66 Prozent. Die Inflation ist aber um ein Vielfaches höher. Jeder Kredit ist ein Geschäft für den Schuldner. Spekulanten vom Schlage eines Camillo Castiglioni oder eines Sigmund Bosel werden in wenigen Jahren zu Trillionären, die sich alles kaufen können. Schlösser und Theater, Politik und Kunst, Zeitungen und dicke Autos.

1924 ist das Aktienspiel überreizt. Die Spekulanten stürzen sich auf Devisengeschäfte. Sie wetten mit ungeheuren Summen auf einen Niedergang der französischen Währung und beschleunigen ihn dadurch. Bald schließen nicht nur Castiglioni & Co. Termingeschäfte ab. Ein Rattenschwanz an Spekulanten wettet gegen Frankreich, auch staatliche Großbanken, wie etwa die österreichische Postsparkasse, hoffen, schnell Kasse machen zu können. Erst Jahre später wird das Ausmaß der Verluste öffentlich. Der sozialdemokratische Abgeordnete Friedrich Austerlitz nennt im Nationalrat die Spekulationsverluste der Postsparkasse. Das biedere Staatsinstitut hat (umgerechnet) 420 Millionen Euro bei Franc-Spekulationen verloren.

Mitte März platzt die Blase. Mit dem amerikanischen Kredit ist der Sturz des Francs gestoppt. Der Kurs der französischen Währung steigt um 86 Prozent. Die Terminkontrakte an der Wiener Börse platzen. In heller Panik müssen die Spekulanten Geld zur Erfüllung der Wetten auftreiben. Sie verkaufen Wertpapiere und Aktien. Deren Kurs fällt, die Wiener Börse verfällt.

Ernst Ely, stellvertretender verantwortlicher Redakteur von *Die Stunde*, kommentiert die Ereignisse in der Wirtschaftszeitung *Die Börse* unter dem Titel „Eine notwendige Feststellung“. Es ist eine Abrechnung mit der Spekulation: „Mit der Möglichkeit eines Steigens der französischen Valuta hatte die Wiener Spekulation überhaupt nicht gerechnet, diesen Faktor hatte sie völlig ausgeschaltet. So kam es, daß die Notwendigkeit, für verunglückte Transaktionen Mittel bereitzustellen, den Wiener Platz gerade in einem Augenblick traf, wo er in einer Unzahl von Geschäften und Geschäftchen verstrickt war. Es hieß auf einmal Gelder heranschaffen um jeden Preis, aus allen Schlupfwinkeln, aus allen Schubladen.“

Die Österreichische Nationalbank will retten, was zu retten ist, sie versucht den Fall der Aktienkurse zu stoppen, ohne die Zinsen massiv zu erhöhen. Die Spekulation trifft die ohnehin noch am Boden liegende Realwirtschaft. Unternehmer und Spekulanten stehen vor dem Abgrund. In den Wochen nach dem Scheitern der Franc-Wetten stellen acht Wiener Kleinbanken ihre Zahlungen ein. In den Bundesländern gehen überhaupt zwei von drei Banken pleite. Das größte Institut, das die Kassen schließen muss, ist die Allgemeine Depositenbank, die seit sechs Jahren vom „König der Reichen", Camillo Castiglioni, beherrscht wird. Die Bankkunden stehen vor vergitterten Toren und bangen um ihre Einlagen.

De facto übernimmt die City of London das Kommando und zwingt die Österreichische Nationalbank, den Diskontsatz um 30 Prozentpunkte zu erhöhen. Österreichs Zeitungen schreiben nur von „maßgeblichen Kreisen des Auslands". Wieder wird Österreich finanziell und politisch entmündigt. Der Völkerbund als Vorläuferorganisation der UNO hat Österreich einen Kredit zur Sanierung der Finanzen gewährt, der an harte Bedingungen geknüpft ist. Hunderttausend Beamte sollen entlassen werden. Faktisch erfüllt Österreichs Regierung die Verpflichtungen vornehmlich auf dem Papier, Bahn- und Postbeamte werden „ausgegliedert" und verschwinden damit – scheinbar – aus der Statistik. Aber die „Seipel-Sanierung" ist dennoch erfolgreich. Der christlichsoziale Bundeskanzler wird von einer Mehrheit der Bevölkerung als „Retter" verehrt. Die bittere Medizin des Völkerbunds wirkt, auch wenn sie nur sehr verdünnt geschluckt wird.

Redakteur Ernst Ely rechnet in seiner Bilanz der gescheiterten Francs-Spekulation auch mit der österreichischen und deutschen Zeitungslandschaft ab. Völlig unkritisch hat sie die deutschnationalistischen Töne vervielfacht, sich von antifranzösischen Ressentiments verführen lassen: „Aus welchen unterirdischen Quellen floß tatsächlich diese gehirnaushöhlende Francepsychose? Ganz einfach, aus der geistigen Einstellung des Berliners und Wieners, der leider nicht nur Spekulant, sondern auch Zeitungsleser ist. Diese Meinung wurde in das Gehirn jedes Menschen gehämmert, der ent-

Der Haifisch. Camillo Castiglioni – Flugzeugpilot, Industrieller, Bankier, Spekulant – gilt als reichster Mann Österreichs. Er finanziert Max Reinhardt das Theater in der Josefstadt.

weder nicht dazu kam, sich an Ort und Stelle von ihrer Richtigkeit zu überzeugen, oder die lästige Gewohnheit des Denkens seit jeher der Journalistik überläßt."

Mit diesem Kommentar machen sich Ernst Ely und sein höchst umstrittener Herausgeber Imre Békessy keine Freunde. Tatsächlich zahlt Frankreich den Kredit des New Yorker Bankhauses Morgan innerhalb eines Monats zurück, ohne ihn überhaupt auszuschöpfen. Frankreich hat nur 25 Millionen Dollar für die Stützung des Francs gebraucht. Um eine Spekulationsblase platzen zu lassen, reicht eine ganz feine Nadel.

GRIECHENLAND OHNE KÖNIG, TÜRKEI OHNE KALIFEN

„DAS BISHERIGE KÖNIGREICH HEISST AB SOFORT HELLENISCHE REPUBLIK."

25. MÄRZ · In Griechenland bestätigt eine Volksabstimmung die Ausrufung der Republik. Am Festland und auf den Inseln werden 930 000 Stimmen abgegeben. Zwei von drei Griechen entscheiden sich für eine republikanische Verfassung. Auf Kreta lehnen rund 90 Prozent die Monarchie ab. Der Ministerrat beschließt, das Land „Hellenische Republik" zu nennen. Für fünf Jahre wird jede Kritik an der Republik verboten.

Drei Wochen früher wird in der Türkei das Kalifat beendet. Im Osmanischen Reich war der Sultan zugleich weltlicher Herrscher und als „Kalif" der Nachfolger des Propheten Mohammed. Die Türkei ist daher ab März 1924 eine laizistische Republik.

Das osmanische Herrscherhaus unter dem letzten Sultan Mehmed VI., das bereits im Jahr zuvor von General Mustafa Kemal (später Atatürk) und seinen Mitstreitern abgesetzt wurde, wird im März 1924 aus Istanbul ausgewiesen. Damit sind zumindest in groben Zügen die Grenzen der europäischen Staaten neu gezogen und vertraglich fixiert. So endet der Weltkrieg in diesem Teil Europas und Kleinasiens, sechs Jahre nach seinem „offiziellen" Ende im November 1918.

IN MÜNCHEN ENDET DER HOCHVERRATSPROZESS GEGEN HITLER

„DAS IST DOCH EIN KOLOSSALER KERL!“

1. APRIL · Es ist kein Scherz. Am 1. April verkündet der bayrische Landgerichtsdirektor Georg Neithardt als Vorsitzender des Bayerischen Volksgerichts in München sein Urteil gegen zehn Angeklagte. Nach 24 Tagen geht ein Prozess zu Ende, der den Lauf der Welt ändert. Viele Menschen spüren das an diesem 1. April, sie verkennen nur die Richtung. Vor der ehemaligen Infanterieschule der Reichswehr stehen Wachen. Stacheldrahtverhaue schirmen das Gebäude ab. Hunderte Neugierige haben sich vor dem Zaun versammelt. Beim Haupteingang wartet eine lange Reihe von Menschen, die Eintrittskarten vorweisen können. Polizisten und Reichswehrsoldaten halten sich im Hintergrund. Seit fünf Monaten gilt in München der Ausnahmezustand. Politische Versammlungen sind verboten.

Im lang gestreckten Speisesaal der Kaserne, der zum Gerichtssaal umgebaut wurde, drängen sich die Kiebitze. Auf den Gängen dominieren Uniformen. In- und auch viele ausländische Zeitungen und Nachrichtenagenturen haben Berichterstatter geschickt. Je nach politischem Standpunkt soll hier demnächst der Vorhang für eine Posse aufgehen, die als Tragödie enden wird. Landgerichtsdirektor Neithardt genießt seinen Auftritt im schwarzen Talar. Die Angeklagten stehen auf. Einige tragen ordensbestückte Uniformen. Das Urteil wird sie nicht überraschen. Der Prozessverlauf der vergangenen Monate lässt Rückschlüsse zu. Das bayrische Volksgericht sympathisiert mit den Angeklagten. Eigentlich hätte der Prozess vor dem Staatsgerichtshof in Leipzig stattfinden müssen, aber die Politik im Freistaat will die Kontrolle über das heikle Verfahren behalten.

Richter Neithardt wird die Angeklagten General Erich Ludendorff, dessen Stiefsohn Oberleutnant a. D. Heinz Pernet, den

Münchner Polizeipräsidenten Ernst Pöhner, Oberamtmann Wilhelm Frick, die Kampfbundführer Ernst Röhm, Hermann Kriebel, Friedrich Weber und Wilhelm Brückner, Leutnant Robert Wagner sowie den Rädelsführer, Adolf Hitler, wegen des „gemeinschaftlich begangenen Verbrechens des Hochverrats“ verurteilen.

Ein Freispruch ist ausgeschlossen. Die Angeklagten leugnen ihre Tat ja nicht einmal. Im Gegenteil: Sie brüsten sich damit. Die Urteilsverkündung wird durch lautes Gemurmel, durch gelegentliche „Heil“-Rufe und durch tumultartige Szenen unterbrochen. Das Verfahren vor dem Volksgericht, gegen dessen Urteil es keine Berufungsmöglichkeit gibt, endet so, wie es geführt wurde, als Farce.

Die zehn angeklagten Putschisten werden zwar zu Haftstrafen verurteilt. Der Hauptangeklagte „Schriftsteller“ Adolf Hitler erhält für einen bewaffneten Aufstandsversuch, bei dem vier Polizisten getötet wurden, aber gerade einmal fünf Jahre Festungshaft, davon viereinhalb Jahre „auf Bewährung“. Es ist die mildestmögliche Strafe für ein schweres Verbrechen: Hochverrat. Polizeipräsident Ernst Pöhner wird ebenfalls zu fünf Jahren Haft verurteilt, sitzt aber nur drei Monate durchaus kommod auf der Festung Landsberg. Adolf Hitler wird ein halbes Jahr dort verbringen und die verordnete Muße zum Abfassen seiner politischen Biografie *Mein Kampf* verwenden.

24 Tage lang ist ein missglückter Staatsstreich so verhandelt worden, dass die Angeklagten den Gerichtssaal als Bühne nutzen konnten. Stundenlang darf Hitler seine politischen Ideen ausbreiten, die Weimarer Republik schmähen und den revanchistischen und völkischen Zeitungen Stoff für ihre Hetzartikel liefern. Staatsanwalt und Richter, Verteidiger und Angeklagte, Justiz und Polizei sind Komplizen von Männern, die die Verfassung aushebeln und in Deutschland mit Gewalt eine Diktatur errichten wollen. Der Staatsanwalt klopft einem Angeklagten vertrauensvoll auf die Schultern, ein beisitzender Richter kommentiert Hitlers Redeschwall anerkennend: „Das ist doch ein kolossaler Kerl!“ Georg Neithardt wird nach Hitlers Machtergreifung 1933 der NSDAP (Mitgliedsnummer

2 008 851) beitreten und Karriere machen. Das bayrische Volksgericht urteilt über ein blutiges Ereignis, das München vor fünf Monaten ins Chaos gestürzt hat:

Ein 34-jähriger staaten- und beschäftigungsloser Ex-Gefreiter aus Braunau am Inn macht sich am Abend des 8. November 1923 für seinen großen Auftritt fein. Er zwängt sich in einen abgetragenen Frack mit Schwalbenschwänzen und lässt sich von seinem Leibwächter, einem stämmigen Fleischhauer namens Ulrich Graf, seine Weltkriegsauszeichnung ans Revers heften. Die merkwürdige Kostümierung soll dem kleinen Agitator Würde verleihen, immerhin will er sich an diesem Abend zum „Leiter einer provisorischen Regierung" aufschwingen. Hitler meint es todernst.

Im Bürgerbräukeller sind fast die gesamte bayrische Regierung, der Ministerpräsident, der Münchner Polizeipräsident und das „Triumvirat" der Herren Kahr, Lossow und Seißer mit ihren Mitarbeitern versammelt. An die 3000 Männer füllen die Bierschwemme, heben ihre Maß, paffen Zigarren, schwitzen und essen dicke Wurstbrote. Die Stimmung heizt sich immer mehr auf, die Luft ist zum Schneiden. Hitler will an diesem Abend die Macht in München übernehmen und dann – wie Mussolini es mit seinem Marsch auf Rom vorgemacht hat – nach Berlin marschieren und dort eine nationale Diktatur errichten. Größenwahn, gepaart mit Dilettantismus. Seit dem Scheitern der Münchner Rätediktatur ist die bayrische Hauptstadt ein politisches Tollhaus. Es hätte gelingen können.

An diesem grauen Novembertag gibt der ehemalige Reichswehrspitzel Hitler in München seinen gewaltbereiten Anhängern den Befehl zum Umsturz. Im Staat, in der Verwaltung, bei Polizei und Reichswehr bekennen sich nur wenige zur Demokratie und zur Weimarer Republik, viele wollen eine „nationale" Diktatur errichten. In Berlin zerfleischen sich linke wie rechte Parteien, die Reichsregierung ist instabil, sie kann sich auf keine solide Mehrheit im Reichstag stützen. De facto regiert nicht der Reichskanzler, sondern der Chef der Heeresleitung der Reichswehr General Hans von

Seeckt, der aufgrund von Sondervollmachten die Exekutivgewalt zur Sicherung des Deutschen Reiches gegen innere Unruhen innehat. Der national-liberale Reichskanzler Gustav Stresemann führte eine wacklige Koalition aus Deutscher Volkspartei, Sozialdemokraten und Zentrumspartei. Sein Rumpfkabinett ist ohne feste parlamentarische Bindung und von Zufallsmehrheiten des Reichstags abhängig. Der konservative Monarchist Hans von Seeckt ist in geheime Planungen eingeweiht, die eine nationale Diktatur vorsehen, wenn parlamentarische Lösungen scheitern sollten. Einen offenen Staatsstreich lehnt er aber ab. Zu unfein.

Hitler und seine Putschgesellen werden auch deshalb von der Justiz so milde gerichtet, weil die eigentlichen Umsturzpläne aus der Reichswehrführung kommen. Eine ernsthafte Untersuchung all dieser Vorgänge und Planungen ließe auch das Konstrukt der geheimen „schwarzen Reichswehr" auffliegen. Hitler und seine Mittäter sind (noch) bloß obskure Randfiguren, die zu früh losmarschieren und dadurch scheitern.

Hitler ist Anführer einer nationalistischen Splitterpartei, die aber ein paar Tausend gewaltbereite Männer für den Sturm auf den Bürgerbräukeller mobilisieren kann. Die Polizei stellt sich ahnungslos, Offiziere an entscheidenden Kommanden schauen weg, oder sind Teil des Putschversuchs.

Der „Stoßtrupp Hitler" ist an diesem Abend mit zwei Maschinengewehren und Hunderten Handgranaten bewaffnet. Hitler selbst hat eine Browning-Pistole mit sechs Patronen geladen und eine Reitpeitsche im Trenchcoat überm Frack. So ausgerüstet gehen Bayern üblicherweise nicht in einen Bierkeller.

Dorthin drängen so viele Menschen, dass die Möchtegern-Putschisten nur mit Mühe in den Saal kommen. Auch der Auftritt Hitlers läuft nicht nach Plan ab. Seine Leibwächter müssen ihm erst mühsam einen Weg durch die Massen bahnen. Dann klettert Hitler auf einen Tisch und feuert mit seiner Browning an die Decke. Staub rieselt herab. Nach dem Knall – erschrockene Stille. „Die nationale

Das interessante Blatt

Redaktion und Administration: Wien, III. Rüdengasse 11 (Telephone 1730, 1731 und 1732).

Nr. 10. Erscheint jeden Donnerstag. Wien, 6. März 1924. XLIII. Jahrg.

Der Hitler-Prozeß.

Der erste Verhandlungstag in einem Saale der Infanterieschule in München.

Die Verlesung der Anklageschrift gegen Adolf Hitler, General Ludendorff und die übrigen Führer des nationalsozialistischen Putsches am 9. November im Münchner Bürgerbräukeller. — Vor dem Richtertisch links (vom Beschauer aus) die Angeklagten.

Das Radiotelephon im Deutschen Reichstage. — Kabinettssitzung in Moskau. — Ein gefahrvoller Beruf.

Gescheiterter Putschist. Der ehemalige Gefreite Adolf Hitler wird in München zu fünf Jahren Festungshaft verurteilt, aber schon nach einem halben Jahr auf Bewährung entlassen. Die Weltpresse berichtet über das Skandalurteil.

Revolution ist ausgebrochen!“, brüllt der Putschist vom Biertisch. Er erklärt sich selbst zum Chef einer provisorischen bayrischen Regierung, verteilt Posten und verärgert General von Ludendorff, der sich erst nach dem ärgsten Wirbel zum Bürgerbräukeller fahren lässt. Hitler Regierungschef? Der Weltkriegsgeneral denkt nicht daran, einem Gefreiten Befehlsgewalt zu geben. Er selbst sieht sich als nationaler Heilsbringer. Ludendorff gilt in Deutschland immerhin als Kriegsheld und ist als solcher praktisch unantastbar. Die Herren des „Triumvirats“, die in Bayern die Regierungsgewalt ausüben sollen, sind Generalstaatskommissar Gustav von Kahr von der Bayerischen Volkspartei, der Chef der Landespolizei Oberst Hans von Seißer und der von der Reichsregierung abgesetzte Befehlshaber des Wehrkreises VII Otto von Lossow. Sie werden vom Podium in ein extra angemietetes Gastzimmer gebracht und dort von Hitler bedroht. Er selbst fuchtelt theatralisch mit der Browning herum und droht mit Mord und Selbstmord: „Es sind fünf Schüsse drin, vier für die Verräter und, wenn es schiefgeht, einer für mich." Die drei Adeligen sollen sich den Putschisten anschließen und so den Umsturz quasi legalisieren. Die Herren zögern, zaudern und machen dann doch mit, weil General Ludendorff es ihnen befiehlt. Der wird dafür von Hitler als „Führer der deutschen Nationalarmee mit diktatorischer Gewalt" installiert und ist zufrieden. Die Putschisten nehmen sich bei den Händen, und der Saal singt mit von Bier befeuerter Inbrunst das Deutschlandlied.

In München randalieren in der feuchtkalten Nacht die Hakenkreuzler. Einfach nach Hause und schlafen gehen können sie im revolutionären Überschwang nicht. SA-Truppen überfallen die Redaktion der sozialdemokratischen *Münchener Post*, rauben Waffen und stehlen 26,6 Billionen Reichsmark aus einer Druckerei. Das klingt imposant, entspricht aber bloß dem Wert von 42 000 Dollar. Ein Teil der Diebesbeute wird dann noch in der Nacht unter den Besuchern des Bürgerbräukellers verteilt, die angesichts der revolutionären Aktivitäten schon ein wenig müde und unruhig geworden sind. Viele wollen ins Bett. Für die Revolution muss am nächsten Tag auch noch Zeit sein. Hitler prellt in dieser Nacht die Zeche. Der Wirt Korbinian Reindl wird später das Geld für jede nicht bezahlte Maß Bier (es sind Hunderte), zerbrochene Krüge und das von Hitler verspeiste „Frühstück" – Eier, Tee, zwei Brote und Leberkäse – einfordern, aber nicht bezahlt bekommen.

Am 9. November spüren die Nationalsozialisten, dass das revolutionäre Momentum ausbleibt. In den Garnisonen ist es ruhig. Die Münchner Bevölkerung geht unbeeindruckt zur Arbeit. Hitler schwankt und ist unschlüssig. Gegen Mittag marschieren 3000 Männer der SA in Zwölferreihen mit geladenen Karabinern durch den Schneeregen. Männer in Uniform, aber ohne Ziel. Die drei Diktatoren des bayrischen „Triumvirats“ haben sich in der Nacht aus dem Staub gemacht, warten ab und vergessen rasch ihre Unterstützungserklärungen für den Hitler-Putsch. Ludendorff kommandiert die Marschkolonne. In der ersten Reihe marschieren Hitler mit seinem Leibwächter Graf, Hermann Göring, „Putzi“ Hanfstaengl und der spätere österreichische Heimwehrführer Ernst Rüdiger von Starhemberg. Am Ende des Zuges fährt ein gelber Opel mit einem aufgemalten Roten Kreuz. Von der Residenzstraße biegen die Formationen zur Feldherrnhalle ab. Polizisten laufen aufgescheucht über den Platz. Sie wollen die Residenzstraße absperren. Wer kommandiert, bleibt unklar.

Ein Schuss fällt. Ein Wachmann stürzt tödlich getroffen zu Boden. Wer geschossen hat, lässt sich im Chaos nicht mehr feststellen. Ohne die Befehle eines Kommandanten abzuwarten, erwidern die Polizisten das Feuer auf die vordersten Reihen der Putschisten, die sich untergehakt haben. Die wilde Knallerei dauert kaum eine Minute, verwandelt den Platz aber in ein Schlachtfeld. Vier Polizisten, 13 Putschisten und der neugierige Kellner eines Cafés sterben. Der Leibwächter Ulrich Graf wirft sich schützend vor Hitler. Getroffen von elf Schüssen, stürzt er auf den Putschistenführer.

Der Fleischhauergeselle überlebt die Schießerei. Hitler hat Glück, er bleibt beinahe unverletzt. Beim Sturz kegelt er sich die Schulter aus. Mehr passiert ihm nicht. Ulrich Graf hat ihm tatsächlich das Leben gerettet. Die Demonstration löst sich auf, alles rennet, rettet, flüchtet. Chaos und Dilettantismus.

Die blutigen Ereignisse vor der Feldherrnhalle begründen einen propagandistisch überhöhten Mythos, der von den Nazis jedes Jahr gefeiert wird. Die Bewegung hat nun ihre „Blutopfer“, es gibt eine „Blutfahne“, und es gibt „Märtyrer“. Das alles wird beim Prozess kaum thematisiert. Die angeklagten Putschisten sind in ihrer nationalen Szene längst zu Helden geworden. Das Verfahren ist ein Schauprozess, bei dem die Täter sich zu Opfern stilisieren und vor Gericht damit durchkommen. In der Urteilsbegründung schreiben die Richter: „Auch das Gericht ist zu der Überzeugung gelangt, daß die Angeklagten bei ihrem Tun von rein vaterländischem Geist und dem edelsten, selbstlosen Willen geleitet waren. Alle Angeklagten [...] glaubten nach bestem Wissen und Gewissen, daß sie zur Rettung des Vaterlandes handeln müßten und daß sie dasselbe täten, was kurz zuvor noch die Absicht der leitenden bayerischen Männer gewesen war. Das rechtfertigt ihr Vorhaben nicht, aber es gibt den Schlüssel zum Verständnis ihres Tuns."

In Berlin, Wien und im europäischen Ausland werden diese „Schuldsprüche" entsetzt kommentiert: „Wir sind beim Bankrott der deutschen Rechtssprechung angelangt." Die angesehene *Frankfurter Zeitung* schreibt über das Münchner Urteil: „Man hat gesagt, der Ausgang des Prozesses werde über das Ansehen Bayerns entscheiden, er werde für die Achtung der Welt vor der deutschen Justiz nicht gleichgültig sein. Diese Probe hat das Volksgericht München nicht bestanden. Das Urteil muss den Staat schädigen, in dessen Namen es gesprochen wird." In der Pariser *Le Temps* heißt es: „Das Urteil ist ein Beweis für die Ohnmacht der Demokratie in Deutschland. Die Parodie einer Rechtsprechung." Selbst der juristisch höchst zweifelhafte Richterspruch wird von politischen Gruppierungen sofort angefochten. Der Verband der vaterländischen Volksvereine beantragt noch am selben Tag einen Straferlass für alle Beteiligten, da „diese deutschen Männer aus reinstem Herzen und glühender Vaterlandsliebe gehandelt haben".

Der 1. April 1924 ist ein weltgeschichtlicher Tag. „Was wäre, wenn?" ist zwar eine in der Geschichtsforschung verpönte Frage: Aber was wäre der Welt erspart geblieben, wenn ein Richter damals Recht gesprochen hätte? Und was wäre anders gekommen, hätte der Tischler Georg Elsner Jahre später mit seinem Sprengstoffanschlag auf die NS-Führung im Bürgerbräukeller Erfolg gehabt?

MAX REINHARDT ERÖFFNET DAS THEATER IN DER JOSEFSTADT

„ES WAR GROSSE FRÖHLICHKEIT IM HAUSE."

2. APRIL · Die Federn der Wiener Kulturkritiker sind scharf gespitzt. Seit Monaten schon wird auf den Feuilletonseiten der hauptstädtischen Zeitungen über die bevorstehende Eröffnung des Theaters in der Josefstadt berichtet. Das Interesse fokussiert sich auf einen Mann: Max Reinhardt. Der Theatermacher hat sich in den vergangenen Jahren Schritt für Schritt aus dem Berliner Kulturleben zurückgezogen, das er – wie kein anderer – dominiert hat. Reinhardt ist Schauspieler (gewesen), er ist Regisseur und Theaterunternehmer. Er ist rastlos. Er ist überall. Er kauft oder pachtet Theater, quillt über vor Ideen und wälzt Pläne.

Schon im zweiten Kriegsjahr bereitet er die Inszenierung nach dem Friedensschluss vor. Sein Welttheater soll in Salzburg eine Bühne finden. Hugo von Hofmannsthal, Bühnenbildner Alfred Roller und der Komponist Richard Strauss wollen diese Idee verwirklichen. Die fürsterzbischöfliche Kleinstadt an der Salzach soll zur kulturellen Metropole werden, nicht Wien. Zwei Jahre nach Kriegsende kann diese Utopie realisiert werden. Am Domplatz in Salzburg wird der erste *Jedermann* in der Fassung von Hugo von Hofmannsthal aufgeführt. Ein Beginn. Bescheiden. Aber immerhin.

Im Wien des Jahres 1924 verursachen große Ereignisse zunächst einmal einen veritablen Stau. Otto Abeles, der Theaterkritiker der zionistischen *Wiener Morgenzeitung* muss Geduld beweisen: „Man hatte ordentlich Mühe, sich durch die heranrollenden Automobile, die gaffenden Zaungäste und die aufgeregt drängenden Premierenleute in die Garderobe zu schaffen. Auch bei der Eröffnungsvorstellung des Zirkus Hagenbeck soll es so gewesen sein."

Die Eröffnung der neuen Wirkungsstätte eines Max Reinhardt mit einer Zirkuspremiere zu vergleichen, ist eine keineswegs elegante Spitze gegen den neuen Wiener Theaterzampano, obwohl Reinhardt tatsächlich überlegt – neben Aufführungen im Theater in der Josefstadt –, auch den Zirkus Renz für Großinszenierungen zu nutzen. Kammerspiele plant der Regisseur im Redoutensaal der Hofburg. Und als wirklich große Bühne soll das Schloss Belvedere herhalten. Dort möchte er – mit Blick auf die Stadt – im Sommer Freilichtaufführungen inszenieren. Max Reinhardt will Wien erobern, und er etabliert sich nachdrücklich.

Die größte Schauspielbühne hat man ihm verweigert. Reinhardt hat sich in der Rolle des Burgtheaterdirektors gesehen. Ganz Wien wusste von seinen Ambitionen. *Der Tag* schreibt schon im Februar: „Tatsache ist, daß man in den jüngsten drei Jahren den Meister des Deutschen Theaters stets ante Portas der Wiener Bühnenfestung fühlte. Insbesondere jener am Franzensring (dem Sitz des Burgtheaters), hinter der sich die Konservativen verschanzten und mit sicheren Geschossen den Eindringling abwehrten. Das künstlerische Wien rief nach Reinhardt. Und in der vorigen Spielzeit trug Reinhardt einen Sieg in dem zwiespältigen Kampf davon: er veranstaltete Schauspielvorstellungen im Redoutensaal der Hofburg, die zum Ereignis wurden. Damals schon hatte Reinhardt Wien und Wien Reinhardt für sich gewonnen."

Am Wiener Parkett, auch wenn es sich dabei nur um die Bretter, die die Welt bedeuten, handelt, rutschen selbst wirkliche Größen aus. Beim eher konservativen Publikum und vor allem bei manchen Kritikern findet die Reinhardt'sche Regieauffassung keinen Beifall. Auch die einer neuen Zeit geschuldete Reklametätigkeit des Theatermachers irritiert. Der Posten des Burgtheaterdirektors wird mit dem Schauspieler Franz Herterich besetzt. Dabei ist Reinhardt ein konservativer Revolutionär: Texttreue gegenüber der dichterischen Vorlage, aber revolutionäre Neuerungen in der Umsetzung. Max Reinhardt setzt den Bühnenraum mit einem Rundhorizont, neuartiger Lichttechnik, einer Drehbühne und musikalischen Akzenten in Szene. Er holt das Theater ins 20. Jahrhundert und etabliert den Regisseur als wichtigste Figur. Fürs Burgtheater reicht es nicht.

Gut, dass Max Reinhardt finanziell potente Gönner findet. Der jüdische Industrielle, Bankier und Spekulant Camillo Castiglioni kauft für den Theatermacher das alte Wiener Theater in der Josefstadt und bezahlt den großzügigen Umbau im Stile des venezianischen Teatro La Fenice aus seiner Privatkasse. Die Schauspielkunst von ehedem soll hier in der Vorstadt wieder Auferstehung feiern. „Die Josefstadt", wie das Theater bei den Wienerinnen und Wienern heißt, ist in die Jahre gekommen. Mit französischen Schwänken und sogar mit Operetten sollten Besucher angelockt werden. Das hat nicht gut funktioniert. Dabei hat eines der ältesten Wiener Theater Tradition, eine große sogar. 1788 wird das Theater im Hinterhof eines Wirtshauses gegründet, um diesem durstiges Publikum zuzuführen. Dreieinhalb Jahrzehnte später wird es durch einen Neubau des Architekten Joseph Georg Kornhäusel ersetzt. Zur Eröffnung dirigiert Ludwig van Beethoven. Ferdinand Raimund spielt selbst den Valentin in seinem *Verschwender*, und Johann Nestroy wird zur Institution. Doch 1924 ist die Blütezeit der „Josefstadt" bereits Theaterlegende.

Mit Max Reinhardt gibt es einen Neustart. Er ist auf Dauer angelegt. Seine Schauspieler und Mitarbeiter bringt er aus Berlin mit (auch wenn einige ohnehin Wiener sind). Für sie sucht der Prinzipal Wohnungen per Inserat: „Theater in der Josefstadt – Direktion Prof. Max Reinhardt sucht ab 1. Februar eine Anzahl möblierter oder leerer Zimmer für dauernd." Die Mitglieder des von Reinhardt nach Wien mitgebrachten Ensembles werden später – auch durch den Film – zu Berühmtheiten: Vilma Degischer, Paula Wessely, Helene und Hans Thimig, Hans Albers, Fritz Kortner, Fred Liewehr und viele, viele mehr.

Max Reinhardt lässt seine Stars auf vielen Bühnen spielen, im Wiener Theater in der Josefstadt und im Deutschen Theater Berlin.

Er inszeniert und dirigiert einen Schauspielkonzern. Er ist ein Star. Nicht allen in Wien gefällt das.

Zur Freude gestrenger Kritiker bleibt zumindest die klassizistische Biedermeierfassade des historischen Hauses erhalten, doch drinnen ist alles neu. Der Finanzjongleur Camillo Castiglioni hat den Zuschauerraum mit viel Gold, rotem Damast und venezianischem Lüsterprunk ausstatten lassen. Und das in einer Zeit, in der die Devisenspekulationen platzen und Castiglioni seine Depositenbank schließen muss. Glänzendes Gold blättert ab und erweist sich als billiges Talmi. Fürs Theater reicht es.

Wiens Gesellschaft drängt sich zur mehrfach verschobenen Premiere Professor Reinhardts: Automobile, Pferdekutschen, Taxis und Schaulustige. Die beschauliche Josefstädter Straße erlebt einen Tumult. Auch das gefällt Otto Abeles von der *Wiener Morgenzeitung* gar nicht: „Bei wirklichen Kunstereignissen – und nach hundertfacher Versicherung hat die Niederlassung Reinhardts in Wien gar epochale Bedeutung – bleibt solches Vorspiel vor dem Theater in der Regel aus."

Die Premierengäste sind freudig erregt, die Logen seit Wochen ausverkauft. Die einstigen Hoflogen sind nun für die Förderer des Hauses reserviert. „Tout Vienne" will Reinhardts erste Premiere sehen – und beim Sehen gesehen werden. Der Vorhang hebt sich mit Verspätung, es gibt zu viel Getratsche und Getuschel im Saal. Dann das Glockenzeichen – Otto Abeles blickt zur Decke und sieht nicht, was als Sensation beäugt wird: Der Kronleuchter im Theatersaal wird mit Spielbeginn ganz nach oben an die Decke gezogen. Denn Reinhardt hat den Rezensenten der *Wiener Morgenzeitung* wegen „nicht konvenierenden Betragens" in die allerletzte Reihe versetzt.

Trotz dieser Schmach – letzte Reihe! – hält sich Otto Abeles mit seiner Kritik doch zurück. „Ein artiger Prolog, von allen Mitgliedern des Ensembles in Wechselrede vorgebracht, amüsant, geistreich und in seiner Anmutung stimmungsvoll. Es war ein wohlstudiertes, entzückendes Quodlibet, dann folgte eine köstliche Aufführung von Goldoni's ‚Der Diener zweier Herren'."

Der Einfall des Regisseurs, die Kulissen auf offener Szene von Schauspielern wechseln zu lassen und so ein Stück im Stück zu erzählen, begeistert das Publikum. „Eine Anzahl vortrefflicher Künstler sorgten für Humor, sangen und tanzten und es war große Fröhlichkeit im Hause.“ Wiens Zeitungen geben der Premiere Reinhardts großen Raum, obwohl vielen Feuilletonredakteuren der Starrummel um Reinhardt auf die Nerven geht. Eine Woche später folgt schon die nächste Premiere: *Kabale und Liebe* von Friedrich Schiller.

Nur eine Randnotiz bleibt das weitere Schicksal von ein paar Münchner Putschisten. „Die im Hitler-Prozeß verurteilten Angeklagten Hitler, Weber und Kriebel wurden im Kraftwagen nach Landsberg zur Strafverbüßung gebracht. Nunmehr sind auch die Stacheldrahtverhaue vor dem Regierungsgebäude in der Maximilianstraße verschwunden.“

So leise werden dunkle Kapitel im Welttheater aufgeschlagen.

In Wien eröffnet der Regisseur Max Reinhardt „sein“ Theater in der Josefstadt. Burgtheaterdirektor durfte er nicht werden.

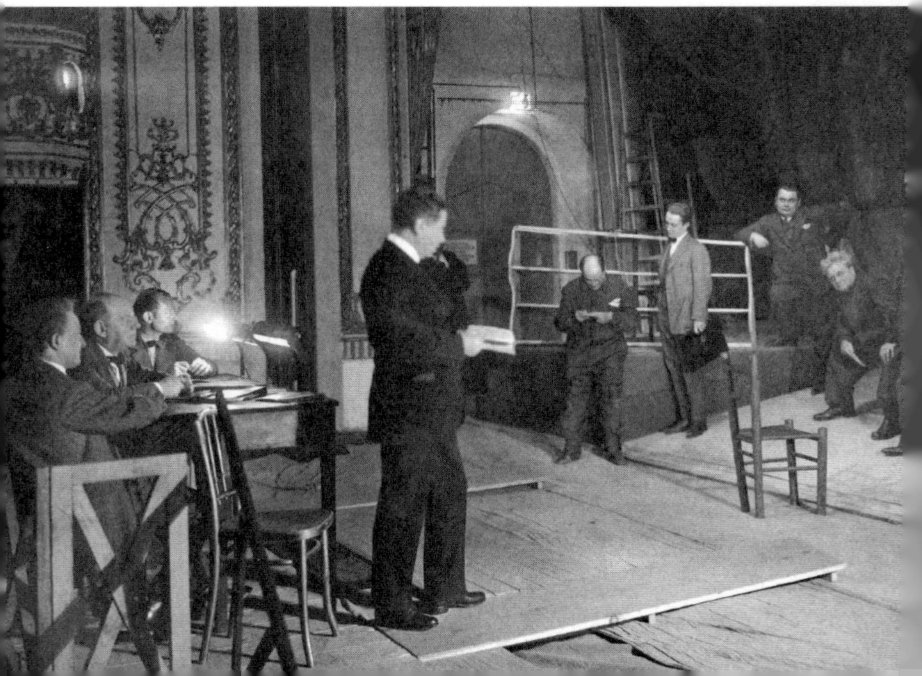

ENGLAND ZÄHLT DIE HUNDERTJÄHRIGEN

FRAUEN LEBEN LÄNGER, DAMALS WIE HEUTE

3. APRIL · London veröffentlicht eine Statistik. Und am Kontinent wird darüber berichtet. In England und Wales leben 110 Menschen, die älter als hundert Jahre sind. Die Statistik ist nicht ganz aktuell, gezählt wird bis zum Jahr 1921. Auf die Bevölkerung des ganzen Landes verteilt, kommt auf je 344 000 Einwohner der britischen Insel ein Hundertjähriger, genauer: eine Hundertjährige. Denn Frauen leben länger, damals wie heute. Die durchschnittliche Lebenserwartung vor hundert Jahren liegt deutlich unter jener von heute, Antibiotika sind noch nicht erfunden. Bakterien sind bekannt, Viren noch nicht. Die Luft in den englischen Industriezentren ist um vieles schlechter als heute, Sport treibt nur die Oberschicht, und dennoch werden Menschen alt, zumindest in England. In Wales, dem Zentrum des Kohlenbergbaus, wird nur ein einziger Hundertjähriger entdeckt. Das Alter von Schotten und Iren, die gerade um ihre Selbstständigkeit kämpfen, wird nicht erhoben.

HEKAPHON GEGEN SC DONAUSTADT

AUSSTRAHLUNG UND AUSTRAGUNG

9. APRIL · Auf dem Ostmark-Platz (anno 1924 hat der Name noch einen ganz unverfänglichen Klang) in der Wiener Brigittenau ist ein Freundschaftsspiel zwischen dem Zweitliga-Profiverein SC Donaustadt und der Firmenmannschaft Hekaphon angesetzt. Die sprachliche Komposition aus dem altägyptischen „Heka“, was so viel wie „Magie“ bedeuten kann, und dem griechischen „Phon“ für „Ton“ ist der Markenname neumodischer Radiogeräte der Firma Czeija, Nissl & Co. aus Währing.

Das nicht unbedingt weltbewegende Ballesterer-Treffen findet Beachtung bei den Redakteuren des *Sport-Tagblatts*. Zu Recht. Denn das Spiel am grünen Rasen verspricht, wie die *Sportzeitung* erwartungsfroh ankündigt, ein „hübsches Gefecht“ zu werden. In der Elf der Telephon- und Telegraphenfabrik Czeija, Nissl & Co. sind einige erst- und ein paar immerhin zweitklassige Spieler dabei. Schon einmal musste das Match wegen Dauerregens verschoben werden. Nicht, dass die Kicker nicht wetterfest wären. Es geht um die zahlenden Zuschauer. Ihnen verspricht die Firma, die zunächst in der Brigittenau, dann auf der Währinger Straße unter dem Markennamen Hekaphon allerlei technische Novitäten und auch bereits Radioempfänger baut, nebst dem sportlichen auch ein musikalisches Ereignis.

Vor und nach der Partie soll auf dem Ostmark-Platz mittels „Weitschalltrichtern“ ein Radiokonzert mit bewährten Kräften der Wiener Oper übertragen werden. Beim vermutlich ersten Stadionkonzert der Geschichte werden flotte Operettenklänge von Franz Lehár ausgestrahlt. Das Konzert aus der improvisierten Hekaphon-Sendestation in der Währinger Straße 59 soll dem Volk das neue Medium vorstellen: „Hallo, hallo, hier Radio Hekaphon auf Welle 600.“

Seit dem 1. April 1923 schickt der erste Rundfunksender Österreichs seine Mittelwellen in den Äther. Genau genommen ist Radio Hekaphon ein Piratensender. Das hindert Bundespräsident Michael Hainisch nicht, feierliche Eröffnungsworte ins Mikrofon der Hekaphon zu sprechen, die aber ohnehin nur auf der Wiener Messe zu hören sind. Es ist die – vermutlich – erste Übertragung einer Politikerrede via Ätherwellen. Burgtheaterschauspieler Raoul Aslan rezitiert ein Gedicht, und das kleine Rundfunkorchester von Bert Silvings sorgt für den musikalischen Teil.

Ab Anfang der 1920er-Jahre beginnt die Radiotechnik, die im Krieg zur raschen Kommunikation mit den Marineschiffen auf hoher See entwickelt wurde, in die zivilen Wohnzimmer vorzudringen. Es sind Radiobastler und Funkamateure, die im Krieg erworbenes technisches Wissen weiterentwickeln und der neuen Technik breite Popularität verschaffen. Schon vor dem Start der ersten echten Sender wird herumgebastelt und gesendet. Es entstehen Radioclubs und Hörergemeinschaften. Vor dem Hintergrund einer wachsenden Zahl von Bastlern und Mitgliedern in diversen Vereinen, die sich um die moderne Radiotechnik kümmern, bilden sich auch im Umfeld der beiden großen Parteien – der „Roten“ und der „Schwarzen“ – Vereine, die Einfluss auf die neue Technologie nehmen wollen. Der Österreichische Radiobund erhebt den Anspruch, Repräsentant des regierenden „christlich-deutschen Lagers“ zu sein, der Freie Radiobund (später „Arbeiter-Radiobund Österreichs“) steht den Sozialisten nahe. Ehe es überhaupt eine offizielle Rundfunkanstalt gibt, wacht der parteipolitische Proporz schon an der Wiege des Radios.

Zeitungen wie *Die Stunde* drucken wöchentliche Beilagen, wie etwa die „Funkstunde“, mit Berichten über die neuesten technischen Großtaten. Es herrscht Aufbruchsstimmung. Vor allem angesichts des noch rechtsfreien Raums, den die Radiotechnik eröffnet.

400 Kronen

Illustrierte Kronen Zeitung

36 Heller

24. Jahrgang.

Wien, Freitag den 21. Dezember 1923.

Das Brot wieder teurer.

Die Wunder der drahtlosen Telephonie.

Stimmen über den Äther: Radio Hekaphon sendet als erster österreichischer Rundfunksender. Das Radiozeitalter beginnt mit Orchestermusik und Rezitationen.

Von Konzessionen ist noch keine Rede. Die republikanische Bürokratie überhört zunächst die Geräusche der neuen Technologie. So kann sich private Initiative entfalten. Firmeneigner Oskar Czeija beginnt ab April 1923 mit dem regelmäßigen Radiobetrieb. Am Nachmittag zwischen „viertel fünf“ und „viertel sechs“ betritt der Cheftechniker der Fabrik Czeija, Nissl & Co, Ingenieur Oskar Koton, die behelfsmäßigen Studios – zunächst in der Dresdner Straße, dann im Backsteinbau des Technologischen Gewerbemuseums bei der Volksoper. Oskar Koton konzentriert die neue Technik des Rundfunks in seiner Person. Er sagt die Musikbeiträge an, spielt gleich selbst Klavier und sorgt fürs knisternde Funktionieren der nur 100 Watt „starken“ Sendeanlage.

Wer Radio Hekaphon mangels eines teuren Empfangsapparats nicht daheim über Kopfhörer empfangen kann, ist eingeladen, die musikalischen Darbietungen in einer Buchhandlung am Wiener Kohlmarkt zu hören. Für Abonnenten der *Stunde* ist das Vergnügen gratis, auch in der Wiener Urania steht gemeinschaftliches Radiohören auf dem Programm. Ursprünglich erwartete die einschlägige Wirtschaft, dass sich im verarmten Österreich nur wenige ein Radiogerät leisten können würden. Angesichts von 15 000 Besitzern eines Luxusautos kalkulieren Czeija, Nissl & Co. mit einem Bedarf von 45 000 Radiogeräten. Das Unternehmen baut Empfangsgeräte nach einem Patent der New Yorker Firma Western Electric Co. Ltd.

Wenige Monate nach Einführung der Radiotechnologie drängt ein Dutzend Firmen auf den lukrativen Markt, mit durchaus klingenden Namen wie Ingelen oder Minerva. Firmen, die auch noch Jahrzehnte nach dem Zweiten Weltkrieg in Österreich Radios, Plattenspieler und später Fernsehgeräte bauen werden. Hinter dem improvisierten Radioprogramm der Hekaphon steht die Absicht, Geräte zu verkaufen: „Zum ersten Male seit Einführung der Radiotelephonie in Österreich hat sich eine Reihe hervorragender Kunstkräfte dieser neuen künstlerischen Aufgabe zur Verfügung gestellt."

Mit ausdrücklicher Bewilligung der Post- und Telegraphendirektion darf das Programm von den Zeitungen abgedruckt werden. Was erwartet die Hörer so an einem Sendetag? Das Streichquartett Silvino spielt im Studio der Hekaphon eine Ouvertüre und begleitet die von Staatsopernsopranistin Lotte Schöne dargebotene Arie. Wegen der noch nicht sehr ausgefeilten Mikrofontechnik kommt das neue Medium eher „schwächeren" Stimmen zugute – sie klingen im Radio besser. Nach der Ouvertüre liest der ungarische Schauspieler Oszkár Beregi ein Gedicht von Heinrich Heine, ehe Radio-Hekaphon seine Sendung mit einem Strauß-Walzer ausklingen lässt.

Beregi ist ein Star, auf der Bühne und im Film. Er dreht gerade bei den ehemaligen Ziegelteichen am Wiener Laaer Berg den Monumentalfilm *Die Sklavenkönigin*. Regie führt auch ein Ungar, Mihály Kertész, der später in Hollywood als Michael Curtiz berühmt werden wird.

Das private Radio Hekaphon sendet ein gutes Jahr, bis den „schwarzen" Politikern in der Bundesregierung und den „roten" im Wiener Rathaus die mögliche Bedeutung des neuen Mediums dämmert. Eine eigene Konzession wird ausgeschrieben. Im Februar 1924 erhält Oskar Czeija in einem Konsortium die erste und einzige Sendelizenz für einen Rundfunkbetrieb. Die Radio-Verkehrs AG (RAVAG) wird zwar als Aktiengesellschaft gegründet, steht de facto aber im öffentlichen Eigentum. Die bürgerliche Bundesregierung kontrolliert den Sender indirekt über Bankenanteile an der AG, und das „Rote Wien“ kann seinen Einfluss über die Plakatfirma Gewista durchsetzen. Von der ersten Sendeminute an ist ein rot-schwarzer Proporz garantiert.

Nur weil die RAVAG es monatelang nicht schafft, auf Sendung zu gehen, existiert die Hekaphon weiter. Aber: Die Weichen für einen staatlichen Monopolrundfunk sind gestellt. Den Einfluss der Bundesländer soll der steirische Landeshauptmann Anton Rintelen sichern. Er wird von Bundeskanzler Seipel als RAVAG-Präsident eingesetzt. Radiopionier Czeija wird immerhin erster Generaldirektor. Er kennt sich ja auch aus.

Und wer hat das Radio nun erfunden? Die Schweizer waren es nicht. Radio ist eigentlich eine österreichische Erfindung, aber wie bei vielen genialen Dingen, etwa der Schiffsschraube oder der Schreibmaschine, weiß die Welt das nicht.

Es beginnt in Graz. Schon zehn Jahre vor den Schüssen in Sarajevo gelingt Ingenieur Otto Nußbaumer am 15. Juni 1904 die weltweit erste drahtlose „Funktelephonie“. Er überträgt Musik und Sprache und publiziert diese technische Revolution in einschlägigen Fachmagazinen. Die gesellschaftlichen Möglichkeiten und die wirtschaftliche Bedeutung sind ihm aber nicht bewusst. Der technische Direktor der deutschen Telefunken AG, Georg Graf von Arco, fühlt brieflich vor, welche Teile von Nußbaumers Erfindung zum Patent angemeldet sind oder werden könnten. „Wir haben mit großem Interesse von Ihren Vorführungen in Graz Kenntnis erlangt … Wir möchten Sie hieran anknüpfend fragen, was in den uns bekannt gewordenen Anordnungen neu, und patentfähig, ist.“ Funkstille. Nußbaumer reagiert nicht auf das Schreiben des schlesischen Reichsgrafen. Der Grazer Techniker zeigt kein Interesse, seine Ideen zu patentieren oder gar wirtschaftlich zu verwerten.

So großzügig muss man erst einmal sein.

DIE REICHSGRÄFIN TRIANGI

„ALLES HÖCHSTE VOLLENDUNG. KÜNSTLERIN, HERZOGIN, GÖTTIN!"

10. APRIL · Der § 22 des altösterreichischen Preßgesetzes ist eine höchst vergnügliche Sache. Jedenfalls wenn er von einer Reichsgräfin in Anspruch genommen wird. Frau Beatrice Cita Albano Antonia Reichsgräfin Triangi, von und zu Latsch und Madernburg, Baronin von Maderno Riedhorst, Freifrau von Tyrol, Trientiner Edeldame, geschiedene Frau Rindskopf und keineswegs sehr hochwohlgeborene Beatrice Samek aus Brünn, begehrt in *Die Stunde* vom 10. April das Abdrucken einer Berichtigung.

Die Tageszeitung des Verlegers Imre Békessy folgt dem Begehr nach dem Preßgesetz mit lesbarem Vergnügen. Das Boulevardblatt begründet im Wien der 1920er-Jahre den neuen Typus eines „modernen" Blatts für die Interessen der „kleinen Leute". Große Bilder, relativ wenig Text, kaum Politik, dafür viel Gesellschaftsklatsch. Mit dem Wiener „Sittenamt" befindet sich *Die Stunde* auf publizistischem Kriegsfuß. Sie prangert die Schnüffeleien der Behörde an, um im nächsten Absatz genüsslich über ebendiese Erkenntnisse der beamteten Tugendwächter zu berichten. Der Herausgeber hat da wenig Skrupel. Eine Zeitung sei eben ein Geschäft, das auf der einen Seite mit reinen, auf der anderen mit unreinen Händen geführt werde, ein Geschäft und keine moralische Anstalt.

Karl Kraus wird sich am Blatt und an dessen Besitzer Békessy jahrelang abarbeiten. Er bezeichnet die Zeitung als „Banditenblatt" und „Sexualorgan". Und wird der *Stunde* damit nicht gerecht. Außenpolitisch bewahrt die Bekéssy-Zeitung Haltung. Sie kämpft gegen den um sich greifenden Nationalismus und erkennt schon 1924 im Aufstieg der Hitler-Partei eine Gefahr für den Frieden und die Demokratie. Chefredakteur ist der angesehene Prager Journalist

Karl Tschuppik, und in der Chronik-Redaktion schreibt als „rasender Reporter“ ein gewisser Samuel Wilder. Er wird später in die USA auswandern und es als Filmregisseur unter dem Namen Billy Wilder zu Ruhm bringen. Békessys Sohn nennt sich Hans Habe und wird zu einem angesehenen Schriftsteller. Solche Talente finden sich in Wiener Zeitungsredaktionen zwischen den Kriegen.

In dieses Blatt passen die Auftritte der „Reichsgräfin“ wunderbar. Frau Triangi firmiert in der einstigen k. u. k. Residenzstadt als „Original“. Und das ist eigentlich ein bedeutender Adelstitel. Denn Gräfinnen, Freifrauen und Baronessen (echt oder angemaßt) gibt es ja, um im Wiener Jargon zu bleiben, zum Saufüttern. Echte Originale sind da rarer, sie glänzen zwar nicht wie ein reiner Diamant, changieren dafür aber in den grellsten Farben.

Die Jahre nach dem Ende des Weltkriegs sind aus heutiger Perspektive von kaum vorstellbarer Armut geprägt. Während es in den Jahren der Hyperinflation zu einer Umkehrung vieler Werte und zur Verarmung des Mittelstands durch Teuerung und Verlust des Ersparten kommt, werfen die Krisengewinnler, Spekulanten und Glücksritter mit Geld um sich. Die Verarmung der einen wird zum Nährboden für Hasardeure. Millionär, Milliardär – diese Begriffe reichen zur Beschreibung der Neureichen längst nicht mehr aus. Stefan Zweig schreibt von einem „Wettersturz der Werte“. Die Menschen verlieren jedes Maß, viele auch den moralischen Kompass. „Wer zu bestechen wusste, kam vorwärts, wer spekulierte, profitierte.“

Der Wiener Sigmund Bosel wird binnen weniger Jahre zum Trillionär – zum reichsten Mann der Alpenrepublik und über deren enge Grenzen hinaus. Der Textilverkäufer handelt sich während des Weltkriegs zum größten Armeelieferanten empor. In den 1920er-Jahren kann er seine Kriegsdividende vervielfachen. Er hat Warenlieferungen immer in Dollar oder Franc verrechnet. Im August 1922 ist ein amerikanischer Dollar fünfzehntausend Mal so viele Kronen wert wie vor Kriegsausbruch. Anfang 1924 ist der Trillionär und Präsident der Unionbank am Höhepunkt seiner Macht. Er schenkt der

Reichsgräfin Triangi eine Flöte um eine wohlfeile Million Kronen. Das klingt viel, entspricht aber nur dem Wert von heute 490 Euro. Die Triangi vergisst nie, die Generosität des Herrn Bosel zu loben.

Viele Menschen, vor allem in den Großstädten, haben als Arbeitslose jede Menge Zeit, aber kein Geld, um diese für Vergnügungen aller Art zu nützen. Gerichtsprozesse, Affären und breit ausgewalzte Skandale in den Gazetten gehören daher zur billigen Unterhaltung der Massen. Ein selbst ernannter „Goldfüllfedernkönig“ unterhält das Publikum mit „Mystifikationen“,

Der alte Adel (und viele erst in den letzten Kriegsmonaten Nobilitierte) ist in Wien omnipräsent. Fünf Jahre nach dem Inkrafttreten des Adelsaufhebungsgesetzes schmückt sich Frau Samek aus Brünn mit allerlei aristokratischen Titeln, deren korrekte Aufzählung sie mit ungeheurer Verve einfordert. Und sei es mithilfe des Preßgesetzes.

Die Reichsgräfin Triangi fühlt sich vom Präsidenten des weithin unbekannten Wiener Schriftstellervereins „Die Scholle“, einem Herrn Léon Schlein-Saville, dermaßen getäuscht, dass sie zum Bezirksgericht eilt und dort Genugtuung für erlittene Schmach einfordert: Besagter Herr habe sie mit Zuneigung verfolgt, sie durch Vortäuschung eines aristokratischen Namens jedoch in die Irre geführt: „Er war stets wie ein Schatten hinter mir her, nannte mich seine Herzensgöttin und küßte den Saum meines Kleides. Als ich nun im ‚Bristol‘ hörte, daß er Schlein heiße, sagte ich ihm, warum er sich einen falschen Namen beilege. Darauf nannte er mich größenwahnsinnig und behauptete, ich behandle die Bürgerlichen wie Canaillen.“

Bezirksrichter Dr. Fiala war mäßig beeindruckt. Darauf legte Beatrice Triangi nach: „Ich habe eine schönere Stimme als die Jeritza. Ich habe außer in Amerika in der ganzen Welt beispiellose Triumphe gefeiert…Ich bin seit frühester Jugend römisch-katholisch und eine überzeugte Katholikin. Ich bin noch nicht 60 Jahre alt und andere berühmte Künstlerinnen sind viel älter als ich. Die Konzertdirektion ‚Elite‘ stellte mir folgendes Zeugnis aus: ‚Wunderbare

Frau. Wie groß, wie unbeschreiblich groß sind Sie. Alles höchste Vollendung. Künstlerin, Herzogin, Göttin!'" Mit dem eigentlichen rechtlichen Begehren haben die weitschweifigen Auslassungen eher nichts zu tun, aber die Reichsgräfin nützt den Gerichtssaal als Bühne, ihr Publikum sind die zahlreichen Kiebitze, und Gerichtsreporter sorgen dafür, dass ihre Auftritte verbreitet werden. Ihr Geburtsdatum gibt sie vor dem Bezirksgericht mit „Im Zeichen des Felix" an. Der „Herr Rat" lässt die exaltierte Dame gewähren, das Gerichtspublikum hat seinen Spaß. Das Leben ist grau genug.

Größenwahn? Augenzwinkerndes Spiel mit der Wiener Gesellschaft? Die Reichsgräfin ist im republikanischen Wien eine schillernde Erscheinung. Sie kleidet sich in bunten Schleiern, schwebt über den Graben und trippelt am Ringstraßenkorso zwischen dem Hotel Bristol und dem Schwarzenbergplatz auf und ab. Die gut 300 Meter vom Sirk-Eck bis zur Seilerstätte und retour sind auch in der Republik noch der Laufsteg der sogenannten besseren Gesellschaft. Hier will man sehen und gesehen werden. „Ganze Prozessionen von zweibeinigen Bibern und Zobeln drücken sich aneinander vorbei. An der bekannten Straßenecke, wo alles wie auf Kommando kehrt macht, stauen sich die Gruppen von Rittern des Chic, der Monokel-Adel, die Bügelfaltokratie", spottet der Journalist und Kunstkritiker Ludwig Hevesi um die Jahrhundertwende. Dabei hat er die Reichsgräfin gar nicht gekannt.

Sie war damals auch noch keine: Antonia Beatrice Samek wird in Brünn als Tochter des Textilfabrikanten Jakob Samek geboren. Brünn ist wegen des industriellen Hinterlands eine der reichsten Städte der Habsburgermonarchie. Viele – vor allem auch jüdische – Handwerkerfamilien haben sich innerhalb von zwei Generationen einen gesellschaftlichen Aufstieg erarbeitet, sind jetzt Industrielle, wohlhabend. Aber: Um wirklich oben anzukommen, bedarf es eines Adelstitels, am besten durch Einheirat der Töchter in eine alte Familie. Die Mitgift kann man sich locker leisten, die Morgengabe besteht im „von" vorm Namen.

Antonia ist erfolgreich. Sie heiratet den Seidenfabrikanten Richard von Rindskopf, der seinen – doch zu Spott verleitenden – Namen von der örtlichen Bezirkshauptmannschaft alsbald auf Riedhorst ändern darf. Riedhorst statt Rindskopf. Das klingt gleich viel nobler. Die Verbindung wird nach sechs Jahren geschieden und Antonia äußerst großzügig abgefertigt.

Eine weitere kurze Ehe überspringen wir, dann heiratet die durchaus gut aussehende, etwas „junonisch" gebaute Geschiedene einen weiteren Aristokraten: Albano Hugo Josef Graf Triangi. Der um neun Jahre jüngere Mann – ursprünglich aus Trient stammend – mit dem klingenden Namen ist zwar nur Herausgeber und Redakteur des wenig bedeutsamen Blatts *Der Zugexpedient*, aber definitiv Graf – ganz genau wollen wir diesbezüglich in den Taufbüchern aber nicht nachforschen. Lassen wir es einfach beim Titel „Reichsgraf" bewenden.

Der Kabarettist Fritz Feldner entkleidet die Beziehung jeder Romantik: „Die ganze Ehe war ja in letzter Konsequenz ein Kuhhandel in buchstäblichem Sinne: das Geld vom Rindskopf sollte einen Reichsgrafen, der ‚stier' war, auf einige Zeit sanieren." Was immerhin eine Weile gelingt. Als Graf Albano 1926 stirbt, lebt er nur noch auf Untermiete in der Vorstadt und hinterlässt außer unbezahlten Spitalsrechnungen lediglich einen Riemenhosenträger und einen Mantel. Da beide Kleidungsstücke ziemlich derangiert sind, wird der Wert der Hinterlassenschaft auf ganze sechs Schillinge taxiert.

Die Ehefrau ist zu diesem Zeitpunkt längst aus seinem Leben entschwunden, nicht aber aus seinem Gesichtsfeld. Denn die Reichsgräfin organisiert emsig diverse „Wohltätigkeitssoireen" und Empfänge, auf denen sie selbst auftritt und eine breite Palette künstlerischer Fähigkeiten vorführt. Die Eintrittsgebühr kassiert die Künstlerin höchstselbst an der Saaltür und stopft die Kronen-Bündel in ihre voluminöse Handtasche. Sie dürfte recht gut verdient haben und war nachweislich wenig generös. Für den „Dr.-Seipel-Wohl-

Eine Reichsgräfin als Szeneoriginal. Beatrice Triangi fühlt sich nicht genügend wertgeschätzt. Sie, die „eine schönere Stimme als die Jeritza" hat, klagt dagegen beim Bezirksgericht. Der Richter und die Gerichtskiebitze haben ihren Spaß.

tätigkeitsfonds" spendet die Gräfin gerade einmal 20 000 Kronen, worüber die christlichsoziale *Reichspost* berichtet. Das sind – nach heutigem Wert – neun Euro.

Bei ihren Auftritten pflegt „Durchlaucht" Gedichte zu rezitieren, Arien zu singen und Flöte zu spielen, aber vor allem mit dem Publikum zu streiten. Dabei kostümiert sich die Reichsgräfin extravagant, spart nicht an Puder und Lippenstift, und an besonderen Abenden tanzt die eher vollschlanke Dame eine selbst erfundene Choreografie, die sie „Wollust" nennt. Die Zuschauer fordern daher immerzu lautstark: „Wir wollen wieder Wollust." Dabei lüpft sie ihre vielen übereinander getragenen Röcke und zeigt deutlich mehr Bein, als schicklich wäre.

Ihr musikalisches Repertoire ist begrenzt. Böse Zungen sagen ihr nach, sie beherrsche nur ein einziges Stück. Triangi hingegen bezeichnet sich selbstbewusst als die „beste Flötistin des Jahrhunderts". Oskar Bendiener rezensiert einen dieser Abende in *Die Stunde* durchaus wohlwollend: „Sie ist nun auf die Idee verfallen, ihre diversen gesellschaftlichen Fähigkeiten pekuniär auszunützen. Sie musiziert nämlich, singt, spielt Klavier, alles mit ansehnlicher technischer Schulung und erheblichem Talent. Insbesondere ihr Gesang zeigt überdurchschnittliche Qualitäten."

Das Publikum benimmt sich bei diesen Soireen regelmäßig daneben. Knallfrösche werden geworfen, Schmähungen gerufen, Beifallsstürme von Buhrufen unterbrochen. Das Spektakel muss unbeschreiblich gewesen sein. Die Reichsgräfin beschimpft ihr Publikum unflätig und wird auch schon mal handgreiflich. Jeder Auftritt ist ein Ereignis, ihr Stammpublikum weiß, was es erwartet: unter Garantie einen Skandal. Das hindert durchaus renommierte Vergnügungsetablissements jedoch nicht, der Reichsgräfin Auftritte zu ermöglichen. Diese werden von ihr selbst regelmäßig in entgeltlichen Annoncen beworben, etwa im seriösen *Neuen Wiener Tagblatt* vom 26. Juni 1924: „Das Flöten- und Gesangskonzert der Frau Gräfin Triangi am 30. Juni in Weigls Dreherpark ist total ausverkauft." Die Gräfin versteht etwas von Marketing.

Sie gastiert im Varieté Westend, im Meidlinger Dreherpark und im innerstädtischen Kabarett Leopoldi-Wiesenthal, das vom Komponisten Hermann Leopoldi und vom Conférencier Fritz Wiesenthal seit 1922 in der Rotgasse bespielt wird. „Die Reichsgräfin Triangi gab gestern bei ‚Leopoldi-Wiesenthal' ihr Debüt. Sie ist, nach ihrer Angabe, die beste Sängerin, Dichterin, gelernte Medizinerin, passionierte Reiterin, prämierte Schwimmerin, doch gab sie nur von ihrer Gesangskunst einige Proben, die überraschend gut gelangen. Das Publikum, begeistert und in Ekstase, feierte den neuen Bühnenstern, deren exotische und etwas bizarre Reize beifällige Anerkennung fanden … Nach Absolvierung des Programms ging dann der Rummel los. Die Triangi wurde bejubelt und beklatscht, wie dies selbst im Hause Wiesenthals selten so intensiv passiert. Nur einige Bürger waren über den Rummel empört und verließen, fluchend und Stühle umstoßend, das Lokal. Sonst aber war es sehr lustig."

ALICE SCHALEK REIST NACH JAPAN UND KÄMPFT FÜR FRAUENRECHTE

„IN WAHRHEIT ABER IST DIE GEISHA DIE GEISSEL JAPANS."

12. APRIL · Karl Kraus hat sie berühmt gemacht. In *Die letzten Tage der Menschheit*, seiner monumentalen Abrechnung mit dem „alten Österreich", lässt der Wiener Schriftsteller die Journalistin Alice Schalek als Karikatur ihrer selbst auftreten. Die Kriegskorrespondentin der *Neuen Freien Presse* wird von Kraus zur Zielscheibe seines bösen Spotts. Er ruiniert ihren Ruf – nicht damals, aber mit Nachwirkungen bis heute.

Der Polemiker Kraus sucht sich eine Frau als Opfer. Er macht sie zum Zerrbild einer kriegslüsternen Furie. Schalek ist neben der ungarischen Journalistin Margit Vészi im k. u. k. Kriegspressequartier als einzige weibliche Berichterstatterin akkreditiert. Sie schreibt ihre Reportagen von der Front in den Tiroler Bergen, aus Galizien und vom Isonzo.

Die Tochter einer großbürgerlichen liberal-jüdischen Familie dokumentiert fast drei Jahrzehnte lang für die *Neue Freie Presse* das Zeitgeschehen – und eben auch den Krieg – in Text und Bild. Ihr Vater besitzt eine große „Annoncen-Expedition", heute würde man es als Medienagentur bezeichnen. Das erleichtert seiner Tochter den Zugang zur Presse. Schalek lebt allein in einer bourgeoisen Wohnung am Wiener Schottenring. Ihre Feuilletons sind – immer aus der Sicht der Zeit – eigentlich wenig nationalistisch. Sie verzichtet, durchaus unüblich in der damaligen Kriegspublizistik, auf Hasstiraden gegen den Gegner. Zeitungen sind – kaum überraschend – zu Propagandainstrumenten von Politik und Militär geworden, dafür sorgt schon eine straffe Zensur. Im fernen Rückspiegel der Zeit wird Schalek die Ästhetisierung des Kriegs vorgeworfen. „Alles ist klingend, romantisch, ästhetisch." Die Opfer würden heroisiert, das Sterben idealisiert, die zerbombte Berglandschaft theatralisiert. Schalek schreibt mitten im Krieg. Sie ist eine Tochter ihrer Zeit.

Das kümmert Karl Kraus jedoch wenig. In seiner *Fackel* überzeichnet er maßlos. „Die Schalek" wird bei ihm schon 1916 zu „einem der ärgsten Kriegsgreuel, die der Menschenwürde in diesem Kriege angetan wurden", und der Jude Kraus kann auch antisemitische und sexistische Untertöne nicht vermeiden. Die Schalek „ist das Novum einer Jourjüdin (also einer jüdischen Journalistin), die sich untersteht, ihre Neugier in Unterständen zu befriedigen."

Das geht der Buchautorin und Reisenden dann doch zu weit. Sie klagt Karl Kraus, was dieser wieder mit Vergnügen für die Fortsetzung seiner Attacken in der *Fackel* nützt. In ihrer Klagebegründung führt Alice Schalek aus: „Die Tätigkeit der Privatanklägerin als Berichterstatterin wird auf erotische und sinnliche Motive zurückgeführt und sie aus diesem Grunde als Schauspiel einer Entartung, als der Verachtung tapferer Soldaten würdig, als die Verfasserin obszöner Tagebuchblätter und dergleichen mehr hingestellt, sie wird also in ihrer Eigenschaft als Weib angegriffen und in dieser Eigenschaft einer unsittlichen und unehrenhaften Handlungsweise geziehen."

In dem Gerichtsverfahren gipfelt ein jahrelanger Streit zwischen Kraus und Schalek. Das ist nichts Ungewöhnliches. Der *Fackel*-Herausgeber ficht mit nicht wenigen Größen der Jahrhundertwende publizistische und juristische Sträuße aus. Alice Schalek auf die Rolle einer kriegslüsternen Furie zu reduzieren, ist ungerecht, mehr noch: falsch. Die Wienerin hat sich mit Verve in einer Männerdomäne durchgesetzt. Nach dem Krieg engagiert sie sich für Frauenrechte, unterstützt den Wiener Frauenverband und setzt sich für die Rechte berufstätiger Frauen ein. Sie wird eine der ersten Reporterinnen, die über die internationalen Frauenbewegungen berichtet. Alice Schalek reist nach Korea, Indien, in die Mandschurei und nach Japan. Für bürgerliche Frauen, die um die Jahrhundertwende auf schöngeistige Tätigkeiten und familiäre Aufgaben beschränkt sind, bedeutet eigenständiges Reisen, die Grenzen der vermeintlichen weiblichen Bestimmung zu sprengen. Über ihre Reise nach Japan, die – ganz modern – von der deutschen Reederei Hugo Stinnes unterstützt wird, veröffentlicht sie im Oktober 1924 im Breslauer Verlag Ferdinand Hirt ein Buch mit „193 eigenen Aufnahmen" und dem Titel *Japan, das Land des Nebeneinander. Eine Winterreise durch Japan, Korea und die Mandschurei.*

Alice Schalek fotografiert und schreibt Reportagen aus tatsächlich „fernen Ländern", sie hält darüber Vorträge im Konzerthaus oder in der Wiener Urania. Im *Rohö-Flugblatt*, einer – ungeachtet des Namens – seriösen Frauenzeitschrift, wird ein Vortrag Schaleks über die Geschlechterrollen in Japan angekündigt. 180 kolorierte Diapositive will sie dabei zeigen. Dabei zeichnet die Reisejournalistin ein kritisches Bild der Gesellschaftsstruktur im asiatischen Insel-

Alice Schalek kämpft für die japanischen Frauen. Die von Karl Kraus verhöhnte Kriegsreporterin berichtet in Wort und Bild aus Asien und beklagt die Situation der dortigen Frauen.

königreich. Sie interessiert sich für das in der Geisha verkörperte Frauenbild. „Wenn bei uns von der japanischen Frau gesprochen wird, dann wird nur an die Geisha gedacht, von der die europäischen Männer mit einem Lächeln auf den Lippen träumen, und die in der Erinnerung all jener, die sie kennenlernten, als eine von Anmut und Jugend umflossene Herrscherin im Reiche des Vergnügens, als Priesterin der Liebe lebt. In Wahrheit aber ist die Geisha die Geißel Japans."

Ihrem vornehmlich weiblichen Publikum erklärt die Weitgereiste die unterschiedlichen Geschlechterrollen. Japans Männer können Schalek nicht überzeugen: „Japanische Männersitte verlegt Vergnügen und Geselligkeit außerhalb der allerdings langweiligen und unbequem eingerichteten Wände des eigenen Hauses. Wenn der Japaner sich unterhalten will, wenn er gesellschaftliche Pflichten zu erfüllen, geschäftliche Abmachungen zu treffen hat, geht er ins Restaurant, das ihm auch jene Anzahl von Geishas anbietet, die, je nach dem Erfordernis der Veranstaltung oder nach der Kraft der Börse, gewünscht wird." Alice Schalek beschreibt die Männer als Täter und die Frauen als Opfer – und zwar sowohl die Ehefrauen daheim als auch die Geishas: „Ihrem Leben bleibt die Geisha verfallen, weil sie trotz ihrer scheinbaren Weltgewandtheit sich vollkommen in den Klauen der Nutznießer ihres Metiers befindet." Die Journalistin erntet bei ihrem Publikum Beifall. Das *Rohö-Flugblatt* lobt: „Ihr lebendig illustrierter und auch unterhaltender Vortrag hatte lebhaftesten Beifall."

1924 ist Alice Schalek längst im erlauchten Kreis der wichtigsten Journalisten des Landes angekommen. Die schreibende Zunft ist männlich, beinahe ausschließlich. Während in Amerika Verleger die Zugkraft weiblicher Journalisten erkennen und die „News Girls" zu Stars aufbauen, wird Alice Schalek – trotz aller Kritik von Karl Kraus – als erste und lange einzige Frau in den renommierten Wiener Presseclub „Concordia" aufgenommen. Dieser Entscheidung gehen endlose Diskussionen voraus.

DIE GLOCKEN KEHREN AUS DEM KRIEG HEIM

„STÜRMISCHE OVATIONEN FÜR DEN KIRCHENFÜRSTEN“

13. APRIL · Jetzt läuten die Kirchenglocken wieder. Im August 1914 hat der Klang Tausender Glocken den Beginn des Kriegs übers Land verbreitet. Das Geläute der bronzenen Glocken liefert den Grundton für das, was in Deutschland als „August-Erlebnis“ in die Geschichte eingeht – eine euphorische Begeisterung, vor der kaum jemand gefeit scheint.

Die allgemeine Hochstimmung zu Kriegsbeginn, wenn sie denn überhaupt mehr war als ein propagandistisch gepflegter Mythos, ist 1914 binnen weniger Wochen verklungen. Stefan Zweig, der von einem Erholungsurlaub an der Nordsee nach Wien heimkehren muss, spürt schon in den Septembertagen nichts mehr davon. Ihm fehlt das Geräusch der Pferdefuhrwerke auf den Straßen, ihn ängstigt die Stille der Stadt. In den folgenden Kriegsjahren schweigen selbst die Glocken. Die Kriegswirtschaft holt sie von den Kirchtürmen und schmilzt sie zu Kanonen um. In Frankreich und England läuten die Glocken am 11. November 1918 wieder: Friede. Bei den Besiegten schweigen sie. Die meisten Pfarrkirchen haben nur eine Glocke vor dem Einschmelzen gerettet, die kleinste.

Zehn Jahre nach Kriegsausbruch sind sie wieder da. In der Wiedner Pfarre St. Elisabeth versammeln sich die Katholiken zur friedlichen Glockenweihe. Auf „reich geschmückten Wagen“ – wie die *Reichspost* vermeldet – ziehen zwei von den Böhlerwerken in Kapfenberg gegossene Glocken durch die Straßen des bürgerlichen Innenstadtbezirks. Der Zug beginnt vor der Molkerei der Familie Trösch – die Gattin des Besitzers ist „Glockenpatin“ – und schlängelt sich durch die Gassen, vorbei am beflaggten Palais der Apostolischen Nuntiatur zum Elisabeth-Platz. Alles, was Rang und Namen hat, marschiert durchs dichte Spalier neugieriger Wiedner mit. Vor den Glocken reiten Herolde und Fanfarenbläser, dann folgen die Schuljugend, der Studentenbund „Jung-Österreich", die Hochschulverbindung „Donaumark". Eine Musikkapelle gibt den Takt für eine Kompanie marschierender Frontkämpfer vor, Mädchen im weißen Erstkommunionkleidchen dürfen die an der Glocke befestigten Bänder halten. Der Fotograf Wilhelm Bosch ist mit seiner Kamera zur Stelle. Er wird das Ereignis auf Zelluloid bannen und eine Bildpostkarte drucken. „Nach einer ergreifenden Ansprache nahm dann Prälat Kamprath die Weihe der beiden, ‚Salvator Mundi' und ‚Königin Maria' benannten, Glocken vor."

Schon im zweiten Kriegsjahr sind von den vier Glocken der Pfarre drei für Rüstungszwecke abgenommen worden. Und die letzte verbliebene Glocke zerspringt. St. Elisabeth schweigt, bis zum April 1924. Dann stimmt der Kirchenchor unter freiem Himmel das „Tedeum" an.

Am selben Tag wird in der Favoritner Pfarre St. Johann Evangelist ebenfalls eine Glocke geweiht. Mehr noch als im bürgerlichen Innenstadtbezirk wird die Glockenweihe zur politischen Demonstration. Kardinal Piffl bemüht sich in den Arbeiterbezirk und hält vor – angeblich – 5000 Gläubigen eine Predigt über „die Bedeutung von Glocken fürs christliche Volk". Die Spitze der Wiener Christlichsozialen Partei ist vollständig vertreten. Kirche und Partei, Glaube und Politik – Hand in Hand.

Die Glocken läuten wieder. Sechs Jahre nach Kriegsende werden neue Glocken geweiht. Ihre Vorgängerinnen wurden zu Kanonen umgeschmolzen.

DIE APRILNARRETEI DES WETTERS

„DIE UNGEWÖHNLICH LANGE DAUER DES WINTERS“

14. APRIL · Der Winter lässt sich nicht einmal von den österlichen Ratschen vertreiben. Noch einmal ist die „weiße Pracht“ zurückgekommen. Tausende Sonntagsausflügler, die das plötzlich wärmere Wetter in den Wienerwald lockt, stapfen durch den knöcheltiefen Schnee. „Der Aprilschnee des Samstags hat sich in den Wäldern und auf den Wiesenflächen sehr gut gehalten“, schreiben die Montagsblätter. Aus dem nördlichen Waldviertel werden gar Schneeverwehungen gemeldet. Die Telefonverbindungen sind unterbrochen. Feuchter Neuschnee hat Hunderte Kabel reißen lassen. Es war ein langer kalter Winter, und der launische April verspricht nur zaghaft den Frühling. Mit 6,2 Grad liegt die Monatsmitteltemperatur weit unter dem langjährigen Durchschnittswert von 8,3 Grad. Auch geregnet hat es deutlich mehr als üblich. Sogar in gewöhnlich wärmeren Gefilden liefert der Winter ein hartnäckiges Rückzugsgefecht. Die Kälte dringt weit in den Süden vor. Mitte April frieren selbst die Italiener. Verona und Udine sind von einer zarten weißen Schicht bedeckt. Schnee auch in Florenz, Überschwemmungen in Ligurien, eine stürmische See. Das Wetter ist auch in den 1920er-Jahren immer wieder Thema, vom Klima redet niemand.

In Wien wird Bilanz über den Winter gezogen. Das städtische Wohlfahrtsamt zählt bis Anfang April 70 465 Besucher in den fünf Wärmestuben, deutlich mehr als im Jahr zuvor, was auch daran liegen kann, dass die Besucher eine „schmackhafte Suppe“ löffeln dürfen. Am stärksten frieren die Bewohner im Wiener Arbeiterbezirk Favoriten. Die dortige Wärmestube zählt die meisten Besucher, fast ausschließlich Männer.

ÖSTERREICH ERKENNT DIE SOWJETUNION AN

„DAS RUSSISCHE BEISPIEL IST ZU WENIG VERLOCKEND.“

19. APRIL · Österreich ist Vierter, immerhin. Sechs Jahre nach dem Friedensvertrag des Deutschen Reichs mit dem revolutionären Russland im Frühjahr 1918 nehmen Österreich und die Sowjetunion diplomatische Beziehungen auf. Nach Deutschland, England und Italien kann sich auch die Wiener Regierung zur Anerkennung der kommunistischen Sowjetrepubliken durchringen. Im Vorfeld haben die beiden Staaten die Rückführung der Kriegsgefangenen vereinbart.

Revolutionsführer Wladimir Iljitsch Lenin ist tot. Die Sowjetunion beginnt sich nach dem Sieg der Roten Arbeiter- und Bauernarmee im Bürgerkrieg zu konsolidieren und zu öffnen. Die kleine Alpenrepublik, Nachfolgestaat der k. u. k. Monarchie, die gegen die Armee des Zaren blutige Schlachten geschlagen hat, hat zwar schon im Dezember 1921 Beziehungen zu Russland aufgenommen. Mit der offiziellen Anerkennung der Sowjetrepubliken erhofft sich Wien nun wirtschaftliche Vorteile. Die „neue ökonomische Politik“ der Kommunisten, die noch von Lenin propagiert wird, räumt den Marktkräften – zumindest auf lokaler Ebene – wieder mehr Platz ein. Die linientreue marxistische Politik der Bolschewiken hat seit dem Umsturz zu einem regelrechten Zerfall der Wirtschaft geführt.

Das faschistische Italien nähert sich den Sowjets ein wenig schneller an. Rom hat bereits seinen Gesandten nach Moskau geschickt. Der Aristokrat Conte Gaetano Manzoni wird von den Sowjetführern mit Pomp und großem Trara am Moskauer Bahnhof empfangen. Die Revolutionäre von einst zeigen, dass sie sich an internationale diplomatische Gepflogenheiten halten wollen. Eine Ehrenkompanie der Roten Armee marschiert zum Empfang auf.

Nach der italienischen Königs- und Nationalhymne erklingt die Sowjethymne. Den italienischen Diplomaten wird ein zaristisches Adelspalais als adäquate Unterkunft zur Verfügung gestellt.

Der feierliche Empfang für die Italiener und die Betonung der diplomatischen Usancen wird im Westen als positives Zeichen gedeutet. Russland ist neuerdings wieder an guten Beziehungen zum weniger revolutionären Ausland bemüht. In Moskau setzt sich die Überzeugung durch, dass die Weltrevolution noch ein wenig warten muss. Die marxistische Theorie hält der kapitalistischen Praxis nicht stand. Die Proletarier aller Länder vereinigen sich nicht. Dem neuen Generalsekretär der Kommunistischen Partei Josef Stalin geht es zunächst um die Absicherung der Macht nach innen und um die Rückkehr in den Kreis der Großmächte. In Wien deuten das politische Kreise als „Realpolitik", obwohl es diesen Begriff damals noch gar nicht gibt: „Die Sowjetregierung hat schon viel Wasser in ihren Wein gegossen. Von der Propagierung des Bolschewismus unter staatlicher Förderung wird Russland absehen müssen. Es ist wenig Aussicht vorhanden, daß der Bolschewismus das übrige Europa erobern wird. Das russische Beispiel ist zu wenig verlockend."

Nach den politischen Wirren und der Niederschlagung des kommunistischen Spartakus-Aufstands in Berlin, dem eher kläglichen Scheitern einer bayrischen Volksrepublik in München, dem blutigen Ende der Räterepublik von Béla Kun in Budapest und den beiden aus Ungarn finanzierten Revolutionsversuchen des Jahres 1919 in Wien fürchten sich das Bürgertum und vor allem die Sozialdemokratie kaum noch vor einer bolschewistischen Machtübernahme. Bei den Wahlen 1919 ist die Kommunistische Partei Österreichs gar nicht angetreten, und später haben die Radikallinken keine Chance. Die austromarxistische Rhetorik im „Roten Wien" lässt links von der Sozialdemokratie, die im Parteiprogramm zwar die Diktatur des Proletariats beschwört, dieses ferne Ziel aber durch Wahlen erreichen möchte, wenig Platz. Auch in Deutschland werden die kommunistische Linke und die „Hakenkreuzler" auf der anderen Seite des politischen Spektrums bei der zweiten Reichstagswahl im Jahr 1924 geschwächt.

Zeit also für Geschäfte mit den Sowjets. Die Kommunisten in Moskau werden in den nächsten Jahren zum wichtigen Handelspartner Österreichs.

KARL KRAUS TRÄUMT ZU SEINEM 50. GEBURTSTAG

„SEINE ANHÄNGER WAREN SEHR HINGERISSEN."

28. APRIL · Ausgerechnet die *Illustrierte Kronen Zeitung*, gemeiniglich kein Blatt der Wiener Gesellschaft, erkennt das Genie. Karl Kraus ist darob verwundert und begeistert. Die Sozialdemokratische Kunststelle hat dem Dichter, Polemiker und Eigenbrötler zum runden Geburtstag die Aufführung seiner neuen Einakter *Traumtheater* und *Traumstück* ermöglicht. Die Premiere findet am 29. April in der Neuen Wiener Bühne – dem ehemaligen Varieté Danzers Orpheum – in der Wasagasse statt. Und der Kulturredakteur der *Illustrierten Kronen Zeitung* schreibt eine Eloge auf den Satiriker Kraus, der von weiten Teilen der Wiener Gesellschaft ignoriert oder gehasst wird (oder beides) und mit gleicher Münze zurückzahlt. „Karl Kraus hat auf der Höhe seines Lebens den Sieg seines Werkes und seiner Sendung feiern dürfen. Das Fest seines 50. Geburtstages, das Dienstag abends in der Neuen Wiener Bühne mit der Aufführung von ‚Traumstück' und ‚Traumtheater' begangen wurde, gestaltete sich zu einem Triumph, wie ihn wohl noch kein Dichter in einem Wiener Theatersaal erlebt hat. Als nach der letzten Szene der Vorhang fiel, verließ niemand das Haus. Das Publikum erhob sich von den Sitzen und ein elementarer Begeisterungsausbruch rief Karl Kraus wohl an die fünfzig Male vor den Vorhang." In seiner *Fackel* zitiert und kommentiert Kraus die Kritiken der Wiener Presse, keineswegs zurückhaltend oder gar bescheiden. Das Lob der *Illustrierten Kronen Zeitung* kommt für ihn unerwartet, er nützt es, um dem von ihm gehassten liberalen Großbürgerblatt *Neue Freie Presse* publizistisch mit dem Ochsenziemer eins überzuziehen.

Im Einakter *Traumstück* rechnet Karl Kraus offenbar mit jenen Personen in Versen ab, die er bei *Die letzten Tage der Menschheit* vergessen hat, in denen Kraus ein ausuferndes Panoptikum über die Zeit vor und während des Ersten Weltkriegs geschrieben hat. Das letztgenannte monumentale Drama in rund 220 lose miteinander verbundenen Szenen ist eine Collage aus originalen Zitaten und Kraus'scher Satire. Er selbst hält das Drama für unspielbar und „einem Marstheater zugedacht". Am 4. Februar 1923 wird in der Neuen Wiener Bühne zumindest der Epilog „Die letzte Nacht" aufgeführt.

Im *Traumstück*, sozusagen dem Epilog zu den *Letzten Tagen*, widmet er eine ellenlange Szene der neumodischen Psychoanalyse, die damals im Gefolge von Sigmund Freud en vouge ist. „Zwar gibts keine Wandlung, aber eine Behandlung oder wie man es nennt. Wir können nicht hexen, doch es hat an Komplexen sein' Freud der Patient … Ihn krank zu bewahren bis in hundert Jahren, es ist uns ein Spiel."

Zur Feier von Kraus' 50. Geburtstag hält der Dichter und Regisseur Berthold Viertel eine akklamierte Rede, ehe die zwei Einakter aufgeführt werden. Viertel ist einer der – nicht vielen – Freunde von Karl Kraus und einer der ganz wenigen, die ihn auch duzen dürfen. Im Gegensatz zur *Illustrierten Kronen Zeitung* schreibt der Kritiker von *Der Humorist* eine Woche nach der Premiere: „Karl Kraus ist in der Literatenwelt eine viel umstrittene Persönlichkeit." Dem *Wiener Salonblatt* ist das Ereignis überhaupt nur einen Satz wert: „Seine Anhänger waren sehr hingerissen."

Diese und andere herbe Kritiken fechten den „viel umstrittenen" Kraus keineswegs an. Anlässlich seines Geburtstags kündigt er in aller Bescheidenheit eine „Karl-Kraus-Amnestie" an. Er will „vorläufig eine Anzahl von Wiener Schriftstellern und Journalisten" pardonieren. Der Wiener Presseclub „Concordia" nimmt dieses Angebot von Kraus tatsächlich auf und unterbreitet dem gestrengen Satiriker eine Liste seiner Mitglieder, die sich der „Amnestie" als würdig erweisen könnten. Damit kommt die „Concordia" allerdings nicht weit. Schroff lehnt Kraus ab. Er empfinde es als Einschränkung seines Selbstbestimmungsrechts, weiß *Die Stunde* zu berichten. Im Falle von Karl Kraus macht das Alter offenbar nicht milde.

BOXWELTMEISTER CARPENTIERS EINZUG IN WIEN

„ES GIBT NUR EINEN GOTT. MUSKEL! UND TEMPO IST SEIN PROPHET!“

1. MAI · Es wäre so schön gewesen, wenn es nicht mehrfach anders gekommen wäre. Ganz Wien, also jedenfalls ein guter Teil des vorwiegend männlichen Publikums, fiebert einem sportlichen Ereignis entgegen. Am 1. Mai, ausgerechnet am Festtag der Arbeit, sollen auf dem Sportplatz Hohe Warte im eher noblen Wiener Bezirk Döbling die Fäuste regieren.

Einer Veranstaltergruppe ist es gelungen, den französischen Welt- und Europameister Georges Carpentier für ein internationales Boxmeeting zu verpflichten. Seine Gage soll eineinhalb Milliarden Kronen betragen. Klingt horrend und ist selbst in „harter“ Währung viel Geld. Gehen wir davon aus, dass der Champion seine Gage in Dollar und vorab kassiert hat, ehe er sich in den Zug von Paris nach Wien setzt und dort am Westbahnhof von Tausenden, wenn nicht Zehntausenden begeisterten Anhängern empfangen wird, worüber die *Illustrierte Kronen Zeitung* berichtet: „Es fehlten nur noch die berittenen Polizisten mit der Galapickelhaube und den weißen Stulphandschuhen und man hätte glauben können, die vieltausendköpfige Menge vor dem Stirngebäude des Westbahnhofes harre der Ankunft eines gekrönten Staatsoberhauptes.“

Über dem Bahnhofsvorplatz kreist ein Doppeldecker, der Flugblätter über der Menge abwirft. Auf den Litfaß-Säulen in der Stadt ist der Franzose in voller Lebensgröße plakatiert. Der Einzug des Boxers in Wien wird zur Triumphfahrt. Tausende Menschen stehen in der Mariahilfer Straße Spalier, „alle Fenster sind von Neugierigen dicht besetzt. Sportbegeisterte Burschen laufen neben der farbengeschmückten Autokolonne und brüllen unausgesetzt ‚Hoch Carpentier!‘ und die übrigen Leute auf der Straße sind nach echt wienerischer Manier freiwillige Statisten, die sich gaffend daran ergötzen, wie er immer wieder im Wagen aufsteht und gnädig nach allen Seiten dankt. ‚Er ist ein hübscher Kerl! Und schau, wie lieb er lacht!‘ sagen sich die Frauen, die auf dem Trottoir stehen bleiben und den vorbeisausenden Autos nachschauen.“

Das Boxmeeting auf der Hohen Warte soll für Wien das größte sportliche Ereignis der 1920er-Jahre werden. Bis zu 70 000 Zuseher werden erwartet. Dutzende Zimmerleute haben seit Wochen am Stadionrasen einen Boxring aufgebaut, Logen für das noblere Publikum errichtet und rund um den Ring Holzbänke aufgestellt.

Die *Neue Freie Presse*, ein noch immer angesehenes liberal-konservatives Blatt, versucht für ihre – des Sportiven eher unkundigen – Leser das „Theater der Fäuste“ feuilletonistisch in Worte zu fassen. „Dieser Ring, ein enger Raum, nur wenige Meter lang und breit im Geviert, er gleicht einem Vexierpunkt, in dem sich tausend Strahlen kreuzen. Nicht nur von den Bänken ringsum in weitem Kreise des amphitheatralisch ansteigenden Sportplatzes starrt höchstgesteigerte Schaulust durch Operngucker und Feldstecher auf diesen Ring. Diese kleine Bühne des großen Boxmatches steht auch im Brennpunkte der Sportleidenschaften von ganz Europa und Amerika.“

Das von der *Neuen Freien Presse* quasi in den Kulturteil geadelte „Theater der Fäuste“ entspricht dem Zeitgeist und den Neigungen vieler Literaten. Die scheinbare Rohheit eines Faustschlags fasziniert nicht nur das Proletariat in den Vorstädten, auch viele „bessere“ Herren und Damen sind von der Kraft und der animalischen Ausstrahlung nackter männlicher Oberkörper angetan. Der Boxsport hat sich in den 1920er-Jahren zum Massenspektakel entwickelt. Die Männer im Seilgeviert sind Stars. Kaum eine andere Sportart wird in der Zwischenkriegszeit – noch kennen Zeitgenossen diesen Begriff nicht – so häufig literarisch bearbeitet wie das Boxen. Autoren wie Bertolt Brecht (von ihm war es zu erwarten), Robert Musil (von ihm eher nicht), aber auch „Schöngeister“ wie Erich Kästner, Anton Kuh, Gottfried Benn oder Vicki Baum verfallen in ihren Werken dem Faszinosum des Faustkampfs. Joseph Roth spöttelt über die Boxleidenschaft der Zeit, vergleicht die Boxer mit Göttern und sieht im Boxring den „neuen Gral“. Der Boxer selbst ist für Joseph Roth ein Athlet „mit einem harmlosen breiten Lächeln, das nicht vom Gemüt zu kommen scheint, sondern unmittelbar von der Muskulatur, der Ausdruck nicht so sehr einer individuellen Zufriedenheit wie einer gattungsmäßigen. Sie lachen einfach, weil sie so stark sind.“

Im Berlin der 1920er-Jahre hat der athletische Männlichkeitsentwurf schon ganz andere Muskeln angesetzt als im deutlich schmächtigeren Wien. Der expressionistische Schriftsteller Paul Gurk überspitzt den Zeitgeist in seinem Roman *Berlin*: „Es gibt nur einen Gott. Muskel! Und Tempo ist sein Prophet.“ Die Berliner Boxveranstaltungen sind Stadtgespräch. In diesem Umfeld beschließt ein 19-Jähriger aus der Uckermark, sein Hobby zum Beruf zu machen. Maximilian Adolph Otto Siegfried Schmeling wird 1924 Boxprofi und nur zwei Jahre später deutscher Meister. Max Schmeling gewinnt schon seinen ersten Kampf. Er kassiert für diesen Sieg 80 Reichsmark. Gong in der ersten Runde. Es ist der Beginn einer Weltkarriere.

1930 wird Schmeling als erster Europäer Weltmeister aller Klassen und später von den Nationalsozialisten vereinnahmt. Propagandaminister Goebbels lässt den Film *Max Schmelings Sieg – ein deutscher Sieg* produzieren. Der Kampfsport steht längst im Dienste des Hitler-Regimes. Der anarchistische Dichter Erich Mühsam reimt gegen Nationalismus und Triumphgeschrei: „Schmeling nämlich zählt zu Deutschlands Rettern. Denn er kann ein Nasenbein zerschmettern.“ Die wilden, die verrückten 1920er-Jahre sind da längst vorbei. Berlin ist in diesen Jahren die drittgrößte und neben New York die modernste Stadt der Welt. War Wien um 1900 das Versuchslabor für den Weltuntergang, ist Berlin 20 Jahre später ein brodelndes Labor der Moderne. Die deutsche Hauptstadt ist einer der größten Industriestandorte Europas. Berlin gilt als verrucht, als tolerant, aber auch als gefährlich. Ganze Stadtteile sind von der organisierten Kriminalität geprägt. Paul Gurk lässt seinen Helden in *Berlin* sinnieren: „Die jungen Menschen leben heute alle so, als ob sie einen Krieg hinter sich und den Weltuntergang vor sich hätten." Sie boxen sich durch. Vielleicht ahnen viele, dass es bald zu einem Überlebenskampf kommen wird.

Drei Jahre vor seinem Engagement in Wien steigt Carpentier gegen den amerikanischen Schwergewichtsweltmeister Jack Dempsey in den Ring. Mehr als 90 000 Besucher sehen den „Kampf des Jahrhunderts" (es ist ja noch jung) in einer in New Jersey eigens dafür gebauten Arena. Der 27-jährige Carpentier ist zehn Kilo leichter als der Amerikaner, gilt aufgrund seines eleganten Boxstils aber dennoch als Favorit, jedenfalls als Publikumsliebling. Carpentier hat im Weltkrieg gekämpft, Dempsey muss sich gegen den Vorwurf verteidigen, er habe sich der Wehrpflicht entzogen. Der Kampf wird als „Gut" gegen „Böse" vermarktet. Im Publikum sitzen die Spitzen der amerikanischen Gesellschaft: Rockefeller, Vanderbilt, Astor und Roosevelt.

Der Boxkampf wird das erste Sportereignis, das im damals gerade erfundenen Rundfunk live übertragen wird. So hören vermutlich weitere 300 000 Amerikaner an der Ostküste die Schilderungen von Major Andrew J. White. Dempsey attackiert von Anfang an. Der schmächtigere Franzose kann sich nur durch „Klammern" vor Körpertreffern schützen. In der zweiten Runde gelingt es Carpentier aber, seinem deutlich größeren Gegner einen kräftigen Kinnhaken zu verpassen. Dabei bricht sich Carpentier den Daumen seiner Schlaghand. Damit ist der Kampf eigentlich vorbei. Der Franzose kann sich nur noch über zwei Runden retten. In Runde vier landet der Amerikaner einen Volltreffer, Carpentier wird angezählt, kommt bis neun hoch, hat gegen die Wucht von Jack Dempsey aber keine Chance. Wenige Sekunden später schlägt ihn der Amerikaner noch einmal nieder. Carpentier geht k.o. Auf den Straßen von Paris haben Tausende Menschen das übers Radio bekannt gegebene Resultat des

Kampfes erwartet, und als die Niederlage verkündet wird, wird die Menge von tiefer Niedergeschlagenheit erfasst. Nationalismus und Rassismus prägen die Sportberichterstattung. Anton Kuh verlangt von einem Kampfsportler: „Der Boxer möge in seinem Bizeps das Ansehen des sterbenden Europa vor der Umwelt herstellen.“ Der Boxer wird mit seinem Mut, seiner Stärke und seiner erotischen Anziehungskraft das Bild des modernen Mannes. Kraftvolle Männlichkeit trifft auf Vorurteil und Rassismus. Die *Neue Freie Presse* beschreibt einen „Negerboxer“: „Der Neger, dessen schokoladebrauner Körper den wütenden Angriffen seines Gegners geschickt entschlüpft, hat offenbar keine Nerven. Er verzieht das Gesicht höchstens zu einem freundlichen Grinsen und boxt wie im Spiele, während sein Gegner keucht und glüht.“

In seiner eigentlichen Gewichtsklasse, dem Halbschwergewicht, verteidigt Georges Carpentier 1922 noch einmal seinen Weltmeistertitel, ehe er ein Jahr später dem im Senegal geborenen Franzosen „Battling Siki“ in Paris unterliegt. Carpentier ist (allzu) siegessicher, wohl weil der Kampf „geschoben“ ist. Jedenfalls behauptet der nur 179 Zentimeter große Siki später, dass er diesen Kampf eigentlich verlieren hätte sollen. Die Atmosphäre im Stadion und die Erkenntnis, Carpentier schlagen zu können, bewirken bei Siki einen Sinneswandel. Der Bessere will auch gewinnen. Vielleicht stärkt die Überheblichkeit seines Kontrahenten den Sportsgeist des Westafrikaners. Carpentier soll ihm vor der ersten Runde zugeflüstert haben: „Machen wir es schnell, es wird bald regnen.“ Und genau das macht „Battling Siki“: Er schickt Georges Carpentier in Runde sechs auf die Bretter. Und muss sich danach rassistische Beleidigungen gefallen lassen – ein „Schwarzer“ besiegt einen „Weißen“. Siki wehrt sich zwar gegen die Invektiven, spielt aber auch mit dem Image eines Afrikaners. In Paris geht er mit einem Löwen an der Leine spazieren.

Nach dem unerwarteten Verlust seines Titels tingelt Carpentier durch Europas Hauptstädte und macht seinen Ruhm zu Geld. 1924 hat er den sportlichen Zenit überschritten, in Wien ist er noch immer Publikumsmagnet. „Am Äußern Carpentiers würde man kaum den Boxchampion erkennen. Der Brustkorb ist nicht übermäßig breit, die Stirn ist nicht allzu niedrig, die blauen Augen blinzeln harmlos und gutmütig. Über den Ausgang des bevorstehenden Boxmatchs äußert er sich mit Skepsis, die man allerdings schwerlich ernst nehmen könnte."

Das Turnier in Wien steht jedenfalls – wetterbedingt – unter keinem guten Stern. In letzter Minute muss die Freiluftveranstaltung abgesagt und auf den nächsten Tag – einen Feiertag – verschoben werden. Aber auch der 1. Mai ist noch vom Aprilwetter geprägt. „Schwarz-graue Wolken löschen das leuchtende Himmelsblau aus", schreibt das *Neue Wiener Tagblatt*. Die Veranstalter sind enttäuscht. Es sind keine 70 000 gekommen, vielleicht ein Drittel der erwarteten Zuschauer. Die Kosten sind viel höher als die Einnahmen. Ein Tiefschlag, dem ein weiterer folgen wird. Weil es zu regnen beginnt und die Damen bereits ihre Schirme aufspannen, muss der Hauptkampf vorgezogen werden. Zwei Kameramänner filmen das Geschehen. Carpentier betritt den Ring in einem grauen Bademantel. Die *Neue Freie Presse* schildert den Kampf wie folgt: „Carpentier gegen Townley. Der geschmeidige Franzose und der hochgewachsene Engländer. Der Laie, der von Ringtricks gar nichts versteht, bewundert an Carpentier die Verschwisterung von Kraft und Anmut. Er umtanzt seinen Gegner, neigt sich und biegt sich, daß an dem griechischen Ebenmaß seines Jünglingskörpers alle Muskeln spielen, und wenn man sich dessen am wenigsten versieht, springt er Townley plötzlich katzenartig an und rammt ihm die Faust unter die Nase. Ein Gongschlag, wieder verknäulen sich die Leiber, immer stürmischer rennt Carpentier seinen Gegner an. Plötzlich taumelt und fällt der athletische Engländer. ‚Bravo Carpentier' jauchzt ringsum der Beifallssturm. Der Ringrichter zählt: ‚Eins, zwei, drei, vier …' Townley erhebt sich. Man kann im Publikum nicht deutlich sehen, ob er noch mit Knien und Händen den Boden berührt; da versetzt ihm Carpentier einen Hieb gegen das Kinn, der den Riesen, wie vom Blitz getroffen, zu Boden schmettert. Nun aber kann sich Carpentier vom jähen Wechsel der Volksgunst überzeugen. Ein Teil des Publikums glaubt, Carpentier habe Townley noch in kauernder Stellung niedergeschlagen und dadurch die Spielregeln verletzt. Die Menge stürmt entrüstet gegen den Ring (wobei in der allgemeinen Verwirrung die Inhaber von Stehplätzen die Gelegenheit benützten, sich in leeren Logen häuslich einzurichten), elegante Damen, denen man derartige Turnübungen nicht zugetraut hätte, stehen plötzlich heftig gestikulierend auf den Bänken und man erlebt eine Massenszene, die den Vergleich mit der Reinhardtschen ‚Oedipus'-Inszenierung nicht zu scheuen braucht."

Da ist er wieder, der Vergleich mit dem Theater. Drama gibt es genug. Der Mann aus Nordengland wird halb betäubt aus dem Ring getragen. Carpentier flüchtet vor dem tobenden Publikum. Der Held ist zum Buhmann geworden. Die Wiener Blätter ergreifen Partei, mehr gegen als für den Franzosen.

Das Spektakel auf der Hohen Warte hat ein unerwartetes Nachspiel. Im Juni 1924 verbietet der sozialdemokratische Bürgermeister Karl Seitz öffentliche Profi-Boxkämpfe. Ein echter Tiefschlag für den Männersport.

Ein Franzose boxt sich nach oben. Georges Carpentier gilt als eleganter Kämpfer. Der entthronte Weltmeister schlägt in Wien in einem Fußballstadion seinen englischen Gegner zu Boden. Sein Sieg ist umstritten.

DER STREIT UM UNSERE ZIGARREN

„SONST KOMMT DER SIGNORE ALIBRANDI ÜBER EUCH!“

7. MAI · Dem römischen Herrn Commendatore Alibrandi wird kein roter Teppich ausgerollt. Der italienische Sektionschef und Generaldirektor des römischen Tabakmonopols ist als Abgesandter des Völkerbunds nach Wien gekommen. Signore Alibrandi soll die österreichische Tabakregie auf Vordermann bringen. Denn für den Generalkommissar des Völkerbunds Alfred Zimmermann, der in Wien als letzte Instanz über die Sparvorgaben aus Genf und damit über die österreichische Finanz- und Steuerpolitik wacht, wirft die Zigarren- und Zigarettenproduktion zu wenig Ertrag ab.

Die Einnahmen aus der Tabakwarenproduktion machen einen beträchtlichen Teil des Staatshaushalts aus, nur aus Zöllen erlöst der Finanzminister mehr. Die einstige k. u. k. Tabakregie betreibt ein Dutzend Fabriken, in denen 7000 Arbeiterinnen und Arbeiter händisch Zigarren und Zigarillos wuzeln und maschinell Zigaretten gestopft werden. Rauchen ist so etwas wie Staatspflicht. Fast jeder Mann tut es, und auch Frauen werden zunehmend animiert, dem männlichen Laster zu frönen. Die heimische Tabakregie bringt in den 1920er-Jahren gar eine eigene Frauenzigarette auf den Markt. Die „Asta“ soll „leicht, fein und edel“ sein. Das Mundstück wird in zarte karminrote Seide gehüllt, damit kein Abdruck eines Lippenstifts die Ästhetik stört. Österreich hat pro Kopf mit 1750 Gramm konsumiertem Tabak einen mehr als doppelt so hohen Verbrauch wie das Königreich Italien.

Das freut den Finanzminister und Österreichs internationale Gläubiger. Raucher sanieren das Budget. Die Gesundheitskosten dieses jahrhundertealten „Lasters“ werden nicht berechnet. Mehr blauer Dunst lässt Kronen und Heller in der Staatskasse klingeln.

Aber für den finanziellen Völkerbund-Vormund sind die Erträge des Tabakmonopols zu gering. Ein Italiener soll nach dem Rechten sehen und die Geschäftsgebarung der staatlichen Tabakregie durchleuchten. Alibrandi hat eine schlechte Presse, obwohl praktisch jeder Zeitungsredakteur in seiner Anzugstasche ein Packerl „Memphis" oder „Nil" stecken hat. Die Zeitungen gönnen ihm nicht einmal einen Vornamen. *Die Stunde* wundert sich: „Was soll der Leiter der Tabakregie eines Landes, deren Tabakerzeugnisse erwiesen schlechter sind als die Österreichs, bei der österreichischen Tabakregie reformieren?"

Signor Alibrandi, der überdies ein Ingenieur ist, kommt, sieht und erkennt durch all den blauen Dunst hindurch: Die Tabakregie muss sparen. Fabriken sollen geschlossen, Arbeiter gekündigt, die Preise erhöht und die Qualität der „Tschicks" gesenkt werden. Österreich kauft für seine Rauchwaren teuren bulgarischen Tabak, italienischer wäre billiger. Das stinkt der Regierung in Wien und der Generaldirektion der Tabakfabriken.

Tatsächlich bleiben die Einnahmen aus dem Zigarettenverkauf hinter den hochgesteckten Erwartungen zurück. Werden 1923 noch 2400 Milliarden Kronen (heute 1,2 Milliarden Euro) aus Erlösen der Tabakregie budgetiert, muss Finanzminister Viktor Kienböck die Einnahmenerwartungen bald halbieren. Schuld sei der „Unterkonsum", ausgelöst durch die hohe Arbeitslosigkeit und den gewerbsmäßigen Tabakschmuggel aus dem Deutschen Reich. Tatsächlich arbeitet das staatliche Monopol nicht gerade effizient. Während in Italien der Fiskus mehr als 70 Prozent des Verkaufserlöses kassiert, sind es in Wien nur 40 Prozent.

Der Italiener hat da seine eigenen Vorstellungen, das zu ändern. Rauchen ist in Wien im Vergleich zu Rom viel zu billig. Alibrandi schlägt in seinem Gutachten eine „vernünftige Erhöhung" der Zigarettenpreise und eine Verschlechterung der Qualität vor. Gleichzeitig soll die heimische Tabakregie weniger teure Zigarren fertigen, die immer noch die Hälfte des Absatzes ausmachen, und dem

Publikum die viel billiger zu produzierenden Zigaretten schmackhaft machen, die in den Tabaktrafiken noch einzeln und unverpackt erhältlich sind. Edmund Löffler, Präsident des Reichsverbands der Trafikanten, ist empört. In einem Gastkommentar für das *Illustrierte Wiener Extrablatt* attackiert er den Italiener: „Die Tabakmonopole in den verschiedenen Staaten arbeiten nach zweierlei Systemen. Frankreich und Italien bieten den Rauchern das denkbar schlechtes-

Die Einnahmen aus dem Verkauf von Tabakwaren blieben hinter den Erwartungen zurück. Die staatliche Tabakregie entdeckt die Notwendigkeit von Werbung und Marketing.

te Rauchmaterial bei hohen Preisen, Österreich hingegen setzte stets seinen Stolz darein, seinen Rauchern das beste Rauchmaterial zu verhältnismäßig erträglichen Preisen zu bieten. Wenn wir die Qualität herabsetzen und schlechteres Material liefern würden, wären wir sehr bald auf dem Niveau des italienischen Konsumenten." Der Trafikant sieht das Tabakmonopol in Gefahr und fürchtet um die Handelsspannen für seine Klientel. Wahrscheinlich zu Recht.

Noch sind die modernen englischen Markennamen nicht erfunden. Die Tabakregie bleibt nach wie vor der k. u. k. Tradition treu, was sich auch in den orientalisch klingenden Namen der verschiedenen Zigarettensorten widerspiegelt. Eine „Smart" oder gar eine „Jonny" (nach Ernst Kreneks Oper *Jonny spielt auf benannt*) wird erst 1928 auf den Markt kommen. Aber die Direktion der Tabakregie entwickelt zur Abwehr der italienischen Reformvorhaben eigene Rationalisierungsideen. Die Monopolbetriebe sollen fortan nach „amerikanischem Muster" geführt werden. In den Fabriken wird eine arbeitsteilige Produktion eingeführt. Der Leiter der Tabakregie, Sektionschef Karl Dorrek, führt das Unternehmen seit drei Jahren und überzeugt den mächtigen Betriebsrat, dass es besser sei, die Produktion zu modernisieren, als die ganze Tabakregie an einen ausländischen Konzern zu verpachten. Diese Überlegung steht 1924 durchaus im Raum. Der Beamte und Manager Karl Dorrek leitet die Tabakwerke als soziales Musterunternehmen. Er finanziert zahlreiche Wohlfahrtseinrichtungen für die Belegschaft und genießt das Vertrauen der Arbeiterschaft. Murrend, aber doch stimmt der Zentralbetriebsrat der Neuorganisation nach „amerikanischem Muster" zu. Denn die Firmenleitung hat ein überzeugendes Druckmittel in der Hand: „Sonst kommt der Signore Alibrandi über euch!" Das ist starker Tobak.

MARIANNE HAINISCH UND DIE EINFÜHRUNG DES MUTTERTAGS

„SIE MUTET SICH ALLES ZU."

20. MAI · „Die modernste Frau Österreichs" propagiert den Muttertag. Marianne Hainisch ist die Mutter des Bundespräsidenten Michael Hainisch. Und sie – und keineswegs die Innung der Floristen – kämpft dafür, einen Sonntag im Mai den Müttern zu widmen. Die linksliberale Zeitung *Der Tag* hält den Muttertag für eine „nordische Sitte" – und liegt damit ein wenig daneben. Tatsächlich hat der amerikanische Kongress bereits 1914 den zweiten Sonntag im Mai offiziell in einer „Joint Resolution Designating the Second Sunday in May as Mother's Day" zum „Muttertag" erklärt. Die US-Abgeordneten haben damit einen Wunsch der Frauenrechtlerin Anna Marie Jarvis erfüllt, die auf diesem Wege die Rolle der Mutter ehren und anerkennen will. Mit zunehmender Kommerzialisierung dieses „Ehrentags" bereut Jarvis ihre Idee und kämpft wieder: diesmal für die Abschaffung des Muttertags, freilich vergebens.

Im Deutschen Reich ergreifen tatsächlich die Blumenhändler die Initiative. Schon 1923 werben sie mit Schaufensterplakaten, auf denen „Ehret die Mutter" steht, für einen Festtag im Mai. Geschäft geht vor Ideologie. In Österreich hingegen greift die organisierte Frauenbewegung das Thema auf. Marianne Hainisch propagiert die Einführung eines Muttertags – nach amerikanischem Vorbild. Sie übernimmt den Ehrenvorsitz eines Komitees, um „der ewig sorgenden Mutter einen Ehrentag zu weihen. Jeder soll zumindest an diesem einen Tage seiner lebenden Mutter eine Aufmerksamkeit erweisen: weilt er fern vom Elternhaus, ihr einen Dankesbrief schreiben. An dem Muttertage soll man der lebenden Mutter Freude bereiten, oder im Andenken an die Verstorbene Einsamen und Bedürftigen Hilfe leisten." So weit der idealistische Anspruch.

Marianne Hainisch ist eine Pionierin der Frauenbewegung. In den 1920er-Jahren passt das zusammen: Muttertag und Frauenrechte. Die im Kurort Baden bei Wien geborene Industriellengattin hat ein feministisches Erweckungserlebnis. Der überraschende Tod des Ehemanns einer Freundin reißt diese aus ihrem wohlbehüteten Leben. Sie hat eine „schöngeistige" Bildung genossen, kann sticken und leidlich Klavier spielen, parliert in mehreren Sprachen und liest romantische Literatur, aber sie hat keine Ausbildung, hat nie gearbeitet. An ihrem Schicksal erkennt Hainisch: „Nun wurde mir plötzlich klar, daß bürgerliche Mädchen für den Erwerb vorbereitet werden müßten. Ich war tief ergriffen vom Schicksal meiner Freundin und wurde an diesem Tage zur Frauen-Vorkämpferin." Hainisch wird klar: Es braucht gleiche Bildungschancen. Auch Mädchen sollen auf einem Gymnasium die Hochschulreife erwerben dürfen. Hainisch wird Mitbegründerin des ersten Mädchengymnasiums in Österreich.

Im Jahr der Schlacht von Königgrätz 1866 wird der Wiener Frauen-Erwerb-Verein gegründet. Marianne Hainisch formuliert dort einen Antrag „Zur Frage des Frauenunterrichtes": „Die Frau soll zu jedem Beruf berechtigt sein", verlangen sie und ihre Mitstreiterinnen. Die Damen brauchen Geduld. 22 Jahre wird es dauern, bis in der Hegelgasse in Wien das erste Mädchengymnasium eröffnen darf. „Entschiedene Begabung" ist Voraussetzung für den Besuch. Das *Neue Wiener Tagblatt* widmet der Frauenrechtlerin zu ihrem 85. Geburtstag am 25. März 1924 eine Eloge: „Wenn Frauen besondere Tatkraft oder außergewöhnliche geistige Fähigkeiten entwickeln, dann heißt es immer, sie hätten männlichen Verstand. Marianne Hainisch ist ein so überzeugendes Beispiel dafür, daß man sehr klug und energisch, sehr geistvoll und zielsicher und dabei doch weiblich sein kann."

Hainisch ist das Gegenteil einer Radikalen, weder im Auftreten noch von ihrer bürgerlichen Herkunft her noch in ihrem Aussehen entspricht sie dem Vorurteil, das damals über starke Frauen im

Die Mutter des Muttertags. Marianne Hainisch propagiert die Einführung des Muttertags in Österreich. Die bürgerliche Frauenrechtlerin und Mutter des Bundespräsidenten setzt sich mit ihrem Wunsch durch.

Umlauf ist. „Man hat es stets als fesselnden Reiz empfunden, daß die modernste Frau Österreichs, die Marianne Hainisch als aktive Führerin des Feminismus war, in der Häuslichkeit eines Bürgertums lebte, das Alt Wiener Charakter trug. Der Geist dieses Hauses, der heißen Wunsch nach Fortschritt an Tradition knüpfte, war es sicherlich nicht zuletzt, der bewirkte, daß keiner dieser Menschen den Boden unter den Füßen verlor. Die besten und werktätigsten Frauen der ganzen Welt sind mit Marianne Hainisch in Kontakt gewesen, haben mit ihr gearbeitet, wurden durch sie gelenkt oder ermutigt. Sie führt auch jetzt noch mit ungebrochener Kraft die Feder, spricht in Versammlungen, empfängt Arbeitsgenossen, Freunde und Bittsteller. Sie mutet sich alles zu."

Die konservative Feministin setzt sich durch, weil sie die damals gültigen grundlegenden Normen akzeptiert. Frauen sollen gleiche Bildungsmöglichkeiten, gleiche Rechte, gleiche Berufschancen haben. Die Logik dieser Forderungen akzeptiert auch eine konservative Gesellschaft. Hainisch ist politisch erfolgreich, weil sie die familiären Rollenbilder nicht infrage stellt. Das *Neue Wiener Tagblatt* lobt: „Niemals aber hat sie eine Frau durch diese Arbeit der Familie entfremdet. Sie kämpfte nicht über die Familie hinaus, sondern um der Familie willen." Mit einem Satz beweist Marianne Hainisch jedoch übergroßen Optimismus. 1924 schreibt sie: „Es wird in nicht allzu ferner Zeit sicherlich keine ‚Frauenfrage' mehr geben, sondern nur noch soziale Probleme, die für Männer und Frauen Geltung haben."

Auch weil ihr Sohn Michael Bundespräsident wird, hat die Frauenrechtlerin, die als Salonnière „Madame mère" genannt wird, gehörigen Einfluss hinter den Kulissen. Sie wird sich dessen nie rühmen.

JEDERMANN BLEIBT UNGEHÖRT

„ES MUSS MIT DEM ENDE DER SALZBURGER FESTSPIELE GERECHNET WERDEN."

28. MAI · Vor zehn Jahren hat Max Reinhardt noch in Berlin Theater gemacht. Von Salzburger Festspielen ist da noch keine Rede, von Wiener „Habsburg-Festspielen" am Kahlenberg sehr wohl. Ein überaus patriotisches Komitee will des 700. Geburtstages von Kaiser Rudolf von Habsburg gedenken und auf dem Kahlenberg einen Nachbau der Habichtsburg, des ersten Stammsitzes des Grafengeschlechts, errichten.

Vor der Burg ist ein Freilichttheater geplant, in dem unter der Regie von Max Reinhardt „in jedem Jahr an bestimmten Tagen im Frühling oder Sommer" Festspiele stattfinden sollen, selbstverständlich „unter Heranziehung erster Darsteller und Sänger und einer großen Komparserie." Doch nach dem Zusammenbruch der k. u. k. Monarchie erlischt das Interesse an Huldigungen des Hauses Habsburg.

Die Idee sommerlicher Festspiele hingegen überlebt die Katastrophe des Weltkriegs. Der in Baden bei Wien geborene Reinhardt und der Wiener Schriftsteller Hugo von Hofmannsthal wollen in Salzburg ihr Welttheater aufführen, eine Gegeninszenierung zur Wirklichkeit. Die Idee eines übernationalen Österreichs soll – wenn schon nicht in der politischen Wirklichkeit – zumindest auf kulturellem Gebiet dem Land Bedeutung verleihen. Max Reinhardt, Hugo von Hofmannsthal, Richard Strauss und Alfred Roller, der Bühnenbildner der einstigen k. u. k. Hofoper, verwirklichen ihre Idee in Salzburg in der barocken Kulisse der Fürsterzbischöfe.

Wiener Künstler transponieren ihre kulturellen Visionen in die kleine Salzachstadt. Von der Geburtsstadt Wolfgang Amadé Mozarts aus soll der *Jedermann* in die Welt oder zumindest nach Deutschland ausstrahlen.

Und wider Erwarten gelingt es. Die Salzburger Festspiele beginnen 1920 mit der ersten *Jedermann*-Aufführung am Domplatz. Es ist als Provisorium gedacht, weil eine geeignete Spielstätte fehlt. Das Neue Stadttheater ist für die hochfliegenden Pläne Max Reinhardts zu klein. Ein Festspielhaus soll gebaut werden. Doch die Lokalpolitik bremst. Reinhardt will den *Jedermann* in der – damals noch nicht überdachten – Felsenreitschule aufführen. Erzbischof Ignatius Rieder stellt „seinen" Domplatz zur Verfügung und handelt sich damit gehässige Kritik konservativer Salzburger ein.

Nach dem überraschenden Erfolg der ersten Festspiele und der Anreise kulturinteressierter Touristen erhöhen die Wirtshäuser und Hotels ihre Preise massiv. Ein Schweinsbraten ist an der Salzach doppelt so teuer wie in Wien. Die Gemeindepolitiker schneiden kräftig mit und kassieren eine 30-prozentige „Fremdensteuer". Schon im dritten Jahr der Festspiele gibt es große Probleme. Internationale Touristen weichen dem Nepp aus. Die Wiener Philharmoniker ziehen eine gut bezahlte Südamerika-Tournee den geplanten Auftritten in Salzburg vor. Und selbst Festspielmitbegründer Richard Strauss dirigiert lieber in New York.

Die Stimmung in Salzburg richtet sich gegen die Wiener. Max Reinhardt ist Jude und wird zur Zielscheibe der Antisemiten. Bei der „Gautagung" des Salzburger Antisemitenbunds wird 1923 der Beschluss gefasst, die „von den Juden Max Reinhardt, Alexander Moissi und Hugo Hofmannsthal veranstalteten Festspiele zu verhindern". Im Sommer 1923 scheinen sie damit Erfolg zu haben. Die Festspielhausgemeinde als Veranstalter sagt die Festspiele ab. Deutschland steht nach dem versuchten Hitler-Putsch, der Ruhrkrise und der Hyperinflation vor dem Abgrund. Ohne deutsche Gäste sind die Salzburger Spiele nicht zu finanzieren. Die Absage schreckt die Stadtpolitiker auf. Sie fürchten um ihre Einnahmen. Und so rettet eine Molière-Aufführung das Festival. Max Reinhardt inszeniert *Der eingebildete Kranke*. Das Publikum ist begeistert. Und so gibt es – zumindest für die Statistik – auch 1923 Festspiele, zumindest in einer Schmalspurversion.

Die Hoffnungen fürs nächste Jahr erfüllen sich nicht. Der Umbau des ehemaligen fürsterzbischöflichen Reitschulkomplexes zum Festspielhaus droht wegen lokaler Intrigen zu scheitern. Die Wiener Tageszeitung *Die Stunde* bringt zunächst ein Dementi: „Die Salzburger Festspielhausgemeinde legt Wert darauf, festzustellen, daß eine offizielle Absage der heurigen Festspiele nicht stattgefunden hat. Man will vielmehr den ‚Jedermann', vielleicht auch das ‚Welttheater' spielen und einige Konzerte geben."

Ende Mai gibt es aber noch kein Programm für den Sommer. Immerhin wird in der *Salzburger Chronik für Stadt und Land* ein Kinderchor für eine geplante Aufführung von Karl Gustav Vollmoellers gigantomanischem Bühnenwerk *Das Mirakel* in der Kollegienkirche gesucht. Anfang Juli berichten die *Wiener Neuesten Nachrichten* über ein Gerücht: „Es muß mit dem Ende der Salzburger Festspiele gerechnet werden. Der kulturelle Verlust der Aufgabe der Festspiele ist ohne Zweifel ein außerordentlich schwerer. Unser auswärtiges Amt, unsere Auslandsvertretungen können bezeugen, daß die Salzburger Veranstaltungen eines der wichtigsten kulturellen Werbemittel für Österreich waren." Das Wiener Blatt *Der Tag* vermeint die Hintergründe zu kennen. Es geht ums Geld und um Rivalitäten zwischen Wien und Salzburg. „Mit dem heurigen Jahre wäre es endlich gelungen, den Festspielen wenigstens ein provisorisches Heim zu gewinnen. Eine Wiener Gruppe erklärte sich bereit, die notwendigen Mittel zum Umbau der sogenannten Winterreitschule aufzubringen. Trotzdem konnte das Projekt nicht zur Verwirklichung gelangen, da seitens der Stadt Salzburg die Steuerfreiheit für dieses Objekt, beziehungsweise für die geplanten Veranstaltungen nicht zugestanden werden kann und andererseits aber die Festspielhausgemeinde unter diesen Umständen das finanzielle Risiko nicht zu tragen vermag. Damit ist aber auch das Ende der Salzburger Festspiele gegeben." Salzburger Blätter vermuten einen anderen Grund für die Absage. „Letzten Endes ist die Absage auf die heftigen Angriffe zurückzuführen, die seitens gewisser kirchlicher Kreise gegen den Kunst liebenden und freigesinnten Salzburger Erzbischof gerichtet worden sind. Der Kirchenfürst gehört bekanntlich zu den wärmsten Schätzern der künstlerischen Leistungen Max Reinhardts. Bereits anläßlich der Calderon-Aufführungen in der Salzburger Kollegienkirche wurde im Kreise der konservativen Geistlichkeit von einer ‚Entweihung' der Kirche gesprochen. Nun sollen sich Einflüsse geltend gemacht haben, denen es gelang, die Abhaltung der Festspiele wenigstens für dieses Jahr zu vereiteln."

Karl Gustav Vollmoellers *Mirakel* bleibt aus. Tatsächlich finden 1924 keine Festspiele an der Salzach statt. Dafür intoniert im Restaurant „Elektrischer Aufzug" am Mönchsberg eine Blasmusikkapelle Märsche und Landler. Für Einheimische gar zum halben Preis.

Pünktlich zum geplanten Beginn der Festspiele wankt der alpenländische Boden. Die Seismografen der Zentralanstalt für Meteorologie registrieren am Morgen des 12. August ein kräftiges Beben, „dessen Herd sehr wahrscheinlich in den österreichischen Alpen liegt".

DAS REVOLVERATTENTAT AUF BUNDESKANZLER SEIPEL

„MIR SCHEINT, JETZT GEHT ES NICHT MEHR WEITER."

1. JUNI · Der Balaton-Express fährt pünktlich elf Minuten nach sieben Uhr abends am Bahnsteig I des Wiener Südbahnhofs ein. Der Zug besteht nur aus vier Waggons und einer Lokomotive vom Typ 109.102. Er kommt aus Wiener Neustadt. Die Passagiere, meist Ausflügler, die von ihrer Sonntagswanderung heimkehren, steigen aus dem Zug. Vor dem letzten Waggon warten zwei Herren: der Leiter der Polizeiexpositur am Südbahnhof, Hofrat Rudolf Seemann, und Bahnhofsvorstand Johann Stöckl. Sie bilden das Begrüßungskomitee für den österreichischen Bundeskanzler.

Prälat Ignaz Seipel hat am Nachmittag – weiß das *Neuigkeits-Welt-Blatt*, die „Tageszeitung für den Mittelstand", am nächsten Tag zu berichten – im burgenländischen Neudörfl die Fahnenweihe des katholischen Burschenvereins beehrt, nachdem er am Vormittag „auf dem sonnenerfüllten Burgplatz dem Jubiläum der Bundesgendarmerie beigewohnt hat". Ein Kanzler, und sei er noch so katholisch, hält keine Sonntagsruhe.

Kriminalinspektor Johann Grün steigt als Erster aus. Ihm folgen der Herausgeber der christlichsozialen *Residenz-Korrespondenz* Redakteur Geßl und Monsignore Hlawati, der Provikar für das Burgenland. Die Herren streben plaudernd der Bahnhofshalle zu. Der Bundeskanzler wird, wie das *Neuigkeits-Welt-Blatt* beobachtet, „von den zahlreichen Reisenden und Ausflüglern herzlich begrüßt".

Plötzlich eine Bewegung. Ein Mann springt über die Gleise, läuft auf den Bundeskanzler zu und gibt aus einem Revolver mit vorgestreckter Hand in Brusthöhe zwei Schüsse ab. „Die Leute stürzten sich auf den Attentäter, der von den Polizeibeamten abgeführt und nur schwer vor dem Lynchen geschützt werden konnte.

Eisenbahner in ihrem blauen Arbeitsgewand stürzten sich erbittert auf ihn und riefen: ‚Du Hund, auf unserm Bahnhof machst du so was?'"

Der junge Mann versucht, dem Zugriff der Eisenbahner und von Kriminalinspektor Grün zu entkommen. Er umklammert den Revolver, schießt sich zweimal in die Brust und wird verletzt weggezerrt.

Der Bundeskanzler gibt sich ungerührt. Seipel versichert, nicht getroffen worden zu sein, und geht „festen Schrittes" – wie Zeugen bemerken – über den Perron. Auf der Hauptstiege sieht der Bundeskanzler, wie erregte Menschen auf den Attentäter einprügeln. „Nicht schlagen!", ruft er. In der Bahnhofsvorhalle verlassen Seipel die Kräfte. „Mir scheint, jetzt geht es nicht mehr weiter." Seine Begleiter stützen den Verwundeten und drängen ihn in die Polizeiinspektion. Dort, beim Öffnen der Tür, sackt der Bundeskanzler in sich zusammen. „Weit werde ich nicht mehr gehen können." Er wird ins Wachzimmer getragen und dort auf ein Sofa gebettet. Kriminalinspektor Grün und Redakteur Geßl knöpfen ihm das Kollar und das Hemd auf. Es ist blutgetränkt. Seipel klagt über drückende Schmerzen im Brustkorb. Auf der linken Seite, zwei Finger unterhalb des Schlüsselbeins, breitet sich ein blutunterlaufener Fleck aus, er stammt von einem Streifschuss.

Medizinische Hilfe lässt auf sich warten. Die Wiener Rettungsgesellschaft wird verständigt, hat aber gerade keinen freien Krankenwagen. Aus dem St.-Josef-Kinderspital in der Wiedner Kolschitzkygasse eilt zu Fuß ein Arzt im weißen Mantel herbei. Er bringt Verbandszeug mit. Die Schusswunde wird ausgewaschen und notdürftig verbunden. Eile scheint nicht geboten. Mit der gebührenden Ehrerbietung wird dem verwundeten Regierungschef nahegelegt, sich im Spital behandeln zu lassen. „Bitte, das überlasse ich den Herren", fügt sich das Schussopfer ins Unvermeidliche.

Der Bundeskanzler wird schließlich auf einer Tragbahre ins nahe gelegene Wiedner Spital eingeliefert. Mittlerweile sind Wiens medizinische Koryphäen eingetroffen. Hofrat Anton von Eiselsberg gilt als bester Chirurg dieser Tage. Er übernimmt die Behandlung Seipels.

Weil sein Zustand stabil ist, wird von einer Röntgenaufnahme abgesehen. Erst Tage später wird diese Untersuchung durchgeführt. Dabei zeigen die Röntgenaufnahmen, dass das Projektil den rechten Lungenflügel durchschlagen hat. Die Kugel ist im Lungenlappen stecken geblieben. Eine operative Entfernung wäre zu riskant.

Der Anschlag auf den christlichsozialen Bundeskanzler erregt Wien und führt zu wilden politischen Attacken. Denn schon bald wird bekannt, dass der 24-jährige Attentäter Karl Jawurek Mitglied der Sozialdemokratischen Arbeiterpartei und der Gewerkschaft ist und häufig auf Parteiversammlungen gesehen wurde.

Der Spinnereiarbeiter aus Pottendorf gesteht schon bei den ersten Einvernahmen die Tötungsabsicht. Er habe aus Verzweiflung Selbstmord begehen und dabei Dr. Seipel, den er für sein Leid verantwortlich macht, „mitnehmen" wollen. Die bürgerlichen Zeitungen machen die „Roten" für den Mordanschlag verantwortlich. Die *Neue Freie Presse* mutmaßt, „ob nicht die Mode des sowjetischen Radikalismus hier mitspielt, ob nicht irgendein geheimer Emissär, einer von denen, die auch in Deutschland wühlen und hetzen, als Urheber in Betracht kommt".

Und das *Neuigkeits-Welt-Blatt* titelt am Montagmorgen: „Die Blutschuld der Sozialdemokraten. Seit zwei Jahren predigen es die Sozialdemokraten in jedem Zeitungsartikel, in jeder Rede, auf jedem Plakat, daß an allen Härten, die das Werk der Sanierung notwendig mit sich bringt, der Kanzler persönlich schuld sei, er trägt die Schuld an der Arbeitslosigkeit, an ihm liegt es, daß die Beamten keine höheren Gehalte beziehen, er hat kein anderes Ziel als die Arbeiter und Angestellten zu verfolgen. In Wort und Bild wird der Kanzler geschmäht, eine Hetze sondergleichen, die vom politischen aufs rein persönliche Gebiet hinübergreift, wird gegen ihn betrieben."

Die ersten Reaktionen auf die Revolverschüsse vom Südbahnhof spiegeln das politische Klima dieser Jahre wider. Prälat Ignaz Seipel ist die alles dominierende Politikergestalt der frühen 1920er-Jahre. Der katholische Priester, der auch als Bundeskanzler immer in schwarzer Soutane auftritt, ist nicht besonders volkstümlich, aber er wird geschätzt, mehr noch: geachtet. Frei von persönlichen Eitelkeiten, führt Seipel nach dem Bruch der „großen Koalition" zwischen Christlichsozialen und Sozialdemokraten seit vier Jahren eine bürgerliche Koalitionsregierung an. Die Lager sammeln sich: da der „Bürgerblock" der Christlichsozialen mit den bürgerlichen großdeutschen Parteien, dort die „Austromarxisten", ebenfalls „großdeutsch".

Nach dem als Demütigung empfundenen Friedensvertrag für Österreich in Saint-Germain, in dem die Republik „Deutschösterreich" als „Rest" der k. u. k. Monarchie ihre Grenzen verordnet bekommen hat, gilt es, den Kleinstaat einigermaßen zu stabilisieren. Seipel versucht, von den einstigen Feinden der „Entente" einen Kredit zu erhalten. Monatelang wird verhandelt, ehe die Republik Österreich Auslandskapital zur Sanierung erhält. Bundeskanzler Seipel wird von den Politikern in Frankreich und England respektiert. Nach langen Verhandlungen garantieren Frankreich, Italien, Großbritannien und die Tschechoslowakei im Oktober 1922 in den Genfer Protokollen schließlich jeder einen Teil der Völkerbund-Anleihe. Der Großteil der 650 Millionen wird in London und an der Wall Street gezeichnet. Entgegen allen düsteren Prognosen vertrauen die internationalen Anleger der Alpenrepublik. Die Anleihe, die mit zehn Prozent verzinst wird, ist mehrfach überzeichnet. Und sie ist für die Gläubiger praktisch risikolos. Denn Österreich muss harte Bedingungen akzeptieren. So werden alle Zolleinnahmen verpfändet und die Republik de facto finanziell entmündigt. Die Regierung verpflichtet sich, Hunderttausend Beamte zu entlassen. Davon wird zwar keine Rede sein, in guter österreichischer Manier werden Tausende öffentlich Bedienstete in Frühpension geschickt und die Zahlen „schöngerechnet", indem die Post- und Bahnbediensteten „ausgegliedert" werden. Unterm Strich baut die Republik in den kommenden Jahren aber doch 25 000 Beamte ab. Die eigentliche Sanierung des Staatshaushaltes erfolgt – wie so oft – durch neue

Steuern. Erstmals wird eine allgemeine Warenumsatzsteuer in der Höhe von zwei Prozent eingeführt. In der Monarchie hat es eine „Umsatzsteuer" nur für Bier oder Branntwein gegeben.

Mit dem Rückenwind der „Genfer Sanierung" segelt Ignaz Seipel bei den vorgezogenen Nationalratswahlen im Oktober 1923 zu einem Sieg. Der christlichsoziale Wahlkampf ist ganz auf die Person des Prälaten zugespitzt, der als „Retter Österreichs" glaubwürdig wirkt. Die Christlichsozialen verfehlen die absolute Mehrheit nur um ein Mandat. Auch die Sozialdemokraten gewinnen. Die „großdeutschen" Parteien werden zwischen den Blöcken zerrieben.

Der niederländische Finanzkommissar Alfred Zimmermann, der nobel im Palais Augarten residiert, überwacht sämtliche Ausgaben. Er, nicht das Parlament, hat das letzte Wort bei Gesetzesbeschlüssen. Die „austromarxistische" Opposition im Parlament attackiert den Niederländer als „Vizekaiser". Der wiederum kritisiert die lockere Ausgabenpolitik der sozialdemokratischen Wiener Stadtverwaltung und deren eigenständige Steuerpolitik.

Die oppositionellen Sozialdemokraten laufen Sturm gegen die internationale Anleihe, weil Österreich ein weiteres Mal auf einen Anschluss ans Deutsche Reich verzichtet. Und weil die internationalen Gläubiger einen harten Sparkurs durchsetzen. Diese „Entmündigung" Österreichs kommt dem christlichsozialen Kanzler gar nicht ungelegen. So können die Konsequenzen der wirtschaftlichen Sanierung dem „Ausland" zugeschoben werden. Otto Bauer, der stellvertretende Parteivorsitzende der Sozialdemokratischen Arbeiterpartei, analysiert das Geschehen im Rückspiegel: „Das Gleichgewicht der Klassenkräfte war in dem Moment aufgehoben, als sich die Staatsgewalt unter den Schutz des Auslands flüchtete." Die Anklage war mit einem Kompliment an seinen Gegenspieler verbunden: „So waghalsig Seipels Spiel gewesen war, sein Ziel war erreicht."

Tatsächlich wird die Anleihe als Überbrückungshilfe nur zum Teil gebraucht. Früher als erwartet gelingt es, das Budgetdefizit abzubauen. Die strikte Haushaltspolitik hat Konsequenzen. Die Arbeitslosigkeit bleibt hoch, die sozialen Gegensätze verschärfen sich weiter.

Karl Jawurek ist ein Verlierer. Er ist nicht arbeitslos, aber die Pottendorfer Spinnerei beschäftigt den ungelernten Hilfsarbeiter nur noch an vier Tagen. Seine Frau hat gerade ein zweites Kind bekommen. Jawurek soll für sie nach Baden fahren und dort eine „Stillprämie" kassieren. Das tut er auch, fährt mit dem Geld aber nicht zu seiner Frau heim, sondern beschließt, seinem Leben ein Ende zu setzen.

Ehe er sich mit dem Trommelrevolver erschießt, möchte Jawurek noch etwas erleben. Er geht in ein Wirtshaus essen und besucht anschließend ein Freudenhaus. Dann besteigt er einen Zug Richtung Graz, wo er speist, nächtigt und mit dem Geld, das eigentlich für seine Frau bestimmt ist, abermals zu einer Prostituierten geht. Auf der Rückfahrt von Graz steigt er in Bruck an der Mur aus und besucht zum dritten Mal ein Bordell, eilig hat er es nicht. Jawurek erfährt am Bahnhof, dass Bundeskanzler Seipel mit dem Balaton-Expreß nach Wien abfahren wird.

In der Bahnhofsrestauration verfasst Jawurek einen Abschiedsbrief, den er an seine Frau expedieren lässt und in dem er den Mordversuch ankündigt: „Wenn es gelingt, geht noch einer mit mir, der Seipel." Jawurek wartet auf den Zug, in den der Bundeskanzler einsteigen soll. Er hat einen Mordplan, er wird es tun. Am Wiener Südbahnhof schießt er auf den Regierungschef.

Im Dezember 1924 wird Karl Jawurek vor einem Wiener Schöffensenat unter dem Vorsitz des Präsidenten des Straflandesgerichts Hofrat Dr. Altmann wegen Mordversuchs angeklagt. Er ist voll geständig und offenbar glaubhaft reuig. „Gutmachen tät ich's wollen, wie wenn's gar ned g'schehn wär." Das Schöffengericht verurteilt den Arbeiter zu einer sehr milden Strafe von fünf Jahren Kerker. Die Wiener *Stunde* kommentiert am 2. Dezember das Urteil: „Ein armer Mensch, innerlich und äußerlich, steht vor seinen Richtern.

Ein Mensch, dem das Leben alles schuldig blieb, den es in Elend, Verzweiflung und Unkultur warf und dessen Leidenschaften plötzlich explodierten. Er wollte töten und er wollte selbst sterben; es ist ihm glücklicherweise mißlungen. So können beide vor der Barre des Gerichtes erscheinen; Dr. Seipel, dessen verstehendes Herz nicht zu schlagen aufhörte, und Jawurek, dessen Herz vor Jammer überquoll. Die beiden Menschen, beide Opfer einer besonderen Tragik, der eine der Tragik des Regierens, der andere der Tragik des Regiertwerdens, haben sich bereits gefunden, sie empfinden keinen Groll, sie stehen mit ihrer Gefühlswelt jenseits des Gesetzeszaunes. Dr. Seipel ist ein wirklicher Christ, einer von den vielen Nachdenklichen, die Gott nicht vorgreifen wollen. Er hat dem Jawurek nichts getan, er hat auch den zahlreichen Jawureks nichts tun wollen, aber er weiß, Macht ist ein spitzes Instrument, das sich tief in das Hirn der Beherrschten hineinbohrt. Und wenn dieses Hirn von Elend zerfressen ist, wenn dieses Hirn mit den Instinkten nicht fertig wird, dann wird es im Menschen so dunkel, daß nur aus der Flamme des Schusses, diesem Abbild der Flamme der Verzweiflung, Licht emporschlagen kann.“

Jawurek wird schon nach wenigen Monaten aus dem Kerker entlassen. Der Gefängnisdirektor übergibt ihm 400 Schilling. Ignaz Seipel hat sie für den Attentäter hinterlegt.

Der Bundeskanzler wird vier Wochen im Wiedner Krankenhaus behandelt, ehe er seine Amtsgeschäfte wieder aufnehmen kann. Das Projektil bleibt im Lungenlappen. Er ist „wiederhergestellt“, aber nicht mehr gesund.

DIE AFFÄRE STERNBERG-HERBERSTEIN

„FRÜHER WURDEN WIR VON DEN FÜRSTEN BEHERRSCHT, HEUTE BEHERRSCHEN UNS DIE HAUSLEHRER DIESER FÜRSTEN!"

11. JUNI · Was für eine Affäre! Feldmarschallleutnant Johann Herbert Graf von Herberstein, gewesener k. u. k. Offizier aus altem steirischen Adel, vielfach dekorierter Divisionsführer im Ersten Weltkrieg und Obersthofmeister des Armeekommandanten Erzherzog Friedrich, wird am 2. Juni überraschend von einem Faustschlag niedergestreckt. Hinterrücks habe ihm Adalbert Graf Sternberg eine Faust an die linke Schläfe geknallt. Der 61-jährige Feldmarschallleutnant geht ausgerechnet vor dem Hotel Sacher in der damaligen Augustinerstraße zu Boden. Diesen Tatverlauf wird „eine dem Feldmarschallleutnant nahestehende Person" in einigen Morgenblättern der nun republikanischen k. u. k. Residenzstadt Wien bezeugen: „Herberstein ist durch den Boxhieb an die linke Schläfe betäubt worden und war nicht fähig eine unmittelbar tätliche Rückäußerung zur Ausführung zu bringen." Als Feldmarschall a. D. hätte er einen solch frechen Angreifer natürlich sofort mit dem Säbel züchtigen oder eine veritable Prügelei austragen und damit seine Standesehre verteidigen müssen. Schlimmer als der Schlag ist jedoch die zugefügte Beleidigung. Denn Sternberg soll vor oder während dieses „Rencontres", das ja als Zweikampf durchaus einseitig verlaufen ist, Herberstein mehrmals als „Schuft!" tituliert haben, und zwar so laut, dass die Gäste des Hotels Sacher dies bis in den Roten Salon hören und dementsprechend bezeugen können.

Der Übeltäter Graf Sternberg kann sich unbehelligt vom Tatort – dem Trottoir vorm Sacher – entfernen. Unbehelligt, aber nicht unerkannt. Sternberg ist in Wien bekannt wie ein bunter Hund. Die dantonhafte Figur des ehemaligen Abgeordneten und sein aufbrausender Charakter qualifizieren den Aristokraten zum stadtbekannten Enfant terrible. Der Essayist Anton Kuh richtet eine literarische Liebeserklärung an Sternberg: „Seit Wien aufgehört hat, die schöne, bezaubernde, menschliche Stadt zu sein, die es früher war, eine Bühne der aufregenden Bagatellen und Narreteien, und sich, wie ich ebenso boshaft wie richtig sagte, in ein ‚Belgrad am Gebirge' verwandelte – seither war es immer nur die Vorstellung von drei, vier Menschen, die meiner Rückkehr dahin Sehnsuchtsflügel gab … Zu den drei, vieren gehörte Adalbert, aus dem urgräflichen Haus der Sternberge. Da stand ein Mann von Danton-Wuchs, mischte Schneidiges und Geniales, schwadronierte, brillierte, schwang Witzkeulen und zog sich ab und zu den rhetorischen Rock aus, um nach dem Volksmund zu sprechen. Seine Gesinnung? Gegen alles Morsche, Faule, Talentlose in den privilegierten Klassen und Ansichten, für die Privilegiertheit des durch Blut und Vernunft Überlegenen. Das scheint nihilistisch. Im Grunde aber war die Wurzel so widersprechender Gesinnungen nichts anderes als Aristokratie. Die ingrimmige Wucht, mit der er die Mehrzahl seiner Stammesgenossen bekämpfte, ist dazu kein Widerspruch; er tat es aus dem Gefühl höherer Adelswürdigkeit gegenüber jenen, die durch Verlotterung oder Dummheit ihre Klasse befleckten."

Dem zwar in Wien geborenen, aber aus einer Prager Familie stammenden jüdischen Kaffeehausliteraten und den deutschböhmischen Adeligen Sternberg verbindet das Widerständige. Der Journalist residiert im Café Griensteidl und im Central, um „über das nachzudenken, was die andern draußen nicht erleben". Wenn er gut oder besonders schlecht aufgelegt ist, unterhält er das dort bei einer Melange und umfangreicher Zeitungslektüre versammelte Publikum durch Monologe, die wiederum bei einem anderen Wiener Gewächs der Zeit auf Ablehnung stoßen. Karl Kraus attackiert Kuh in seiner *Fackel.* Dieser antwortet mit einer Polemik gegen Kraus. Er gibt ihr den vielsagenden Titel „Der Affe Zarathustras". Wiens Publikum liebt solche Skandale: „Es is a Hetz und kostet net viel."

Dabei hat Anton Kuh in seiner Analyse des Konflikts zwischen Sternberg und anderen Hocharistokraten durchaus den Nagel auf den Kopf getroffen. Im Hintergrund der Streitereien steht die berechtigte Frage nach der Rolle, der Kompetenz und der Verantwortung der adeligen Führungsschicht im Ersten Weltkrieg, der ja immerhin Millionen Opfer gekostet und den Zerfall der beinahe 640-jährigen Habsburgermonarchie verursacht hat. Sternberg geht mit seinen Standesgenossen hart ins Gericht.

Schon während des Kriegs hat er Ungeheuerliches getan und selbst Kaiser Franz Joseph nichts erspart. Sternberg, der sich gern wegen allem und jedem duellieren würde, wehrt sich im Reichstag gegen die Aberkennung seines Offiziersrangs (wegen Spielschulden und eines Selbstmordversuchs). Er ficht eine unerbittliche Fehde gegen das Haus Habsburg aus. Schließlich sei das Geschlecht der Sternberger historisch bedeutender als das der ehemaligen Schweizer Grafen. Ein Zdeslav von Sternberg hat schon im 13. Jahrhundert für König Ottokar II. ums Erbe der Babenberger gekämpft. Dazu Anton Kuh als Parlamentsberichterstatter: „Wie irrsinnig mußte der Reichstagspräsident Felix Vetter von der Lilie die Glocke schwingen, als sich Adalbert Sternberg, in eine wütende Rehabilitationsfehde mit dem Hause Habsburg oder besser gesagt dessen Generalstabskorps verwickelt, in den Saal rief: ‚Auf dem Dache sitzt ein Greis, der sich nicht zu helfen weiß!' Damals wurde sein ganzer Ahnenstolz auf das ältere, historisch berühmte Geschlecht der Sternberger gegen das unfähigere Throngeschlecht rebellisch. Er gewann den Kampf, wurde zur Audienz zugelassen und küßte dem alten Kaiser die Hand."

Wenn die Ein-Mann-Partei Adalbert Sternberg ans Rednerpult wogt, eilen die Abgeordneten aus den Couloirs des Hauses in den Sitzungssaal. Sternberg wird zwar nicht ernst genommen, aber jede seiner Wortmeldungen verspricht ein gewaltiges Spektakel. Er führt einen wütenden Kampf gegen eine Gruppe ihm nicht freundlich gesinnter Adeliger, die seinen Ausschluss aus dem elitären Zirkel der Herrenreiter vom Jockey Club durchgesetzt haben.

Wirkliche Zielscheibe seiner Attacken ist aber der frühere k. u. k. Außenminister Ottokar Graf Czernin. Sternberg hat einst den jungen (und letzten) Habsburgerkaiser Karl I. vor Czernin gewarnt, diesen als intrigant und unzuverlässig bezeichnet. Graf Czernin steht dann auch im Mittelpunkt der „Sixtus-Affäre“ rund um die Separatfriedensbemühungen des katholischen Kaisers. Das Auffliegen des Skandals im Frühjahr 1918 macht spätere Friedensbemühungen obsolet. Der Kaiser wird durch die „Sixtus-Affäre“ (Sixtus von Bourbon-Parma ist ein Bruder von Kaiserin Zita und bringt als Emissär ein geheimes Friedensangebot nach Paris) vor den deutschen Verbündeten diskreditiert und kann nur durch Lügen eine Abdankung verhindern. Graf Czernin kehrt von 1920 bis 1923 noch einmal in die Politik zurück und sitzt als einziger Abgeordneter für die Bürgerliche Arbeiterpartei im Nationalrat. Es ist ein leiser Nachhall früherer Bedeutung. Auch im sechsten Jahr der Republik gibt sich der alte Adel unbeeindruckt von der Zeitenwende. Die Herrschaften versammeln sich im Jockey Club am Josefsplatz im Palais Pallavicini und pflegen weiterhin ihre Animositäten.

Buchstäblich auf einen Schlag wechselt die Affäre Sternberg–Herberstein aus den feudalen Räumen in die weniger noble Wachstube der Polizei. Graf von Herberstein erstattet nach dem peinlichen Vorfall vorm Sacher eine Anzeige bei der Polizei, die Sternberg eine Geldbuße von 700 000 Kronen – beziehungsweise im Nichteinbringungsfalle 48 Stunden Arrest – aufbrummt. Die vergleichsweise milde Buße (nach heutigem Geldwert wohlfeile 340 Euro) für einen Gewaltakt wird durch den Entzug der Aufenthaltsbewilligung verschärft.

Sternberg, der als böhmischer Landadeliger nunmehr tschechischer Staatsbürger ist, muss das Gebiet der Republik Österreich sofort verlassen. Er zieht sich nach der Ausweisung, „ohne zu demonstrieren“, auf das Gut seines Schwagers, des Altgrafen von Salm, bei Brünn zurück – für den Moment.

Für den Geschlagenen ist die Sache damit jedoch noch nicht ausgestanden. Herberstein muss sich einem Ehrengericht des Verbands der Militärgagisten Österreichs stellen und sich von vier Offizieren im Ruhestand bescheinigen lassen, dass seine Anzeige bei der Polizei „zuverlässig und wirkungsvoll“ sei, um eine „ausreichende Genugtuung“ zu erreichen. Dieses Ehrengericht stellt denn auch fest, „daß sich Eure Exzellenz Feldmarschallleutnant d. R. Herberstein in dieser Angelegenheit korrekt und einwandfrei benommen hat“. Selbst der *Neuen Freie Presse* gehen die Ehrenhändel gegen den Strich: „Es macht einen befremdlichen Eindruck, wenn man erfährt, daß in diesen politisch, wirtschaftlich und sozial so ernsten Zeiten Fragen, wie die Auslegung des Duellkodex, nicht nur einen ziemlich großen Kreis von Personen beschäftigen, sondern daß auch die Behörden damit befaßt werden.“ In früheren Zeiten hätten sich die beiden Herren beim Morgengrauen in den Praterauen treffen müssen, um bei einem Duell aufeinander zu schießen. Kaiser Karl hat diese Unsitte untersagt. Er empfand es als wenig sinnvoll, dass sich seine Offiziere mitten im Krieg aus nichtigen Gründen gegenseitig totschossen. Wenn schon, dann sollte das der Feind erledigen, aber nicht der Kamerad. Der Befehl des Kaisers vom November 1917 lautet: „Österreich-Ungarn zählt jetzt auf die ungeschwächte Kraft jedes Mannes zur Verteidigung seiner Grenzen, dann zum Wiederaufbau und zum Fortschritte.“

Graf Sternbergs „Verbannung“ dauert nicht lange. Unter dem Vorwand, er müsse sich in Wien vor Gericht wegen zahlreicher Ehrenhändel verteidigen, darf das Enfant terrible wieder einreisen, um sogleich auf gut besuchten Versammlungen gegen seine hocharistokratischen Kollegen, die Beamten und allerlei sonstige Feinde zu polemisieren. Anton Kuh mahnt seinen Bruder im Geiste, doch einmal stillzuhalten. Vergebens.

Sternberg arbeitet sich an Bundeskanzler Ignaz Seipel ab, der einst Hofmeister bei einem Fürsten Schönborn gewesen ist: „Früher wurden wir von den Fürsten beherrscht, heute beherrschen uns die Hauslehrer dieser Fürsten!“ Das allein wäre wohl noch durchgegangen, aber seine Rede ist – wie Kuh notiert – mit der „erquickend häufige[n] Wiederholung der Worte ‚Schwein', ‚Schweinehund', ‚Kanaille'" gewürzt. Das Publikum johlt vor Begeisterung. Die Polizei nicht. Der konservative Rebell wird ein weiteres Mal ausgewiesen. „Herr Sternberg hat sich über die öffentlichen Einrichtungen Österreichs in nicht wiederzugebenden Ausdrücken in einer Weise geäußert, die sich kein Staat von einem Ausländer bieten lassen kann."

Ausgerechnet die sozialdemokratische *Arbeiter-Zeitung* ergreift für den renitenten Aristokraten Partei: „Die vorwöchige Rede des Grafen, die den unmittelbaren Anlaß zu seiner Ausweisung bildet, war natürlich durchaus harmlos, eine der unzähligen Temperamentsergüsse, die man an Adalbert Sternberg kennt und liebt."

Sein Freund Anton Kuh begleitet den Ausgewiesenen zum Bahnhof und ruft ihm nach: „Ich bitte Sie wenigstens darum, dass Sie als einer der letzten Europäer Wiens jetzt im Ausland diesen Staat nach Kräften diskreditieren, und gratuliere Ihnen dazu, dass Sie ihn verlassen müssen."

Sternberg ist bald wieder zurück in Wien. Die Bürokratie nimmt es mit einem Original nicht allzu genau. Wenige Jahre später stirbt der „Entadelte" in einem Wiener Sanatorium an einer Alkoholvergiftung – irgendwie auch standesgemäß.

MIT ABFALLSAMMELKÖRBEN GEGEN DIE MÜLLPLAGE

„DIE STADTVERWALTUNG IST ENTSCHLOSSEN, DIE ALLERGRÖSSTE STRENGE WALTEN ZU LASSEN.“

16. JUNI · Große Dinge kündigen sich oft nur in kleinen Notizen an. Am 16. Juni wird das Wiener Magistrat eine Verordnung erlassen, die heute quasi Selbstverständliches dekretiert – und zwar mit der ganzen Strenge und Ernsthaftigkeit eines Landesgesetzes. Das Wegwerfen von Papier-, Obst- und Speiseresten wird verboten. Am 16. Juni wird auch der Namenstag des Bundeskanzlers Dr. Ignaz Seipel gefeiert, ein Ereignis, das der päpstliche Nuntius mit einem Besuch im Kanzleramt würdigt. Obwohl zwischen der städtischen Verordnung und dem Namenstag des Kanzlers kein Zusammenhang besteht, wird darüber in ähnlicher Aufmachung berichtet.

Bis in den Sommer des Jahres 1924 entledigten sich die Stadtbewohner ihrer diversen Abfälle durch Fallenlassen aufs Trottoir. Die Gazetten schreiben über diese – an sich zukunftsträchtige – Entscheidung des Wiener Rathauses sehr zurückhaltend, aber durchaus mahnend. „Das Publikum wird sich an diese im allgemeinen Interesse erlassene Verordnung um so mehr halten können, als es nun Gelegenheit haben wird, solche Abfälle in Sammelkörben abzugeben.“

Und damit wird eine weitere Neuerung angesprochen, die bis zum Beginn der „wilden“ Zwanzigerjahre offenbar unbekannt war: Mistkübel an Straßenecken. So nennen die Wiener die aus Gusseisen bestehenden „Abfallsammelkörbe“, die von der Gemeinde Wien an 2000 Gaskandelabern angebracht werden sollen. Die Stadtverwaltung investiert gut 400 Millionen Kronen in die Sauberkeit. Auf heutigen Geldwert berechnet wären das knapp 200 000 Euro. Im Rathaus werden dem versammelten Journalistenkorps die nagelneuen Mistkübel aus heimischer Produktion gezeigt, welche die Großstadtbevölkerung zur Sauberkeit erziehen sollen.

Damit wird den Lesern ein weiteres Faktum vor Augen geführt. Zehn Jahre nach Ende des Weltkriegs werden bei Weitem noch nicht alle Straßen mit elektrischen Lampen beleuchtet. Im warmen und schummrigen Licht der Gaslaterne mag der weggeworfene Unrat ja weniger augenfällig gewesen sein als im hellen Licht einer elektrischen Glühbirne, wobei die Beleuchtung vorerst auf die Innere Stadt und die Hauptgeschäftsstraßen beschränkt ist. In den Nebengassen der Vorstadt bleibt es dunkel und vorerst auch schmutzig.

Denn mit der Montage der „Abfallsammelkörbe“ wird zunächst in der Innenstadt und dann in der Praterstraße begonnen. Dort scheint das Müllproblem schon zum Himmel gestunken zu haben. Die *Illustrierte Kronen Zeitung* schreibt dazu: „An einem Montagmorgen sieht die Praterstraße tatsächlich wie die Straße einer orientalischen Stadt aus, die nie gereinigt wird.“

Der Verordnung und dem Mistkübel folgt eine Strafandrohung auf dem Fuß. „Wer einen Tramwayzettel, eine Obstschale, einen Zigarettenstummel nachlässig wegwirft, wird vom nächsten Wachmann mitleidlos zu zehntausend Kronen verurteilt werden. Ob Mann, ob Frau, ob Kind oder Greis, ob Fremder oder Einheimischer, das Gesetz gebietet Strenge und die Stadtverwaltung ist entschlossen, die allergrößte Strenge walten zu lassen. Sie wird sich nicht damit begnügen, die Wachleute zu Strafvollstreckern zu machen, sie wird noch eine eigene Reinlichkeitspolizei aufstellen, indem jeder Straßenaufseher das Recht haben wird, das Strafmandat sofort einzukassieren und eine Bescheinigung darüber auszustellen.“

Ob die Strafdrohung von zehntausend Kronen (also immerhin fünf Euro) motivierend gewirkt hat, den Abfall nicht weiter im Rinnstein zu entsorgen? Es scheint so. Schon im Dezember werden einige Hundert weitere „Abfallsammelkörbe“ montiert.

DIE VERSCHWUNDENEN MÜNZEN

DIE SCHILLINGMÜNZE IST EIN „WAHRZEICHEN DER STABILITÄT".

23. JUNI · Kaum werden die ersten Schillingmünzen im Juni 1924 ausgegeben, sind die Silbermünzen auch schon wieder verschwunden. Eine neue Währung soll die altersschwach gewordene k. u. k. Krone ersetzen. Eine „Krone" passt ja irgendwie nicht mehr in die republikanische Zeit. Das Inflationskarussell hat sich am Beginn der 1920er-Jahre immer schneller gedreht. So schnell, dass den Menschen schwindlig wurde, viele stürzten ab. Die Notenpresse lief Tag und Nacht. Die Geldmenge explodierte. Das war dem Staat anfangs gar nicht unangenehm. Mit der Geldentwertung wurden die der Republik aufgebürdeten Kriegsschulden der Monarchie in kurzer Zeit „weginflationiert". Die in patriotischer Pflichterfüllung gekauften Kriegsanleihen waren das Papier nicht wert. Sparguthaben und Geldvermögen des Mittelstands wurden so in nur wenigen Monaten vernichtet. Politisch wird dieses traumatische Erleben von Verarmung zu einer Radikalisierung weiter Teile der Bevölkerung führen. Den Preis für die Inflation zahlt die politische Mitte – sie wird zerstört.

Nach Jahren ungebremster Teuerung braucht die durch einen Völkerbund-Kredit finanzierte Währungssanierung ein Symbol. Diese Anleihe über 650 Millionen Goldkronen und mit 20 Jahren Laufzeit wird von Großbritannien, Frankreich, Italien und der Tschechoslowakei garantiert. Sie zu erhalten, ist ein großer politischer Erfolg des christlichsozialen Bundeskanzlers Ignaz Seipel, aber er ist teuer erkauft.

Die Medizin ist bitter, sie verschärft die sozialen Spannungen – doch zumindest die fiebrige Hyperinflation findet ein Ende. Die Arbeitslosigkeit allerdings steigt auf bis zu zwölf Prozent. Langsam, zu langsam, beginnt sich die Wirtschaft zu erholen, internationale Touristen entdecken Österreich, die imposanten Berge werden zur Kulisse von Erholungsuchenden. Das Budgetdefizit kann erstaunlich rasch eingedämmt werden. Während in Amerika, aber auch schon in Berlin die „Goldenen Zwanziger" beginnen, kämpft Österreich noch mit den Folgen seines Kleinstaatschicksals nach all der imperialen Größe, doch es keimt schwache Hoffnung auf. Die Wirtschaft wächst, 1924 liegt das Volkseinkommen aber noch immer deutlich unter dem des letzten Jahrs vor dem Weltkrieg.

Jetzt klimpert es wieder in den Geldbörsen. Die Münze als „Wahrzeichen der Stabilität", lobt der *Finanz-Montag* am 23. Juni. Während der Inflationsjahre haben sich die Menschen an billiges Papiergeld gewöhnt: Immer mehr Nullen mussten hinter die Ziffern gedruckt werden. Millionen, Milliarden, Billionen. Mit Münzen war da kein Staat zu machen. Stefan Zweig beschreibt die Folgen des Vertrauensverlusts in die Währung in *Die Welt von Gestern*: „Nichts hat das deutsche Volk – dies muß immer wieder ins Gedächtnis gerufen werden – so erbittert, so haßwütig, so hitlerreif gemacht wie die Inflation." Während in Deutschland eine „Rentenmark" zur Stabilisierung eingeführt wird, wird am 18. Dezember im Nationalrat in aller Eile das Schillingrechnungsgesetz beschlossen. Schon wenige Tage später ist der „Schilling" offiziell alpenrepublikanisches Zahlungsmittel. Und mit dem Schilling, der in Anlehnung an eine alte englische Münze so genannt wird, verbinden sich Hoffnungen auf ein besseres Leben, auf ein Ende der Nachkriegswelt.

Die Einführung der neuen Währung hat eine monatelange Vorlaufzeit. Für 10 000 Kronen erhalten die Österreicher einen Schilling, zunächst als sieben Gramm schwere Silbermünze, die anfangs tatsächlich zu 80 Prozent aus Silber besteht. Die Währung wird strikt an den Goldpreis gekoppelt. Demnach muss ein Schilling auf acht Kommastellen genau 0,21172086 Gramm Feingold entsprechen (was hundert Jahre später etwa 12 Euro wären).

Auf der Vorderseite der Münze wird das Parlament am Wiener Franzensring gezeigt. Die Perspektive ist vom Graveur Heinrich Zita so gewählt, dass die Statue der Pallas Athene vorm Hohen Haus nicht sichtbar ist. Sollen so subversiv Zweifel an der Weisheit der Regierenden geschürt werden? Solche Absichten wollen wir nicht unterstellen. Der Abschied von der Krone fällt nicht schwer. In den Jahren nach dem Krieg ist das Geld durch die sich immer schneller beschleunigende Inflation bald nicht einmal mehr das Papier wert, auf dem es gedruckt ist. Der Spötter Karl Kraus weint der Habsburgerwährung keine Träne nach, mit dem „Schilling" will sich der *Fackel*-Herausgeber aber auch nicht anfreunden. „Die Krone war nach allen Richtungen schwer kompromittiert und man gibt für keine ihrer Bedeutungen einen Pfifferling. ‚Ostmark' wäre nicht so übel gewesen, wie einem dabei geworden wäre. Kurzum, es war schwer. Am ehesten hätte ich noch dem Vorschlag einer Freundin zugestimmt, das österreichische Geld schlicht, wie es ist, zu nennen: Neanderthaler." Aber einem Karl Kraus kann ohnehin kaum jemand etwas recht machen, was der Schriftsteller auch selber einsieht: „Es war schwer, für eine so suspekte Münze wie die österreichische den richtigen Namen zu finden."

Einen „Schilling" nimmt der Meister des bitterbösen Zynismus noch hin, aber den Namen „Stüber" für die kleine Scheidemünze bringt Kraus mit seinem Spott um. So wird der kleine Bruder des neuen Schillings eben „Groschen" und nicht „Stüber" genannt.

Aber es wäre nicht Wien, wenn nicht gleich geraunzt würde. Das Wiener *Neuigkeits-Welt-Blatt* zieht schon eine Woche nach der Schillingausgabe Bilanz: „Der Schilling ist gekommen, ließ sich bestaunen und verschwand. Wohin? Es war vorauszusehen, daß die erste Silbermünze, die nach langen schrecklichen Inflationsjahren wieder erscheint, als Kuriosität betrachtet werden wird. Der erste Schilling, der als sicherer Bote besserer Zeiten erscheint, wird als wert erachtet, aufgehoben zu werden, wie die letzte Silberkrone, die fast jeder daheim hat."

Obwohl der neue silberne Schilling eigentlich nicht wert ist, was auf ihm draufsteht, wird er doch vom Ausgabetag an zum Spekulationsobjekt und von den Menschen „gehamstert". Die im Ausseerland erscheinende *Steirische Alpenpost* hat eine Erklärung für den Schillingschwund: „Er ist vor allem wieder klingendes Geld und wird als solches wert geachtet, aufgehoben zu werden. Gleichgültig ob in der eisernen Kassa oder im Sparstrumpf." Die Münze behält ihren Wert, eben weil sie – zumindest zu 80 Prozent – aus Edelmetall besteht. Der Metallwert der Währung schafft binnen Tagen einen Schleichhandel.

Im Kaffeehaus Dianabad bei der Marienbrücke am Donaukanal entsteht eine Schilling-Börse mit täglich aktuellen Kursen. Ein Schilling wird dort mit bis zu 16 000 Kronen gehandelt. Hunderte Kilo der neuen Münze werden über die Grenze in die Tschechoslowakei oder nach Deutschland geschmuggelt, was zwar verboten, aber einträglich ist. Die Schillingmünze wird zum „Alpendollar" und wiegt – vom Metallwert her – schwerer als die neue deutsche Rentenmark, die nur sechs Gramm Silber enthält. Aber auch wenn die deutsche Rentenmark deutlich weniger Silber enthält als der Schilling, wird sie doch zu einem höheren Kurs gehandelt. Wer also mit der scheinbar wertvolleren Rentenmark in Österreich Schillinge kauft, erhält für den gleichen Nominalwert des Geldes deutlich mehr Silber in Österreich.

So funktioniert Marktwirtschaft.

EUGENIE SCHWARZWALD FÄHRT NACH GLOGGNITZ ZUM BEGRÄBNIS

„WELCHES NACH VOLKSSITTE ‚DAS GEBROCHENE LEBEN‘ HEISST“

24. JUNI · Am 24. Juni 1924 ereignet sich im Braunkohlebergwerk Hart bei Gloggnitz eine Katastrophe. Schon nach wenigen Stunden wird sie als „furchtbar“ bezeichnet. Doch erst am nächsten Tag wird das wahre Ausmaß bekannt. Beim größten Bergwerksunglück Österreichs sterben 29 Kumpel. Die Wiener Zeitungen erfahren davon noch in der Nacht: „In dem kleinen Kohlenbergwerk Hart unweit von Gloggnitz sind 29 Bergleute durch Ausströmen von Kohlenoxydgas aus einem vermauerten Schacht, in welchem ein Flötzbrand wütet, vergiftet worden.“ Die Braunkohlegrube gehört zur Industriefirma Vogel & Noot, die seit 1872 im Mürztal ein großes Eisenwerk betreibt. Das Unternehmen wiederum ist im Besitz einer Firmengruppe, der renommierten Allgemeinen Bodencreditanstalt, die ein paar Jahre später zum ersten fallenden Dominostein einer katastrophalen Bankenkrise wird.

Der Bergbau im Enzenreither Ortsteil Hart hat eine hundertjährige Tradition. Aus den drei Flözen „Glückauf“, „Segen Gottes“ und „Gute Hoffnung“ werden pro Tag vier bis acht Tonnen Braunkohle für die Industriebetriebe im Raum Neunkirchen und Wiener Neustadt gefördert und mit einer Seilbahn zum Bahnhof Gloggnitz gebracht. Die Eigentümer wechseln. Ein paar Jahre gehört das kaum rentable Bergwerk dem Wiener „Ziegelbaron“ Heinrich Drasche. Doch Kohle passt letztlich nicht in sein Produktportefeuille.

Anfang Juni ist in einem der drei Flöze des Bergwerks ein Grubenbrand ausgebrochen. Dabei hat das kohleführende Gestein zu brennen oder zu glosen begonnen. Grubenbrände sind schwer zu löschen. Die Kumpel haben den Brandherd abgemauert und gehofft, dass das Feuer mangels Sauerstoffzufuhr erlischt.

Am Unglückstag gibt die Werksleitung den abgemauerten Bereich wieder frei. Ein tödlicher Fehler. Denn bei der Kontrolle ist ein Gebrechen an der Rohrleitung, die der Frischluftversorgung dient, unentdeckt geblieben, und so werden die noch vorhandenen giftigen Gase in Bereiche gepumpt, in denen etwa 70 Bergmänner der Frühschicht arbeiten. Innerhalb weniger Minuten werden die Kumpel ohnmächtig. Die giftigen Gase dringen in sämtliche Stollen. Etwa 40 Männern gelingt es noch, aus dem Schacht herauszukommen, sie taumeln an die Oberfläche.

Für die im Schacht verbliebenen Arbeiter kommt die Hilfe jedoch zu spät. Es fehlt an Rettungseinrichtungen. Es gibt keine funktionierenden Sauerstoffmasken. In einem Zeitungsbericht wird Anklage gegen die „verbrecherischen Versäumnisse" erhoben: „Als die ersten Rettungsversuche unternommen werden sollten, stellte sich heraus, daß der Direktor abwesend war. Der leitende Ingenieur war gleichfalls nicht anwesend. Er befand sich auf Urlaub. Schichtmeister Tremmel war der erste, der selbst Hand anlegte und in Abwesenheit der leitenden technischen Beamten die erste Rettungsaktion inszenierte. Als er die vorhandenen Gasmasken zusammensuchen ließ, stellte sich heraus, daß die Masken unbrauchbar waren." Eine Rettungspartie, wie sie die Vorschriften vorsehen, ist nicht vorhanden.

Das Notsignal läutet „stürmisch" und lang. Erste Verunglückte taumeln aus dem Stollen. „Verfallen, ohnmächtig und kaum noch zum Leben zu erwecken." Sie werden auf Tragbahren fortgeschafft. Erst vier Stunden nach dem Notruf können Bergwerksarbeiter aus dem wenige Kilometer entfernten Steinkohlebergwerk bei Grünbach am Schneeberg nach Gloggnitz kommen. Sie dringen mit Sauerstoffmasken in die bis zu 253 Meter tiefen Schächte vor und finden die Kumpel. Alle sind tot. Mittlerweile sind auch die ersten Politiker eingetroffen, der niederösterreichische Landeshauptmann, Hofräte der Landesregierung und der Neunkirchner Bezirkshauptmann. Sie alle sind betroffen, versprechen, „das Menschenmögliche zu tun, um die Not der bedauernswerten Opfer zu mildern, die

Behörde wird auch vor der strengsten Untersuchung und Bestrafung der Schuldigen nicht zurückschrecken". Im Wiener Nationalrat berichtet Bundespräsident Michael Hainisch über die Katastrophe. Die Volksvertretung spricht den Angehörigen ihr Beileid aus. Und Bundeskanzler Ignaz Seipel lässt die *Reichspost* zehn Millionen Kronen an die Familien der Opfer überweisen. Das hört sich nach viel an, entspricht aber kaum dem Geldwert von 5000 Euro. Das Parteiblatt der Christlichsozialen hat diese Summe zuvor für die Aktion „Blumen für Dr. Seipel" gesammelt.

Die Opfer stammen mehrheitlich aus Enzenreith, viele waren Familienväter. Auch der Enzenreither Vizebürgermeister stirbt an der Gasvergiftung. Jeder kennt jeden, kaum eine Familie aus der kleinen Gemeinde bleibt verschont. Die Toten der Grubenkatastrophe werden am Bergfriedhof, ein paar Hundert Meter neben dem Stolleneingang, in einem Gemeinschaftsgrab beigesetzt. 30 000 Menschen nehmen am Begräbnis teil. Später errichtet die Gemeinde ein Grabdenkmal zur Erinnerung an die Kumpel.

Den berührenden Nachruf verfasst eine Wiener Institution: Eugenie Schwarzwald. Ihr Feuilleton über das Begräbnis in Gloggnitz erscheint erst eine Woche später in der *Neuen Freien Presse*. „Die Arbeiterschaft von Niederösterreich hat alles aufgeboten, die toten Kameraden zu ehren. Das beste Gewand haben sie an, sie schleppen schwere Fahnen, ihre derben Männerfäuste halten zum ersten Mal Blumen, sie singen und spielen kunstlos, und umso ergreifender. Schön ist die Feier. Alle fühlen es. Man muss sich gewaltsam zusammennehmen, den entsetzlichen Anlass nicht einen Augenblick lang zu vergessen. Aber da steigen mit einem Ruck 29 Särge in die Höhe und glänzen in der Junisonne wie Gold, emporgehoben von den starken Armen der Kameraden, die sich diesen letzten Liebesdienst nicht nehmen ließen. Und plötzlich weiß man, warum man hier ist. In diesen 29 Särgen liegen 29 Menschen."

Eugenie „Gina" Schwarzwald ist Salonnière, Schulgründerin, Lehrerin. Sie ist eine der ersten, die es Mädchen ermöglichen, die Voraussetzungen für ein Studium an der Hochschule zu erwerben. Sie engagiert Adolf Loos, Oskar Kokoschka und Hans Kelsen als Lehrer für ihr Mädchen-Lyceum am Franziskanerplatz. Die „Frau Doktor“, wie sie in Wien ehrfurchtsvoll, aber auch ein wenig spöttisch genannt wird, ist eine Institution. Sie schreibt mehr als 300 Feuilletons für Wiener Blätter, vornehmlich für die *Neue Freie Presse*. Ihr Bericht, oder vielmehr ihr Erleben des Totengedenkens nach der Grubenkatastrophe, ist ein Meisterwerk. „Hat man bisher Trauer erduldet, ohne zu weinen, jetzt erscheint eine Gestalt, die einem das Herz im Leibe umdreht. Trotz der Juniglut geht Todesahnung von ihr aus. Ein in Trauerschleier gehülltes Mädchen schließt feierlich einherschreitend den Zug, ein Ausrufungszeichen zu dem schauerlichen Text des Tages. ‚Wer ist das?‘ Die Arbeiterfrau neben mir sagt ‚das ist das gebrochene Leben‘. Die Braut für alle ledigen Burschen, die in der Grube geblieben sind. Jetzt verstehen wir. All das junge Männerleben, das auf dem Gloggnitzer Friedhof ungelebt vermodert, hat noch eine Wunscherscheinung herbeigezwungen, das schöne Mädchen, welches nach Volkssitte ‚das gebrochene Leben‘ heißt.“

ZUSAMMENBRUCH DER DEPOSITENBANK

„ICH WILL MICH LIEBER AUF DIE COULANCE DER EINBRECHER ALS AUF DIE DER BANKEN VERLASSEN!"

26. JUNI · Bankfilialen verzeichnen an diesem kühlen Frühsommertag regen Besuch. Hunderte Kunden verlangen die Ausfolgung ihrer Papiere und Guthaben. Am Vormittag betritt ein Wertpapierhändler die noblen Hallen „seiner" Bank in der Wiener Innenstadt und begehrt vom Vorstand des Kreditinstituts die Herausgabe seines Depots und seiner Einlagen. Der Bankier ist an diesem Tag bereits am Rande seiner Contenance angelangt: „Wie können denn Sie, als alte Kundschaft, heute zu uns kommen, wo ohnehin so viele Abhebungen erfolgen? Haben Sie denn wirklich Angst, sind wir Ihnen nicht gut genug?"

Das Vertrauen der Bankkunden in die Bonität der Wiener Bankinstitute ist zu Ferienbeginn gegen null gesunken. Viele wollen ihre Kronen, die sie gerade noch durch und über die Inflationsjahre hinaus gerettet haben, nicht abermals verlieren. Der Wertpapierhändler entgegnet dem Bankdirektor kühl: „Angst habe ich sicherlich nicht. Aber bei den heutigen Zeiten will ich meine Effekten zu Hause haben. Ich will mich lieber auf die Coulance der Einbrecher als auf die der Banken verlassen!" Dieser Satz gibt die Stimmungslage der Bevölkerung wieder. Mit großflächigen Spekulationsgeschäften sind ein paar Hundert sehr reich (und nach dem Platzen der Blase bald wieder weniger wohlhabend) geworden, die Bevölkerung aber leidet unter den Folgen der Hyperinflation, dem Zusammenbruch von vielen Industriebetrieben und dem Verlust ihrer kleineren oder größeren Geldvermögen.

Die Angestellten der Allgemeinen Depositenbank versammeln sich in den Räumen der Hauptanstalt in der Schottengasse/Ecke Teinfaltstraße und „besprechen erregt die Situation". Alle Schalter der Bank sind geschlossen. Vor dem Tor hat sich – wie die *Illustrierte Kronen Zeitung* beobachtet – eine „große Menschenmenge" versammelt. Hunderte Kunden versuchen in letzter Minute ihr Geld ausbezahlt zu bekommen. Vergeblich. Die Tresore der Bank sind leer. Besonders empört der Versuch des „leitenden Bankdirektors" Viktor Muntendorf, noch im letzten Moment seine Wertpapiere aus der Bank zu schmuggeln. Ein weiteres Vorstandsmitglied hat sich nach Berlin abgesetzt.

Das Kreditinstitut hat den Geschäftsbetrieb eingestellt, nachdem fünf Wiener Großbanken in einem zur Geisterstunde verschickten „Communiqué" erklärt haben, dass sie sich aus der Depositenbank zurückziehen und diese damit ihrem Schicksal, der Geschäftsaufsicht und folglich dem offiziellen Zusammenbruch überlassen.

Das Verhalten der Großbanken wird in den Morgenblättern heftig kritisiert. Erst vor wenigen Wochen ist die einst angesehene Depositenbank „in Schieflage" geraten. Das Kreditinstitut hat sich massiv an Spekulationen gegen den französischen Franc beteiligt. Mit Termingeschäften wollten internationale Spekulanten Kasse machen, österreichische Finanzhaie waren in vorderster Linie mit dabei. Mit einem amerikanischen Kredit für Frankreich platzt schließlich die Spekulationsblase.

Die Bank hat nach dem Muster ihres Gründers Camillo Castiglioni gewirtschaftet. Der Sohn eines Rabbiners aus Triest beginnt vor dem Ersten Weltkrieg seine abenteuerliche Karriere zunächst als biederer Kaufmann, setzt sie als Industrieller und später als Finanzjongleur fort. Castiglioni liebt Luftgeschäfte. Der Triestiner macht den Ballonführerschein und fliegt mit Flugzeugen. Am 4. Dezember 1909 umkurvt Castiglioni den Wiener Stephansturm mit dem ersten österreichischen Militär-Luftschiff „Parzival" und demonstriert so die Möglichkeiten dieser neuartigen Technologie. Er wird Mitbegründer des Österreichischen Aero-Clubs und der Motor-Luftfahrzeug GmbH. In enger Zusammenarbeit mit Ferdinand Porsche, der die Firma Austro-Daimler in Wiener Neustadt leitet, beginnt sein buchstäblicher Höhenflug. Mit Beginn des Weltkriegs beschleunigt sich die technische Entwicklung auf vielen Gebieten rasant, finanziert durch schier unerschöpfliche Finanzmittel aus dem Kriegsbudget.

Die Depositenbank war für den Wiener Bankplatz so wichtig, dass das Institut von den fünf größten Wiener Geschäftsbanken mit 450 Milliarden Kronen (das entspricht etwa 300 Millionen Euro) gestützt werden musste. Ein Zusammenbruch der Bank hätte Schockwellen auf den Aktienmärkten – nicht nur in Wien – ausgelöst. Nach der De-facto-Übernahme der Bank durch die Konkurrenz kehrt das Vertrauen wieder zurück. Der Aktienkurs der Depositenbank steigt wieder auf 40 000 Kronen pro Anteilschein. Erst später wird bekannt, dass die fünf Wiener Großbanken zu einem deutlich niedrigeren Kurs eingestiegen sind und sich die industriellen Filetstücke der Bank „unter den Nagel gerissen“ haben. Anleger investieren in junge Aktien zu weit überhöhten Kursen, Kunden belassen ihre Konten bei der Bank, alles im Vertrauen auf das Engagement der großen fünf Wiener Institute.

Umso tiefer der Schock, als die Morgenzeitungen am 26. Juni den Kollaps der Bank verkünden. 40 000 Sparer fürchten um ihre Einlagen, 1560 Angestellte bangen um ihren Job. Das bürgerliche *Neue Wiener Journal* schreibt empört: „Ganz Österreich steht unter dem Eindruck des Unerhörten, das sich bei der Depositenbank abgespielt hat; auf die Börsen von Berlin, Prag und Budapest wirkte die Nachricht wie ein Donnerschlag. Die Nachwirkungen werden noch lange und kaum erträglich auf uns lasten und schon werden Stimmen laut, daß auch die Stabilität unserer Währung [...] dieser gewaltigen Erschütterung nicht gewachsen sein könnte. [...] Uns sind zahlreiche Fälle bekannt, in denen Einleger, die sonst die alte Depositenbank nicht mit dem Ärmel gestreift hätten, im Vertrauen auf diese fünf Großbanken mit der bisher fleckenlosen kaufmännischen Ehre, und nur in diesem Vertrauen, ihr Hab und Gut zu den

Kassenschaltern in der Schottengasse trugen. Sie alle müssen sich in ihrem Vertrauen auf das schmählichste getäuscht, auf das schändlichste betrogen fühlen."

Das Ende der Depositenbank mit ihren immerhin 69 Filialen markiert das Platzen einer Spekulationsblase, in der Dutzende kleine und mittlere Banken ihre Bilanzen während der Hyperinflation aufgeblasen haben. Hinter vielen glänzenden Fassaden der Ringstraßenpalais verstecken sich bloß finanzielle Ruinen. Die Depositenbank hat innerhalb weniger Jahre auf Kredit und durch die Spekulation, dass die wahnwitzige Geldentwertung eine Rückzahlung der Schulden praktisch ohnehin ersetzen würde, ein beachtliches Industrieimperium aufgekauft.

In der Depression nach der Niederlage und dem Zerfall des Wirtschaftsgebiets der Monarchie übernehmen Glücksritter die Industriebetriebe um ein Spottgeld. Die Kaufpreise werden verspätet gezahlt und entsprechen wegen der beschleunigten Inflation nur noch einem Bruchteil des ursprünglichen Geldwerts. Camillo Castiglioni kauft auf diese Weise die Austro-Daimler-Werke in Wiener Neustadt und zerkracht sich bald mit dem selbstbewussten, manchmal auch cholerischen Technikchef Ferdinand Porsche. Der kündigt, nicht ohne Castiglioni das Götz-Zitat hinterherzurufen und ihn antisemitisch zu beschimpfen. Dabei sind Porsche und Castiglioni einander in ihrer Hingabe an die Motortechnik, ihrer Leidenschaft für Autos und Flugzeuge durchaus ähnlich. Der Spekulant und Investor Castiglioni wird zum Gründer der BMW AG, die damals – nicht besonders erfolgreich – Flugzeugmotoren, aber noch keine Autos baut.

Castiglioni umgibt sich mit den Statussymbolen der alten Aristokratie, kauft ein Palais und sammelt geradezu manisch Kunstschätze. Bald gilt er als reichster Mann seiner Zeit. Von Karl Kraus bekommt der Finanzhasardeur den Beinamen „der Haifisch" verpasst – schnell, stark, gefährlich, aber auch elegant und bewundert. Castiglioni wird zum großen Mäzen, umschwirrt von Künstlern, umworben von der Politik, umschmeichelt von vielen Zeitungen –

ein Mächtiger. Er finanziert für Max Reinhardt viele Jahrzehnte das Theater in der Josefstadt und ermöglicht die Gründung der Salzburger Festspiele. Auch sie Spiele des „reichen Mannes“.

Während des Kriegs hat sich Castiglioni die Aktienmehrheit an der Allgemeinen Depositenbank gesichert. Durch den Erwerb von Aktien auf Termin, vor allem aber durch Franc-Kredite, die einige Monate später in Dollar zurückgezahlt werden, macht er das traditionelle Institut zum Vehikel seiner Währungsspekulationen. Rund um „seine“ Bank baut er ein Industrieimperium auf. Auch der steirische Eisen- und Bergbaukonzern Oesterreichisch-Alpine Montangesellschaft gehört dazu.

1922 wird ihm der Boden zu heiß. Er verlässt die Bank, die er regelrecht ausgesaugt hat. Gegen ihn eingeleitete Strafverfahren wegen angeblicher Veruntreuung von Spareinlagen enden ohne Verurteilung. Mit dem Zusammenbruch der Depositenbank sitzt auch der „Finanzhai“ Castiglioni auf dem Trockenen. Er verliert große Teile seines Vermögens und muss Industriebeteiligungen und seine Kunstsammlung verkaufen. Castiglioni verlässt Wien, wo es für ihn ungemütlich geworden ist, und versucht sein Glück in Berlin und später in Italien. Dort macht er sich für den Faschistenführer Mussolini nützlich und vermittelt dem „Duce“ internationale Kredite. Der Inflationskönig verliert zwar an Glanz und Macht, geht aber nie pleite und überlebt als italienischer Staatsbürger die Greuel des Zweiten Weltkriegs.

Der Zusammenbruch der Depositenbank steht am Beginn eines Kahlschlags unter den Kreditinstituten. In den nächsten zwei Jahren werden 37 Aktiengesellschaften und 136 Privatbanken verkauft oder geschlossen. Sie fehlen nicht: Wer über die Mariahilfer Straße flaniert, kommt allein bis zum Gürtel an 78 Bankfilialen vorbei. Die überlebenden Institute müssen 300 Milliarden Kronen investieren, um einen totalen Zusammenbruch des Geldwesens zu verhindern. Die Börsenwerte in Wien halbieren sich beinahe, während es mit der Wirtschaft in Deutschland bereits zaghaft bergauf geht. Und die großen Zusammenbrüche werden erst kommen: Biedermann-Bank, Anglo Austrian Bank, Centralbank der deutschen Sparkasse und der Postsparkassen-Skandal, schließlich die Bodenkredit und als letzter Gigant Louis Nathaniel von Rothschilds Creditanstalt.

Viele Geldanleger – vor hundert Jahren werden sie ohne negativen Beiklang als „Kapitalisten" bezeichnet – holen ihre Aktien und Anleihepapiere aus den Banksafes und nehmen sie mit nach Hause. Die Serie an Bankpleiten hat das Vertrauen ins System gründlich zerrüttet. Gustaf Gründgens textet später ein Couplet auf die vorherrschende Mentalität jener Tage: „Man verschleiert geschickt die Bilanzen, wer sich sträubt, wird korrumpiert. Was kümmern uns denn die Finanzen, Hauptsache, wir sind saniert."

GEDENKEN AN DEN DOPPELMORD VON SARAJEVO

„WIE EIN LODERNDER BLITZSTRAHL“

28. JUNI · Zehn Jahre sind seit dem Attentat von Sarajevo vergangen. Ein Doppelmord wurde zum Vorwand für einen europäischen Krieg, der sich zum Weltkrieg ausweitete, dem Millionen Menschen zum Opfer fielen und der die Landkarten neu zeichnete. Nur zehn Jahre sind seither vergangen, aber die Menschen leben in einer neuen Welt.

In der Familiengruft von Schloss Artstetten, „dessen Türme zwischen Pöchlarn und Maria-Taferl in die Donaulandschaft grüßen“, versammeln sich ein paar Hundert Anhänger der „monarchistischen Bewegung“, um der beiden Opfer von Sarajevo zu gedenken.

Die Festgäste sind aus Wien gemächlich mit dem Donaudampfer „Babenberg“ angereist, um einer Gedenkmesse beizuwohnen. Chargierte katholische Studentenverbindungen haben Aufstellung genommen, Vertreter von Veteranenverbänden führen die alte Uniform aus, die Blasmusikkapelle intoniert Märsche. Der Nieselregen hat aufgehört, Sonnenstrahlen lassen das feuchte Gras glitzern. Kaiserwetter. Domherr Graf Ortenburg zelebriert den Gottesdienst – kein Erzbischof, kein Kardinal ist gekommen. „Zehn Jahre sind es, seitdem wie ein lodernder Blitzstrahl die Kunde durch die damalige Monarchie Oesterreich-Ungarn fuhr, daß in Sarajewo der dort mit seiner Gemahlin der Herzogin Sophie Hohenberg weilende Thronfolger Erzherzog Franz Ferdinand die Todesopfer eines ruchlosen Attentats geworden sind [sic!].“

Am 28. Juni 1914 feuert ein serbischer Nationalist auf dem Appelkai in der bosnischen Hauptstadt zwei Schüsse auf den dunkelgrünen Gräf & Stift-Wagen ab, in dessen Fond der k. u. k. Thronfolger Franz Ferdinand und seine Frau Sophie Hohenberg sitzen. Eine

Verkettung von Zufällen, Pannen und Sorglosigkeit der Behörden hat das Attentat auf Franz Ferdinand erst ermöglicht, ja geradezu provoziert.

Zehn Jahre später begrüßen in Schloss Artstetten die drei Kinder des ermordeten Thronfolgerpaars, Max und Ernst Hohenberg sowie Sophie Nostitz-Rieneck, die illustren Gäste einer untergegangenen Zeit: ehemalige Ministerpräsidenten, Kämmerer und Flügeladjutanten, Grafen und Gräfinnen.

Sektionschef Albin Schager (seit 1918 Freiherr von Eckartsau) hält die Festrede. Der Jurist verwaltet als republikanischer Sektionschef den Privat- und Familienfonds der Habsburger. Als graue Eminenz zieht er in den 1920er-Jahren viele Fäden im Hintergrund und versucht, die Konfiskation des kaiserlichen Privatvermögens durch die Republik rückgängig zu machen. Der Sektionschef wird später in einige Affären verwickelt und muss sich wegen des Vorwurfs, Dokumente gefälscht zu haben, verantworten.

Die *Reichspost*, die mit einem Redakteur in Artstetten ist, beschreibt das Geschehnis mit Akribie, Sympathie und gehörigem Pathos. Die Festmesse wird mit dem Absingen der alten „Volkshymne“ beendet, freilich singt der alte Adel nur die erste Strophe: „Gott erhalte!“ Wenige Tage später werden sich die Monarchisten in der Wiener Kapuzinerkirche erneut treffen. Am „Sankt Otto“-Tag beten sie für den Thronfolger (ohne Thron) Otto Habsburg.

GEBAUTE IDEOLOGIE

„DIESE STEUERN SIND DIE PRÄMIE FÜR DIE SICHERUNG DES MIETERSCHUTZES."

3. JULI · Wohnen wird teurer, weil Wohnen billiger werden soll. Seit der Trennung Wiens vom Umland Niederösterreich beginnt in der Bundeshauptstadt, die seit einem Jahr auch ein eigenes Bundesland ist, ein gesellschaftspolitisches Experiment. Die seit 1919 mit großer Mehrheit im Rathaus regierenden Sozialdemokraten wollen mit dem „Roten Wien" ein Gesellschaftskonzept durchsetzen. Nicht weniger als der „neue Mensch" ist letztlich das Ziel dieser Politik. Zwei Männer gelten als ideologische Architekten des „Roten Wien". Finanzstadtrat Hugo Breitner und Robert Danneberg. Der studierte Jurist Danneberg ist so etwas wie das „Mastermind" der sozialdemokratischen Politik, die Wien als „rotes" Bollwerk inmitten eines „schwarzen" Landes sieht.

Und an diesem Bollwerk wird emsig gebaut. Die Gemeinde Wien will die – auch kriegsbedingte – Wohnungsnot durch den Bau von Tausenden Gemeindewohnungen lindern, vor allem aber ihre sozialistischen Visionen von einer neuen Gesellschaft in Stein meißeln. So werden das Mietrecht und die Baupolitik in Wien zum ideologischen Kampffeld mit dem Ziel, Hausbesitzer de facto zu enteignen. Dazu Stefan Zweig: „Bald kostete […] eine mittelgroße Wohnung für das ganze Jahr ihren Mieter weniger als ein einziges Mittagessen, ganz Österreich hat eigentlich fünf oder zehn Jahre mehr oder minder umsonst gewohnt." Das Mietrecht ist ein Angelpunkt sozialdemokratischer Politik, die sich als Kontrapunkt zur bürgerlichen Mehrheit auf Bundesebene positioniert und inszeniert. Das gilt auch vice versa.

Mit vermögensrechtlicher Selbstständigkeit der Gemeinde Wien erhalten die regierenden Sozialisten im Rathaus den finanziellen Spielraum, den sie für ihr Bauprogramm brauchen. Finanzstadtrat Hugo Breitner legt mit einem Dutzend neuer Steuern das Fundament für die Gemeindebauten. Luxus, oder was Breitner dafür hält – also alle Arten von Vergnügungen, Theater, Kabarett, Musik, Sportwetten, Pferderennen, Speisen in großbürgerlichen Etablissements oder der Besitz eines Automobils –, wird mit einer zusätzlichen Abgabe und einem moralischen Anspruch belastet. „Luxus und Vergnügen zu besteuern, um die Aufziehung eines körperlich gesunden, geistig freien, lebenstüchtigen und lebensfrohen Geschlechtes zu ermöglichen, ist der Grundgedanke der sozialdemokratischen Gemeindepolitik", wird in einer Wahlkampfbroschüre versprochen.

Mit den so erzielten Steuereinnahmen sollen die kommunalen Bauprojekte finanziert werden. Die „Breitner-Steuern" sind im Wiener Bürgertum nicht rasend populär und bringen überdies nicht die erhofften Einnahmen. Satirische Wochenblätter und Kulturzeitschriften spotten über den steuerlichen Einfallsreichtum des Finanzstadtrats. *Der Humorist* vermeldet aus dem Rathaus: „Die verbreitete Nachricht, daß das Nießen, Gähnen und Husten bereits in den Kreis der Luxusabgabe einbezogen wurde, entspricht nicht der Wahrheit."

Die Besteuerung von „Luxus" lässt sich bei den Parteiversammlungen in den Arbeiterbezirken gut argumentieren. Und mit Bankiers – wie etwa den Rothschilds – als Feindbild werden unterschwellig auch antisemitische Reflexe bedient.

Zur Deckung der Kosten fürs Bauprogramm des „Roten Wien" werden aber auch – und vor allem – Hunderttausende Mieter in den privaten Wohnhäusern zur Kasse gebeten. Breitner führt in Wien eine „Wohnbausteuer" ein, die auf den seit Kriegsbeginn eingefrorenen Mietzins aufgeschlagen wird. Da der strenge Mieterschutz (er sollte während des Kriegs Kündigungen verhindern, während die Männer „im Felde" kämpfen mussten) praktisch jede private Wohnbautätigkeit verhindert, sollen Wiens Mieter den Bau der kommunalen Wohnbauten finanzieren: „Diese Steuern sind also die Prämie für die Sicherung des Mieterschutzes, für die Ermöglichung der kommunalen Bautätigkeit, für die Hebung der Wohnkultur der breiten Volksmassen.“ Im Juli verkündet Robert Danneberg auf einer Konferenz vor Hunderten sozialdemokratischen Vertrauensmännern die Notwendigkeit, diese Steuer weiter zu erhöhen.

Wien hat bei der Aufteilung der Einnahmen zwischen Niederösterreich und der Hauptstadt einen Verlust von 280 Milliarden Kronen (knapp 140 Millionen Euro) verbuchen müssen. Dieses Geld fehlt bei der Umsetzung des Wohnbauprogramms. Ab November 1924 soll daher die Wohnbausteuer erhöht werden. Das System ist kompliziert und nach Wohnungsgröße und jeweiligem „Friedenszins“ gestaffelt. Wer 1914 für seine Zimmer-Küche-Kabinett-Wohnung pro Monat 30 (Friedens-)Kronen (etwa 200 Euro heute) zahlen musste, wird mit zusätzlichen 9000 Kronen (heute etwa fünf Euro) zur Kasse gebeten. Die Tageszeitung *Die Stunde* berechnet am 3. Juli die durchschnittliche Belastung: „Da drei Viertel aller Wiener Wohnungen Kleinwohnungen sind, so dürfte sich für die Mehrzahl der Bevölkerung die Belastung durch die neue Wohnbau-Steuer auf höchstens 15 000 Kronen [ungefähr 7,50 Euro] belaufen.“ Mieter in großbürgerlichen Wohnungen der Innenstadt zahlen deutlich mehr. Diese Steuern, erklären die Sozialisten im Wahlkampf, brächten jährlich 103 Millionen Schilling (etwa 460 Millionen Euro) ein: „Das ist ebenso viel als die Gemeinde Wien für ihre Wohnbautätigkeit aufwendet. Der Mieterschutz schließt die private Wohnbautätigkeit aus; soll der Mieterschutz erhalten werden, so muss die Gemeinde Wohnungen bauen.“

Während und vor allem unmittelbar nach dem Weltkrieg ist die Einwohnerzahl Wiens auf mehr als zwei Millionen gestiegen. Der Stadtplaner und Architekt Otto Wagner skizziert die Vision einer Weltstadt Wien – so wird vor dem Krieg berechnet – wird bald vier Millionen Einwohner zählen. Die entsprechende Infrastruktur soll bereitgestellt werden. In den 1920er-Jahren sind solche Pläne nur noch Makulatur. Große städtebauliche Ideen wie der Bau einer U-Bahn, die Errichtung des Donau-Oder-Kanals oder die Elektrifizierung der Stadtbahn können nicht mehr umgesetzt werden. Wien ist vom Umfeld abgeschnitten, Wien wächst nicht mehr, Wien schrumpft auf nur noch 1,8 Millionen Bewohner. Dennoch sind die Wohnverhältnisse in den Arbeiterbezirken außerhalb des Gürtels schlecht, hygienisch vielfach untragbar. Tuberkulose ist eine Massenseuche, sie ist die „Wiener Krankheit".

Es ist unbestritten, dass es Maßnahmen gegen die Wohnungsnot geben muss. Nur am „Wie" scheiden sich die Geister. Die Christlichsozialen, die von Gewerbetreibenden, Beamten und auch von Tausenden Hausbesitzern gewählt werden, bekämpfen die nur in Wien eingehobenen „Breitner-Steuern". Im Bau der städtischen Mietshäuser sehen die Bürgerlichen einen gezielten Angriff auf das Prinzip des Privateigentums und in den oft festungsartig angelegten „Gemeindehöfen" buchstäbliche Bollwerke des Sozialismus.

Tatsächlich ist das schließlich umgesetzte Konzept der Gemeindebauten auch innerhalb der Linken nicht unumstritten. Dem Konzept großer Wohnblocks wird die Idee einer Siedlerbewegung gegenübergestellt. Statt Hunderter Wohnungen in einem „modernen" Gemeindebau sollen kleine Siedlungshäuser mit privaten Gärten zur Selbstversorgung mit Lebensmitteln gebaut werden. Tatsächlich werden von renommierten Architekten, wie etwa dem Niederländer Gerrit Rietveld, einige Mustersiedlungen gebaut. Wien wird zum architektonischen Versuchslabor. „Licht, Luft, Wasser und Sonne" sollen „gesundes Wohnen" auch für das Proletariat leistbar machen. In der Praxis bedeutet das fließendes Wasser in den Wohnungen und strombetriebene Waschmaschinen. Die sehr kleinen Gemeindewohnungen werden für eine optimale Ausnützung des Raums geplant. Architekt Anton Brenner skizziert 1924 eine Kleinstwohnung mit gerade einmal 38 Quadratmetern, deren Raumanordnung und Möblierung bis auf den Zentimeter genau ausgetüftelt sind. Die Küche ist winzig, Klappbetten im Wohnzimmer sollen eine unterschiedliche Nutzung des Raums ermöglichen. Auch die Siedlungsbauten sind kaum größer als die früheren Schrebergartenhäuschen.

Doch schließlich setzt sich das revolutionärere Konzept durch. Das „Rote Wien" beginnt mit der architektonischen Umgestaltung der Stadt. Das Ende der großbürgerlichen, von Habsburgerbauten dominierten ehemaligen Reichs- und Residenzstadt soll sichtbar werden. Den Ringstraßenpalais des einstigen Geldadels mit dem kaiserlichen Doppeladler wird der Gemeindebau mit dem Wappen der Stadt Wien entgegengesetzt. In bewusster Antithese zur noblen Ringstraße mit ihren Prachtbauten und Palais soll der Gürtel zum Boulevard der Arbeiterklasse werden. Der erste echte Gemeindebau entsteht am Margaretengürtel an der Grenze zum Arbeiterbezirk Meidling. Die Architekten, fast alle stammen aus der Schule von Otto Wagner, vermeiden einen radikalen Bruch mit dem Formenkanon des Jugendstils und des Historismus. Erker, Arkaden, Pawlatschen und historisierende Fassadenelemente prägen die „Höfe".

Das umfassende Bauprogramm wird 1923 beschlossen. Ein Jahr später fahren die Bagger auf. Tausende neue Wohnungen sollen errichtet werden. Tatsächlich konzentriert sich beinahe die gesamte Bautätigkeit Wiens ab 1924 auf den Gemeindebau.

Angesichts des Mietrechtsgesetzes und eines durch die Inflation ausgezehrten Mittelstands kommt die private Bautätigkeit praktisch zum Erliegen. Innerhalb weniger Jahre kauft das „Rote Wien" Tausende Hektar Land auf. 1924 ist die Stadt mit 2,6 Millionen Quadratmetern der größte Grundbesitzer.

In zehn Jahren errichtet die Stadt Wien 64 000 Wohnungen. Der Gemeindebau ist gebaute Ideologie. In den 400 Gemeindebauten, die als „Höfe" mit großzügigen Grünanlagen geplant werden, finden auch kommunale Einrichtungen ihren Platz. Es ist der ideologische Versuch, über Wohnbauten nicht nur Lebensraum, sondern auch ein neues proletarisches Bewusstsein zu schaffen. In den Gemeindebau-Höfen werden Gemeinschaftseinrichtungen wie Kindergärten, Zahnambulatorien, Bäder, Arbeiterbibliotheken und Sektionslokale für die Partei eröffnet. Das „Rote Wien" unterscheidet nicht zwischen Stadt und Partei. In der politischen Debatte werden die Gegensätze schärfer. Die bürgerlichen Christlichsozialen, die auf Bundesebene seit 1920 in einer Koalition mit den mehrheitlich großbürgerlichen Deutschnationalen regieren, bekämpfen die rote Stadtregierung. Im Konzept des Gemeindebaus sehen sie die Vorstufe einer letztlich bolschewistischen Lebensführung. Kollektiv statt Familie.

Diese Utopien sind jedoch nur bedingt erfolgreich. Gemeinschaftsküchen und zentrale Wäschereien werden noch angenommen. Ideen fortschrittlicher Architekten und Planer, den Gemeindemietern auch eine neue proletarische Wohnkultur zu verordnen, scheitern hingegen. Die heute berühmte „Frankfurter Küche" der Wiener Architektin Margarete Schütte-Lihotzky bleibt als museales Stück erhalten, findet aber kaum Verbreitung.

Der Metzleinstaler Hof am Wiener Gürtel. Er gilt als erster Gemeindebau des „Roten Wien". 1924 wird der Bau von 25 000 Wohnungen durch die Stadt Wien beschlossen. Sie sollen durch zusätzliche Steuern finanziert werden.

Die private Bautätigkeit wird überdies durch die stockende Kreditvergabe der Banken gebremst. Die Zentralsparkasse der Gemeinde Wien etwa stellt ihre langfristigen Reparaturkredite ein und vergibt nur noch halbjährige Personalkredite mit grundbücherlicher Sicherstellung. Die Zinsen dafür sind beachtlich. 22 Prozent sind für ein Darlehen zu zahlen. Da lohnen sich private Neubauten nicht.

Die Hausbesitzer versuchen gegen die Politik der Stadt zu mobilisieren. Ausgerechnet in der Volkshalle des Rathauses versammeln sich einige Tausend Mitglieder des Zentralverbands der Hausbesitzer, um gegen den Mieterschutz zu demonstrieren. Verbandspräsident Berehinak „redet in scharfer Weise" – wie die Zeitung *Der Hausbesitzer* berichtet – gegen das Wiener Mietrechtsgesetz an: „Die Zwangsgesetze haben keinen Nutzen gebracht und es wird auch, solange der zwangweise Mieterschutz besteht, die Wohnungsnot bleiben. Es müsste radikal vorgegangen werden, denn die Hausbesitzerschaft steht vor dem Zusammenbruch."

Die Hauseigentümer und die Industrie wenden sich überdies selbst mit einer Denkschrift an den Völkerbund, der durch seinen Finanzkontrollor Zimmermann in Wien direkten Einfluss auf die Politik der Regierung nehmen kann und nimmt. Unterstützung bekommen die Hausbesitzer von unerwarteter Seite. Die „Wohnungslosen" demonstrieren vor dem Justizpalast am Schmerlingplatz gegen die Baupolitik der Stadtverwaltung. Das städtische Wohnungsamt würde die neuen Gemeindewohnungen nicht an die „Notständler", sondern an brave Parteifunktionäre vergeben.

MIT FERIENBEGINN KOMMT DER SOMMER

„VORWIEGEND HEITER, HEISS, WESTLICHE WINDE“

6. JULI · Mögen die Weltereignisse turbulent, die wirtschaftlichen Aussichten eher trüb und die Banken beinahe pleite sein. *Das Neuigkeits-Welt-Blatt* hat „für den bürgerlichen Mittelstand“, der die Zeitung kaufen soll, ein paar heitere Zeilen parat:

Alles rennet, alles flüchtet
Hin aufs Land zur Sommerfrische;
Gesellschaft krieg'n im See die Fische
Und manch Almhaus wird „gesichtet“.

Mag die Mark mit Schilling streiten,
Wem die größere Kaufkraft eigen,
Hauptsach' bleibt, am Land zu zeigen,
Wer am meisten hat von beiden.

Das Wetter verheißt Gutes. Das *Neuigkeits-Welt-Blatt* schaut aufs Thermometer: Es war gestern in ganz Österreich wolkenlos und heiß. Die Höchsttemperatur hatten Feldkirch (35 Grad), Innsbruck (33), Salzburg (34), Ischl (33), Klagenfurt (32). Heute Morgen war der Himmel in den Voralpen stellenweise bewölkt.

Voraussage: Vorwiegend heiter, heiß, westliche Winde.

SCHILDERUNG EINES UNBETEILIGTEN AUGENZEUGEN

„WIR WERDEN MACHEN, WAS WIR WOLLEN."

7. JULI · Es ist ein schöner Sonntag, endlich. Das Frühjahr war eher durchwachsen, viel Regen, wenig Sonnenschein, aber die Ferien haben gerade erst begonnen. An diesem Wochenende fahren Tausende Wienerinnen und Wiener mit der Eisenbahn vom Franz-Josefs-Bahnhof (die Republik hat das Wort „Kaiser" aus dem Namen gestrichen) an die Donau bei Kritzendorf. Im Sommer dampfen 30 bis 40 Züge pro Tag das Donauufer entlang. Das vom Verschönerungsverein „Die Linde" errichtete Strombad ist eine Freizeitattraktion: Baden in der – alles, nur nicht blauen – Donau, das Wurstbrot aus der Proviantdose, ein Himbeerkracherl oder gar der damals berüchtigte Ribiselwein vom Wirten. Der weite Auwald mit seinen versteckten Lichtungen eröffnet gewisse erotische Gelegenheiten, sie werden gerne genützt, die Gelsen in Kauf genommen. Der Literat Ludwig Hirschfeld widmet sich in der *Modernen Welt* einem „Sommersonntag auf der Donau" und muss sich zwischen dem Strandbad „Gänsehäufel" und Kritzendorf entscheiden. „Der Strand ist wohl einige Kilometer lang, aber doch nicht lang genug, denn man wird bei jedem Schritt von einem ‚Was, Sie sind auch da?' angehalten. Es gibt sehr viele trauliche Gebüsche, aber noch mehr zutrauliche Bekannte, die alle genau wissen wollen, warum man heute mit einer anderen als letzten Sonntag da ist. Die Besitzer von eigenen Hütten blicken wie Leute, die ausgesorgt haben, verächtlich auf dieses Getriebe, das eigentlich eine Hauptallee, ein Stadtpark in Trikots und Schwimmhosen ist. Man weiß hier wirklich nicht, welcher Plage man sich zuerst erwehren soll: der neugierigen Gelsen oder der unerbittlichen Bekannten."

Licht, Luft, Sonne und die Donauwellen sind auch ein politisches Programm: das kleine Glück. Gegründet wird die Kritzendorfer Siedlung als Freiluftbad, um „den wohltätigen Einfluss des Badens auch der ärmeren Bevölkerung und den Schulkindern zugute kommen [zu] lassen“. Die Holzhäuser stehen auf Stelzen, damit sie bei den regelmäßigen Überschwemmungen nicht fortgespült werden. Grundbesitzer sind die Gemeinde Kritzendorf und das Chorherrenstift Klosterneuburg, das die schönsten Donauabschnitte verpachtet. Neben einfachen Hütten entstehen bald durchaus komfortable Strandvillen. Walter Loos entwirft ein modernistisches Haus in der Bauhaustradition. Ringstraßenarchitekten wie Emil von Förster bekommen Aufträge einer vermögenden Klientel. Die Arbeiterschaft, aber auch das vornehmlich jüdische Bürgertum entdecken die Wochenendkultur. Frankophile Spötter reden von der „Krize-les-Bains“, andere von der „Riviera an der Donau“.

Doch an diesem friedlichen Sonntag zeigt sich in Kritzendorf die Radikalisierung der Politik. Ein Badegast schildert seine Erlebnisse der Zeitung *Morgen*: „Bis jetzt galt das ganze Stromufer der Donau und der Auen als politisch neutrales Gebiet. Viele Tausende Menschen suchten dort Erholung. Den größten Teil der Besucher stellten wohl Arbeiter, doch gab es dort auch viel bürgerliches Publikum, aber immer herrschte dort Ruhe und Friede. Gestern war es anders.“

Am Sportplatz beim Kierlinger Bahnhof feiern die „Arbeiterturner“ ein Fest. An die tausend Genossinnen und Genossen, Turner, Männer, Frauen, Knaben und Mädchen sowie zahlreiche Arbeiter versammeln sich vor dem sozialdemokratischen Vereinslokal und marschieren im Takt der örtlichen Arbeiterblasmusikkapelle zum Sportplatz. Es herrscht Jahrmarktstimmung. Es wird am Glücksrad gedreht, ein Tanzboden ist ausgelegt, es gibt allerlei Volksbelustigungen und Liptauerbrote. Doch am Himmel über Klosterneuburg ziehen dunkle Wolken auf.

Am Kierlinger Donauufer exerzieren auf einem eingezäunten Gelände Männer in voller Montur. Ein Trupp „Hakenkreuzler“ übt den Felddienst. Kommandorufe gellen über den Badeplatz. Einige Herren promenieren in grauer Klothhose mit einer Hakenkreuzkappe am Strand entlang. Sie wollen gesehen werden, sie wollen provozieren, sie pöbeln Passanten an.

Hornsignal und Vergatterung: Die jungen Männer treten in Reih und Glied und marschieren in zwei Kolonnen zum Kierlinger Bahnhof. Der Aphoristiker Anton Kuh lässt sich die Szene von Ohrenzeugen erzählen. Die „Hakenkreuzler" hätten „Die Wacht am Rhein" und ein Schmählied mit dem Refrain „Zerschlagt die Juden-Republik! Zerschlagt die Juden-Republik!" gesungen. Sie tragen Hakenkreuzarmbinden und haben auf ihrer Uniform schwarze Achselspangen mit dem Buchstaben „R" als Monogramm. Es ist das Zeichen der „Roßbach-Gruppe", einer paramilitärischen Einheit, die sich am Münchner Hitler-Putsch im November 1923 beteiligt hat. Ihr namensgebender Anführer Gerhard Roßbach hat in Deutschland unter verschiedensten Namen Dutzende „Sturmabteilungen" und „Kampfgruppen" kommandiert und in einem „Freikorps" in Westpreußen gekämpft.

Nach der Verurteilung Hitlers und seiner Putsch-Kameraden setzt sich Gerhard Roßbach nach Österreich ab. Die Hundertschaft „Hakenkreuzler" am Donaustrand sind der letzte Rest einstiger Wichtigkeit. Für Krawall sorgen sie allemal.

Die zwei Züge marschieren mit Tornistern, Steyr-Pistolen, Brownings, Totschlägern, eisenbeschlagenen Knüppeln, Bajonetten, Dolchen und Schaufeln ausgerüstet zum Sportplatz und stellen sich dort mit ihren zwei Hakenkreuzfahnen in militärischer Formation vor dem Arbeiterturnfest auf: Die Provokation wirkt. Die *Arbeiter-Zeitung* berichtet am nächsten Tag: „Genosse Honzak vom Republikanischen Schutzbund ging zu den Hakenkreuzlern hin und forderte ihren Kommandanten auf, die Fahnen einzurollen und abzuziehen, da doch ihr Auftreten diese ungeheure Menschenmenge auf dem Sportplatz erregen müsse. Es kam dann noch Genosse Knottek dazu und später noch der Oberwachmann Hanke, die gleichfalls eindringlich nahelegten, die aufreizenden Fahnen doch verschwinden zu lassen und weiter zu marschieren. Der Kommandant erwiderte in barschem Tone unseren Genossen: ‚Wir werden machen, was wir wollen.'"

Ein Bajonett blitzt auf. Einige Arbeiter stürzen sich auf den „Hakenkreuzler", um ihm die Waffe zu entwinden, ein zweites Bajonett blitzt auf, gleichzeitig kracht der erste Schuss, dem sofort sechs bis acht weitere folgen. „Der Menge auf dem Sportplatz bemächtigte sich eine ungeheure Panik. Männer, Frauen und Kinder stürzten sogleich heraus und flüchteten. Das Sportfest wird sofort abgebrochen." Auch das kommunistische Blatt *Die Rote Fahne* druckt einen Augenzeugenbericht: „Zahllose Arbeiter drängten gegen die Hakenkreuzler. Die ergriffen die Flucht und gaben während des Laufens zahllose Schüsse ab. Ein Rudel der Hakenkreuzler hatte den Bahndamm übersetzt und von dort aus das Revolverfeuer gegen die Menge eröffnet. Ein anderer Teil der Hakenkreuzler flüchtet in ein Haus in der Wienerstraße, andere wieder in die Bahnstation Klosterneuburg-Kierling, wo gleichfalls einige Schüsse abgegeben wurden, die unter den Ausflüglern furchtbares Entsetzen hervorriefen."

Jetzt beginnt es zu regnen. Die Bilanz des Tumults vor dem Sportplatz und der anschließenden Verfolgungsjagd: sechs durch Pistolenschüsse, Dolchstiche und Hiebe mit Totschlägern Schwerverwundete und fünf Leichtverletzte, die vom Primararzt des Klosterneuburger Spitals versorgt werden. 56 „Hakenkreuzler" werden von der Gendarmerie in der Klosterneuburger Pionierkaserne in Verwahrungshaft genommen. Praktischerweise haben sie sich selbst dorthin geflüchtet, um nicht von den Arbeiterturnern gelyncht zu werden.

Am Montag werden die „Hakenkreuzler" mit einigen Automobilen ins Wiener Landesgericht überstellt. Einen Tag später sind die Krawallmacher und Gewalttäter wieder auf freiem Fuß. 14 Jahre später wird die „Riviera an der Donau" von einer braunen Flut überschwemmt. Nach dem Einmarsch deutscher Truppen im März 1938 wird das Strombad „arisiert", die Stelzenhäuschen als jüdischer Besitz enteignet und an „verdiente" Parteigenossen verschenkt. Juden dürfen nicht mehr in der Donau baden.

DIE BIENE MAJA FLIEGT INS KINO

„BEGLÜCKENDER MUT IHRER BEGEISTERTEN LIEBE“

9. JULI · Kurt Mühsam besucht die Biene Maja. Wenige Häuser vom Berliner Oranienburger Tor entfernt geht der Kulturjournalist (das platte Wortspiel „mühsam“ vermeiden wir) eine halsbrecherisch steile Wendeltreppe hinauf und betritt ein sonnendurchflutetes Filmatelier. Durch „gläserne Mauern“ hat er einen für Berlin ungewohnten Blick über die Dächer, die sich für ihn zu einem „Häusermeer“ formen, wie er in seinem Beitrag für das *Neue Wiener Journal* schreibt. Berlin mag ja seine Reize haben, eine beeindruckende „Skyline“ gehört jedoch nicht dazu. Mühsam war vor dem Krieg Berliner Korrespondent der *Neuen Freien Presse*, im Laufe seiner journalistischen Karriere wird er zum Filmkenner und Gründer cineastischer Fachzeitschriften.

Ab Juli 1924 wird in einer „biologischen Versuchsstation“ von der Berliner Kultur-Film AG unter der Regie des Naturfilmers Wolfram Junghans ein Kinofilm gedreht. Hauptdarstellerin ist eine Biene. „Und diese Biene, die ich meine, nennt sich Maja.“ Waldemar Bonsels hat das Drehbuch für den Stummfilm in sechs Akten nach der Vorlage seines Bestsellers *Die Biene Maja und ihre Abenteuer* geschrieben. Bonsels, ein Schulabbrecher, der nur knapp der Einweisung in eine Erziehungsanstalt entgeht und später Kaufmann, Missionar und Verleger wird, hat das Buch zwei Jahre vor Beginn des Weltkriegs verfasst. Es wird ihm, und mehr noch seiner tierischen Protagonistin, zu Weltruhm verhelfen.

Nicht nur Kinder verschlingen den Abenteuerroman um die Biene Maja. Auch etliche deutsche Soldaten, die 1914 an die Front ziehen, haben das Buch im Tornister. Der heldenhafte Kampf des tapferen Bienenvolks gegen die Heerscharen finsterer Hornissen spiegelt das Kriegsgeschehen in eine idyllische Welt. „Und nun, da die kleine Biene an die Kraft und die Stärke der Ihren dachte, an ihre Todesbereitschaft und ihre Treue gegen die Königin, überkam sie ein hoher Zorn gegen die Feinde und zugleich ein beseligter Opferwille und ein beglückender Mut ihrer begeisterten Liebe." Mut, Opferwille, Todesbereitschaft. Das Märchen zur Zeit.

Drei Jahrzehnte lang rangiert das Buch unter den vier meistverkauften Werken der deutschen Literatur. Es wird in 40 Sprachen übersetzt und ermöglicht dem Autor nach dem Krieg den Kauf einer schmucken Villa am bayrischen Starnberger See und eines Ferienhäuschens auf Capri. Die Bienen sammeln fleißig Reichsmark um Reichsmark an Tantiemen. Bereits drei Jahre nach Veröffentlichung der *Biene Maja* erscheint unter dem Titel *Himmelsvolk. Ein Märchen von Blumen, Tieren und Gott* die Fortsetzung des Bestsellers. Auch der zweite Band, in dem die neugierige und mutige Biene Maja die Welt entdeckt und dabei Freundschaften schließt und allerhand Spannendes erlebt, wird ein Erfolg.

Wolfram Junghans' Filmadaption beflügelt das Geschäft um die mutige Biene weiter. Zwei Jahre dauern die komplizierten Dreharbeiten, ehe der Film in Dresden und Wien erstmals vor Publikum gezeigt werden kann. Der Stummfilm wird als Sensation gefeiert. Erstmals spielen Tiere in einer Kinoproduktion die Hauptrolle. Kurt Mühsam lernt die Darsteller in ihren gläsernen Käfigen kennen. „Kurt, der Mistkäfer, bedrängt mit ungefähr einem halben Hundert seiner Stammesbrüder und Altersgenossen Flip, die Grille, die so hart bedrängt herzzerreißend um Hilfe zirpt. Schnuck, die Libelle, hat eben das Licht der Welt erblickt. Der noch munter umher stolzierende Brummer Hans Christoph ahnt noch nichts von dem Unglück, das ihm durch Schnuck zustoßen wird."

Im Dienste Majas und des Films stellen die Arbeiterbienen die Dekorationen und Kulissen für das Königinnenschloss selbst her. Fünf Bienenstöcke hat die Filmfirma aufs Dach gestellt. Tausende Bienen leben in jedem Stock. „Dort wird ‚Maja' gehegt und gepflegt, in allen ihren Bewegungen beobachtet und verfolgt und gleich einer stolzen Königin, von ihren Getreuen angestaunt, bewundert und verehrt."

Journalisten mögen die Bienen eher weniger. Kurt Mühsam wird trotz Schutzkleidung gestochen und schreibt: „Diese wiederholten Störungen in ihrer Arbeit haben die Tiere in einen ständig aufgeregten Zustand versetzt. Selbst dem Pressebesuch gegenüber verhalten sie sich sehr ungnädig."

Waldemar Bonsels ist ein Reisender. 1924 kehrt er von einer von der UFA finanzierten Reise nach Indien zurück. Seine Abenteuergeschichten machen ihn zu einem begehrten Vortragenden. Vom Starnberger See ist es nicht weit nach Linz oder Wien. Der Autor der *Biene Maja* hält regelmäßig Vorträge an den Wiener Volkshochschulen und zeigt „Bilder aus Weltreisen", die ihn nach Brasilien, Indien und Ägypten geführt haben. Die Ferne als Flucht- und Sehnsuchtsort der Zeit.

Der gebürtige Norddeutsche wird zum Fixpunkt der Schwabinger Boheme in den Münchener Literaturcafés: Ein Dandy im eleganten Anzug, zwischen den Fingern hält er stets eine Zigarre, schöne Frauen interessieren den dreifachen Vater. Er sucht die Nähe zu literarischen Größen wie Frank Wedekind oder Heinrich Mann. Politisch steht Bonsels in der Weimarer Republik auf der anderen Seite. Für den aufkommenden Nationalsozialismus hegt er gewisse Sympathien, Antisemitismus ist ihm nicht fremd. Und die Heerscharen von Hornissen sind die dunklen Feinde der tapferen Biene. So prägen ein Abenteuerroman und seine vielfachen filmischen Bearbeitungen über ein Jahrhundert das Bild von Insekten: Bienen sind fleißig und lieb. Die an sich kaum aggressiven Hornissen haben imagemäßig keine Chance gegen Maja.

FÜNF MAL GOLD FÜR EINEN FINNEN BEI DEN OLYMPISCHEN SOMMERSPIELEN

„ÖSTERREICH MACHT IN ALL DIESER PRACHT EINEN FAST ÄRMLICHEN EINDRUCK."

10. JULI · In der Pariser Julihitze entstehen bei den VIII. Olympischen Spielen drei Legenden. Der finnische Läufer Paavo Nurmi gewinnt fünf Goldmedaillen und geht in den Sprachgebrauch von Generationen ein: „Laufen wie ein Nurmi."

Der amerikanische Schwimmer Johnny Weissmuller schwimmt als erster Mensch hundert Meter unter einer Minute und gewinnt drei Goldmedaillen im Freistil. Nach den Olympischen Spielen von Amsterdam 1928 macht der Sportler in Hollywood Karriere. Als Tarzan wird er sich in zwölf Filmen von Liane zu Liane hangeln und dadurch weltberühmt werden, freilich nicht unbedingt wegen seiner schauspielerischen Leistungen: „Das Publikum verzeiht meine Schauspielerei, weil es weiß, daß ich ein Athlet bin."

János Weißmüller wird 1904 im kleinen Ort Freidorf (heute ein Vorort von Temesvar in Rumänien) als Sohn einer „donauschwäbischen" Familie geboren. Das spricht sich auch bis zum launigen Sonderberichterstatter des Wiener *Sport-Tagblatts* durch, der den Schwimmer auf Deutsch anspricht. Johnny Weissmuller will sich aber weder an seine deutschsprachige Heimat im Banat noch an seine k. u. k. Vergangenheit erinnern: „Hätte Johnny noch Deutsch gekonnt, und wenn auch nur das ‚Schwobendeutsch' des Burgenländers, das seine Eltern gesprochen haben dürften, er hätte mir sicher so ungefähr geantwortet: ‚Was Ihnen nicht einfallt!' So aber sagte er bescheiden englisch, er sei in Amerika geboren, und er nannte den Ort und den Staat, aber der Ort war so klein und der Name so groß und die Aussprache so amerikanisch, daß ich es nicht wiederholen kann".

Johnny schwimmt in Paris nicht nur zu drei Mal Gold, sondern spielt auch noch in der US-Wasserballmannschaft mit, die schließlich Bronze gewinnt. Österreichs Wasserballer, die aufgrund einer günstigen Auslosung durchaus Chancen auf eine Medaille haben, bleiben in Wien. Es wird also nichts aus einem Duell mit Tarzan.

Die Pariser Spiele selbst bringen den Durchbruch der olympischen Idee zu einem wirklich weltweiten Sportereignis. Pierre de Frédy, Baron de Coubertin, der Begründer der olympischen Idee in der Neuzeit, wünscht sich, „seine" Spiele noch einmal in der Hauptstadt Paris eröffnen zu dürfen. Fast tausend Journalisten reisen an die Seine. Viele Bewerbe werden von einem Dutzend Kamerateams auf Zelluloid belichtet. Ein Flugzeug kreist über dem Stadion. Stehend filmt der Kameramann aus der Vogelperspektive.

Die Pariser Spiele selbst werden zur Legende, weil sie Jahrzehnte später den Hintergrund für den Oscar-Film *Chariots of Fire* über den schottischen Läufer Eric Liddell abgeben. Der in China geborene Sohn eines Missionars ist in Paris klarer Favorit für das 100-Meter-Rennen. Weil aber die Vorläufe an einem Sonntag beginnen sollen, verzichtet der gläubige Christ auf einen Start. Er predigt an diesem Tag in einer schottischen Kirche in Paris. Liddell tritt dafür über 400 Meter auf der Aschenbahn an und läuft in seiner schwächeren Disziplin eine neue Weltrekordzeit. Schon im Jahr nach seinem Pariser Triumph kehrt der „fliegende Pastor" ins chinesische Tianjin zurück, um dort – wie seine Eltern – als Missionar zu wirken. Während des Kriegs wird er von den Japanern interniert und stirbt in einem Lager.

Die Spiele von Paris sind die ersten, über die via Radio „live" berichtet wird. Frankreich inszeniert ein Großereignis. In Colombes, einem nordwestlichen Vorort von Paris, wird ein Rugby-Stadion mit 45 000 Plätzen zum „Stade Olympique". Bei der Eröffnung bleiben allerdings etliche Plätze leer. Ein Pferderennen zieht an diesem Wochenende dreimal so viele Zuschauer an.

Erstmals leisten knapp 3000 Athleten und 136 Athletinnen aus 45 Nationen den olympischen Eid. Nur eine große Nation fehlt: Deutschland. Ein letztes Mal bleiben die Deutschen als Verlierer des

Weltkriegs von diesem größten internationalen Sportfest ausgeschlossen. Zwölf Jahre später wird Reichskanzler Adolf Hitler die Olympischen Spiele in Berlin als seinen „Triumph des Willens" inszenieren. Die deutschen Zeitungen rächen sich für den Ausschluss des Deutschen Reichs aus der sportlichen Völkerfamilie. Sie berichten kaum eine Zeile aus Paris, dafür über die Reichstagswahlen und im Sportteil über rhythmische Gymnastik von Berliner Volksschulkindern.

Österreich hingegen entsendet ein Kontingent nach Paris. Die meisten Sportler müssen sich die Anreise im Sonderwagen der Bundesbahn aber selbst zahlen. Beim Einmarsch der Nationen sind die Österreicher unter den Ersten. Das „A" für Autriche macht es alphabetisch möglich. Das Wiener *Sport-Tagblatt* ist von der Eröffnung beeindruckt: „Der herrliche Einmarsch. Das Stadion beginnt Farben zu strahlen, wie ein Kaleidoskop. Die wehenden Flaggen, die verschiedensten Dressen und Kleider der einmarschierenden Gruppen, die umgebenden Menschenwälle, die Uniformen, der grüne Rasen, die lachende Sonne, alles vereinigt sich mit den Klängen der Musik zu einem wundervollen Gesamteindrucke." Insgesamt sind 46 Sportler und drei Sportlerinnen nominiert. Österreichs Fahne wird vom Gewichtheber Franz Aigner getragen. Der Berichterstatter schreibt fast ein bisschen beschämt: „Wie unsere Leute so wenig Mann hoch erschienen, mit dem Schwergewichtler, der die Flagge trägt, macht es auf mich, in all dieser Pracht, einen fast ärmlichen Eindruck, aber dann, als sie bei der Tribüne vorbeikommen, hat man sich schon daran gewöhnt. Oesterreich wird freundlich begrüßt, sein riesiger Fahnenträger defiliert, die rechte Hand zur Tribüne ausgestreckt – hast du nicht gesehen – à la fascio!"

Wieso der Schwergewichts-Weltmeister Franz Aigner mit dem „olympischen Gruß", der dem italienischen Faschistengruß doch sehr ähnelt, in Paris einmarschiert? Vielleicht weil er beim Deutschen Kraftsport-Klub „Eiche" Gewichte stemmt? Allerdings schwört auch der französische Sportler Géo André den Olympischen Eid mit ausgestreckter rechter Hand. Aigner wird immerhin mit einer Silbermedaille nach Wien heimkehren.

Stemmen, Ringen, Schießen. Österreich ist nur in diesen Disziplinen vertreten. Alle Leichtathleten scheitern schon in den ersten Vorrunden. Die alpenländischen Olympioniken hinken den kleinen nordischen Nationen meilenweit hinterher. Finnland etwa ist in Paris eine Großmacht. Die Läufer Paavo Nurmi und Ville Ritola gewinnen gleich acht Goldmedaillen. Nurmi wird zum Helden der Spiele. Am dritten Tag schnürt der „fliegende Finne" seine neuartigen hellbraunen Gummischuhe und geht über 1500 Meter auf die Aschenbahn. Er lässt seinen Mitläufern keine Chance und gewinnt mit neuem Weltrekord. Keine halbe Stunde später kehrt Nurmi auf die Bahn zurück, um noch einmal, diesmal über fünf Kilometer, zu laufen: zwei olympische Wettkämpfe in einer Stunde. Niemand kann Nurmi stoppen. Wieder siegt der Finne. Wieder Weltrekord. Eine Legende ist geboren.

Drei Tage später steht Nurmi wieder am Start. Er kämpft um Gold im 10 650 Meter langen Querfeldeinlauf. Die Thermometer im Stadion zeigen 36 Grad – im Schatten. Auf der Strecke ist es glühend heiß. 38 Läufer starten, nicht einmal die Hälfte wird das Ziel erreichen. In die olympischen Annalen geht das Rennen als „Sonnenschlacht" ein. Viele Läufer erleiden einen Sonnenstich, taumeln auf der Strecke, verlieren die Orientierung, brechen zusammen. Den Finnen Nurmi stört die Gluthitze nicht. Nach kaum 30 Minuten läuft er beim Marathontor wieder ins Stadion ein. „Erst als Nurmi schon durchs Ziel gegangen war und bereits vor den Photographen stand, als ob niemals etwas geschehen, als ob ein solcher Lauf und ein solcher Sieg keine Sonderanstrengung für ihn bedeuten würde, da erst, gut 500 Meter zurück, kam sein Rivale Ritola."

Olympia hat sein Drama. Olympia hat seine Helden. Olympia hat Nationen im Wettkampf zusammengeführt – oder auch nicht. Die Londoner *Times* fordert in einem Leitartikel unmittelbar nach dem Ende der Spiele ein Ende für Olympia, es habe zu viel Streit unter den Nationen gegeben. Der fragile Friede dürfe nicht durch nationalistische Leidenschaften beim Sport gefährdet werden.

Die Geburt einer Legende. Paavo Nurmi läuft bei den Olympischen Sommerspielen in Paris seinen Konkurrenten davon. Fünf Mal Gold für den Finnen.

DER ERSTE FLUG UM DIE WELT

„DER ERFOLG IST DORT, WO DIE MITTEL DAZU AUFGEBRACHT WERDEN KÖNNEN.“

13. JULI · Wiens amtliche Nachrichtenagentur verschläft eine Sensation. An einem Sonntagnachmittag im Juli landen auf dem Flugplatz in Wien-Aspern drei amerikanische Flugzeuge. Die Besatzungen werden wie Staatsgäste begrüßt, also fast.

Knapp 200 Wienerinnen und Wiener warten auf die sechs amerikanischen Piloten. Viele sind um die Mittagsstunde auf der staubigen Straße zum Flugfeld gewandert, viele sind auch wieder umgekehrt, weil nichts zu sehen ist. Es ist heiß, nirgendwo Schatten. Die Reporter spüren die „Mittagsglut“. Eigentlich hätten die Amerikaner schon am Vortag in Wien landen sollen. Doch auf dem Flug von Bukarest nach Wien muss auf dem Mátyásföld in Budapest ein Zwischenstopp eingelegt werden. Bei einer der drei Maschinen ist ein technisches Problem aufgetreten. In der Nacht wird das Flugzeug repariert.

Am Sonntag ist es dann so weit. Kurz nach Mittag tauchen amerikanische und englische Reporter in Aspern auf. Großes kündigt sich an. Österreichische Regierungsvertreter, die sonst das Blitzlichtgewitter der internationalen Presse – selten genug – genießen, verschlafen das Ereignis. Die Herren konnten nach der Absage der Landung vom Vortag nicht mehr benachrichtigt werden, außerdem ist es ein Ferienwochenende. Von der amerikanischen Gesandtschaft ist Botschaftssekretär Braunfeld mit fast allen diplomatischen Kollegen erwartungsfroh aufs Flugfeld jenseits der Donau geeilt. Nur der Botschafter, Albert Henry Washburn, fehlt.

Auch der Direktor der Österreichischen Luftverkehrs AG (ÖLAG) Joe Hoffmann schafft es aufs Flugfeld, er hat es ja nicht weit. Die vor einem Jahr gegründete heimische Fluggesellschaft startet mit ihren Junkers F 13-Flugzeugen vom Flugfeld im Norden

Wiens nach München, Budapest, Nürnberg, Graz und – ein wenig überraschend – nach St. Wolfgang im Salzkammergut. Die kleinen Flugzeuge können maximal vier Passagiere befördern, die dafür nicht im Freien dem kühlen Wind trotzen müssen, sondern in einer geschlossenen Kabine sitzen. Das ist neu, das ist ein Fortschritt. Gestartet wird zunächst auf der Donau, gelandet direkt vorm Weißen Rössl am Wolfgangsee. Denn die ersten Junkers F 13 werden als Wasserflugzeuge betrieben. In der Sommersaison gibt es einen regulären Flugdienst vom Salzkammergut nach Wien-Jedlesee. Bis zu zwei Dutzend Junkers F 13 hat die ÖLAG meist von der deutschen Luft Hansa AG – wie sie sich damals schreibt – gemietet, dazu kommen noch drei Junkers G 24, in der immerhin jeweils neun Passagiere Platz finden. Die österreichische Luftverkehrs AG wird in den 1920er-Jahren zur viertgrößten Fluglinie Europas. Mehrheitseigentümer ist freilich die deutsche Luft Hansa AG. Aspern entwickelt sich zu einem europäischen Flugzentrum: „Der diesjährige, über Wien laufende, Luftverkehr hat einen bedeutenden, alle Erwartungen übertreffenden Aufschwung erfahren. Neun Luftlinien laufen in Wien zusammen." Das Fachblatt deckt allerdings auch die Mängel der Wiener Rumpelpiste auf. In den Holzbaracken gibt es keineswegs überall elektrisches Licht. Es fehlt an kundigem Personal, um einen Wetterdienst zu organisieren, und die provisorische Funkanlage hat nur eine beschränkte Reichweite. „Und auch sonst liegt noch vieles im Argen."

Der ÖLAG-Direktor Hoffmann ist der Erste, der zu den Flugzeugen darf, um die amerikanischen Offiziere zu begrüßen und zu beglückwünschen. Ein Reporter des *Montag* ist dabei und lässt seine Leser am Geschehen teilnehmen: „Es sind sonnenverbrannte, wetterharte Gestalten, mit eisernen Gesichtern und kühnen Augen. Sie zeigten nicht die geringste Spur von Ermüdung. Als die begeisterte Menge sie umringte, schüttelten sie jedem, der da kam, die Hände und begrüßten sie mit einem lachenden ‚Okay', denn deutsch verstehen die Herren nicht." Natürlich nicht.

First Lieutenant Lowell Herbert Smith und seine Fliegerkameraden sind schon seit dem 4. April unterwegs. Wenig kann sie überraschen, auch die stürmische Neugier der Wiener Adabeis nicht. Die *Wiener Neuesten Nachrichten* verfallen in die damals gängigen Klischees. Die Piloten werden zu „sonnengebräunten, kraftstrotzenden Naturen, die trotz der Anstrengungen der ungeheuren Tournee sich vollster Gesundheit und besten Humors erfreuen und auch während ihres ganzen Fluges über keinerlei Indispositionen zu klagen hatten“. Und die sechs Piloten – „sofort nach ihrer Ankunft und nach der offiziellen Begrüßung von begeisterten Verehrern umringt“ – betreiben Werbung in eigener Sache. „Sie werden nicht müde, immer wieder eine liebenswürdige Antwort auf die vielen Fragen zu geben, trotzdem sie mit der Nachfüllung der Benzin- und Ölvorräte beschäftigt sind.“

Die Amerikaner wollen mit größtem technischem Aufwand als Erste die Welt umrunden. Das United States Army Air Service leistet mit dem „World Flight“-Programm Pionierarbeit. Für die geplante erste Weltumrundung lässt die Douglas Aircraft Company einen zweisitzigen Torpedobomber umbauen. Der Douglas World Cruiser (DWC) soll es rund um die Erde schaffen. Die Amerikaner sind aber nicht die Einzigen, die im Buch der Rekorde landen wollen. Auch englische und französische Flugzeuge sind im Frühjahr 1924 unterwegs. Die Amerikaner wählen eine Route gegen Westen und über den Stillen Ozean, weil die kommunistische Sowjetunion ihnen das Überfliegen ihres Staatsgebiets verbietet. Die Engländer und Franzosen wollen die Welt in entgegengesetzter Richtung umrunden. Es stellt sich heraus, dass das keine gute Idee ist. Ein englischer Flieger kommt bis Japan, aber nicht weiter. Und auch der Franzose Pelletier schafft es zwar bis China, doch beim Landen zerbricht sein filigranes Flugzeug. Ehe Ersatz geliefert werden kann, sitzt er monatelang im Reich der Mitte fest. Die amerikanischen Heeres-Piloten planen ihr Vorhaben dagegen „generalstabsmäßig“, aber auch sie bleiben von Pannen und Unfällen nicht verschont. Die Motorfliegerei steckt noch in den Kinderschuhen. Unfälle sind normal, Pannen gehören dazu.

Im Exklusivinterview für den *Montag* hat Leutnant Harding, der als Navigator auf einem der drei Douglas World Cruiser den Kurs berechnet, „die Liebenswürdigkeit, einen Vertreter des ‚Montag' zu empfangen, dem er in englischer Sprache mitteilte“: „Unser Flug um die Welt war mit einer Ausnahme vom Glück begünstigt. Bald nach dem Beginn unserer Reise hatten wir allerdings Pech: Unseren ursprünglichen Führer, Major Frederick L. Martin, verloren wir bei heftigem Nebel und Sturm, er strandete auf einem Felsen auf einer Insel vor Alaska und konnte sich mit seinem Beobachter Sergeant Alva L. Harvey nur mit Mühe vor dem Tode in der Eiswüste retten.“

Nach dem Ausfall des Kommandanten fliegen die verbleibenden drei World Cruiser ohne nennenswerte Zwischenfälle über die Beringsee, Japan, die Türkei gen Westen. Die einmotorigen Maschinen erreichen eine Höchstgeschwindigkeit von 100 Meilen pro Stunde. Da bleibt genügend Zeit, die Welt im Tiefflug zu erkunden. Geflogen wird auf Sicht. Landkarten weisen den Weg. Und da es sich beim Weltrundflug um eine Staatsaktion handelt, ist er entsprechend vorbereitet. An vorher festgelegten Etappenpunkten sind Mechaniker stationiert, Treibstoff, Ersatzteile und Proviant werden gelagert. Vorauskommandos haben die jeweiligen Ladestationen inspiziert. In sechs Etappen geht es um die Welt. Österreich liegt auf der fünften Etappe. Und hier nächtigen die Piloten recht komfortabel. In drei Automobilen der Botschaft fahren die sechs Männer ins Hotel Imperial am Ring, wo „ein Dejeuner“ zu ihrer Ehre aufgetragen wird. Mittlerweile hat auch die amtliche Nachrichtenagentur vom Ereignis Wind bekommen und meldet mit siebenstündiger Verspätung die Landung der Amerikaner.

Von Wien geht es am nächsten Tag schon um fünf Uhr früh weiter nach Paris und dann über London, die Orkney-Inseln, Island und Grönland über den Atlantik an die amerikanische Ostküste und weiter. Nicht alle drei in Wien gelandeten Doppeldecker werden unversehrt den Großen Teich überqueren. Auf der letzten Etappe muss ausgerechnet der Douglas World Cruiser mit dem Namen „Boston“ notwassern. Beim Versuch, die Crew zu retten und das Flugzeug abzuschleppen, touchiert ein Kreuzer den Torpedobomber, der daraufhin sinkt. Die Piloten werden gerettet.

Die World Cruiser „Chicago“ und „New Orleans“ schreiben Geschichte. Am 28. September 1924 landen die Luftfahrtpioniere nach 157 Tagen und erstmals absolvierter Weltumrundung in Seattle. 44 342 Kilometer haben sie zurückgelegt. Die reine Flugzeit betrug gut 370 Stunden. Die *Arbeiter-Zeitung* zieht Resümee: „Ihre Reise als Ganzes zeigt, wie überall, auch da, daß dort der Erfolg ist, wo die Mittel dazu aufgebracht werden können. Und daran hat es den Amerikanern nicht gefehlt. Ihr Weltenflug ist eine kühne Verwirklichung eines alten Traumes, der ihnen dauernden Ruhm sichern wird.“

RAPID WIEN LEISTET IN SALZBURG ENTWICKLUNGSHILFE

„BEI MÖGLICHSTER SCHONUNG DER KRÄFTE“

15. JULI · Das sind Zeiten: Der Wiener Arbeitersportverein Rapid steigt im Bahnhof Wien-Hütteldorf in die Westbahn und dampft zu einer Missionsfahrt in den Westen. Drei Spiele gegen Salzburger Fußballklubs sind angesetzt, die Wiener sollen Entwicklungshilfe leisten und in der Sommerpause ein bisschen Geld verdienen.

Wenn vom österreichischen Fußball geschrieben wird, dann sind – damals – ausschließlich Wiener Vereine gemeint. Die Hauptstadtkicker gelten etwas, Wien ist der Welt (abgesehen vom Vereinigten Königreich) voraus. Fußball wird vom billigen Zeitvertreib zum Beruf. Wien führt den Profibetrieb ein. Daran ändert auch nichts, dass sich viele Vereinslokale in verrauchten Kaffeehäusern befinden, wo sich die Herren Kicker nach dem Training gerne zu allerlei Unterhaltungen einfinden. Sie können vom Fußball leben.

Nach Salzburg reist nicht die „Einser“-Mannschaft der Hütteldorfer, das ist nicht notwendig. Zum Spiel einer verstärkten Rapid-Reserve gegen den 1. Salzburger Sportclub finden sich immerhin 700 Zuschauer ein, denen eine Lehrstunde in Sachen fußballerisches Können geboten wird.

Das *Salzburger Volksblatt* ist beeindruckt: „Was die Zuschauer an Finten und Tricks, an raffiniertem Zuspiel zu sehen bekamen, war schlechthin eine neue Offenbarung für die Salzburger Fußballgemeinde und zeigte, was eine umfassende Behandlung des Leders, Stellungsspiel und die im richtigen Augenblick und unvermittelt einsetzende volle Geschwindigkeit bei möglichster Schonung der Kräfte vermögen.“

Wäre noch das Resultat nachzutragen: Rapid schlägt Salzburg mit 8:0. Solche Erfolge verleihen Flügel.

ROALD AMUNDSEN MELDET BANKROTT AN

„ICH BIN BEREIT, SOFORT ZU STARTEN.“

3. AUGUST · Wie viele norwegische Kronen ist ein Schiff wert, wenn es im „ewigen“ Eis feststeckt? Eher wenige. Diese schmerzvolle Erkenntnis macht Roald Engelbregt Gravning Amundsen im Sommer 1924. Der erste Mensch, der 1911 im berühmten Wettlauf mit Robert Falcon Scott den Südpol erreicht hat, muss offiziell Bankrott anmelden. „Pleite“ ist er nicht. Die offizielle Konkursanmeldung soll den Norweger davor schützen, den privaten Immobilienbesitz verkaufen zu müssen. Sein großzügiges Landhaus am Oslo-Fjord fällt nicht in die Konkursmasse. Amundsen schuldet diversen Gläubigern rund 350 000 Kronen (das würde heute etwa 740 000 Euro entsprechen). Sein größtes Vermögen ist der Dreimaster „Maud“, den der Eismeerforscher bauen hat lassen, um damit endlich als erster Mensch den Nordpol zu erobern.

Amundsen und seine Mannschaft haben gehofft, dass die „Maud“ im Packeis eingeschlossen Richtung Nordpol treiben könnte. Die Idee war gut, doch die Eisdrift führt nicht Richtung Norden, dafür schafft es der Dreimaster nach mehrfachem Überwintern entlang der Nordküste des eurasischen Kontinents durch die Nordostpassage nach Alaska und weiter nach Seattle. Amundsen ist da längst von Bord gegangen. In Amerika wird das norwegische Schiff als „Sicherheit“ für die Schulden des Abenteurers unter Verschluss genommen und später an die Hudson’s Bay Company verkauft. Zu diesem Zeitpunkt verfolgt Amundsen längst andere Pläne.

1924 scheitert der Polarforscher mit der Idee, den nördlichsten Punkt der Erde mit drei Flugzeugen zu erreichen. Die sozialdemokratische Wiener *Arbeiter-Zeitung* macht die Klassengesellschaft für den Fehlschlag verantwortlich: „Amundsen ist also, weil er sich auf die Gönnerschaft einer kapitalistischen Gesellschaft verlassen mußte, der die Wissenschaft doch im Grunde nur etwas gilt, wenn sie rentabel ist oder überhaupt nichts kostet, ein Bettler geworden.“

In Wahrheit hat sich der Abenteurer in wirtschaftlichen und nationalistischen Fängen verstrickt.

Amundsens Plan war es, mit drei im italienischen Pisa gebauten deutschen Dornier-Flugzeugen (in Deutschland dürfen nach dem Willen der Siegermächte auch sechs Jahre nach Kriegsende keine Flugzeuge gebaut werden) zum Nordpol zu gelangen. Der italienische Faschistenführer Benito Mussolini erkennt die propagandistischen Möglichkeiten, einem weltbekannten Forschungsreisenden ein neues Abenteuer zu ermöglichen, und will eines der drei Flugzeuge finanzieren. Natürlich soll ein faschistischer Luftfahrtheld die kleine Flotte kommandieren. Es geht weniger um Entdeckung als um nationale Ehre. Amundsens Manager reist schon mal in die Lombardei, um im Castello Sforzesco in Mailand von Mussolinis Gattin die Ehrenwimpel in Empfang zu nehmen, die am Nordpol aufgepflanzt werden sollen. Und der „Duce“ selbst hebt in einem offenen Kampfflugzeug von Rom nach Pisa ab, um Amundsens Maschinen vor ihrem Start zu besichtigen, und beschenkt den Forscher mit einem Porträtfoto, Widmung inklusive.

Das ganze faschistische Italien steht hinter dem gewagten Unternehmen. Ein zweites Dornier-Flugzeug wird von der norwegischen Post gesponsert, die sich vom Verkauf der am Nordpol aufgegebenen Postkarten einen schönen Gewinn verspricht.

Bei der Planung und Finanzierung der Nordpolexpedition sitzt Amundsen, vor allem aber sein Management, zwischen zu vielen Stühlen. Der gebürtige Däne und mittlerweile Amerikaner Håkon Hedemann Hammer hat schon im Vorfeld sämtliche Vermarktungsrechte für Zeitschriften und Film gekauft. Das wiederum stört Mussolini. Wenn er die Eroberung des Nordpols nicht als italienische Heldentat verkaufen darf, interessieren ihn diese Pläne nicht mehr.

Schon vor hundert Jahren sind Forschungserfolge und Pioniertaten stark von Marketingüberlegungen bestimmt.

Die Privatinsolvenz von Roald Amundsen hat denn auch eine ganze Menge mit der Finanzgebarung seines Bruders Leon und den Geschäften Håkon Hammers zu tun. Leon Amundsen kümmert sich ums Kommerzielle, während sein Bruder die Eiswüsten des Südens und Nordens erforscht. Die finanzielle Misere wird freilich relativ rasch behoben.

Amundsen verdient bei einer Vortragstour durch Amerika ausreichend Dollars, um seine Schulden zu bedienen, vor allem aber lernt er im noblen Waldorf Astoria den Millionärssohn Lincoln Ellsworth kennen. Dessen Vater James W. Ellsworth hat Kohle, sprichwörtlich und wortwörtlich. Durch den Verkauf seiner Bergwerke an Bethlehem Steel ist die Familie reich geworden, sehr reich. Ellsworth kann ein Anwesen bei Florenz kaufen und sich seiner Leidenschaft hingeben: Er sammelt antike Münzen. 1924 finanziert der Papa dem Sohn dann dessen fliegerisches Hobby.

Amundsen, Ellsworth und der Dornier-Mechaniker Karl Feucht werden im Frühjahr 1925 – begleitet von einem zweiten Dornier-Flugzeug – von Spitzbergen Richtung Nordpol starten. Der Geschichte des Jahres 1924 vorgreifend, verraten wir, dass die sechs Mann in ihren zwei Maschinen nur bis zum 88. Breitengrad kommen, ehe beide Flugzeuge in Sturm und Nebel eher unsanft auf dem Eis aufsetzen. Ab diesem Zeitpunkt geht es nicht mehr ums Erreichen des Pols, sondern ums Überleben.

Amundsens Schiff „Maud“ dient ein paar Jahre als Frachtschiff im Norden Alaskas, sinkt dann in Küstennähe und bleibt, weil alle Bergungsversuche scheitern, als Wrack am Meeresgrund liegen. Erst 2018 gelingt es norwegischen Tauchern, den Rumpf des alten Polarschiffs zu heben und quer über den Nordatlantik, vorbei an Amundsens Gut in Uranienborg, wieder in den Oslo-Fjord „heimzubringen“. So endet eine über hundertjährige Reise. Ein Fall fürs Rekordbuch. In die Annalen der Geschichte schreibt sich Roald

Amundsen zwei Jahre später erneut ein. Am 12. Mai 1926 gelingt es ihm gemeinsam mit Lincoln Ellsworth und dem Italiener Umberto Nobile, mit dem Luftschiff „Norge“ den Nordpol zu überfliegen. Damit kann der italienische Diktator Benito Mussolini doch noch einen propagandistischen Erfolg feiern. Amundsen und Nobile bleiben trotz – oder wegen – des Triumphs keine Freunde. Es geht um den größeren Anteil am Ruhm. Der Italiener wird es später noch einmal probieren und dabei mit seinem Luftschiff „Italia“ über der Arktis abstürzen. Amundsen plant gegen den Willen Mussolinis eine Rettungsaktion. Die *New York Times* zitiert Amundsen: „Ich bin bereit, sofort zu starten.“ Amundsen und der französische Marinepilot René Guilbaud verunglücken schon auf dem Weg nach Spitzbergen im dichten Nebel. Nobile hingegen wird Wochen später unspektakulär von einem schwedischen Schiff gerettet.

Der norwegische Forscher Roald Amundsen erreicht den Südpol, scheitert am Nordpol und muss Bankrott anmelden. Denn im Packeis eingefrorene Schiffe sind schwer verkäuflich.

F. SCOTT FITZGERALD UND DAS PHÄNOMEN DER FLAPPER GIRLS

„DIE TEUERSTE ORGIE DER GESCHICHTE“

4. AUGUST · Der Begriff, der die wilden 1920er-Jahre charakterisiert, ist in den 1920er-Jahren weitgehend unbekannt: Flapper Girls oder schlicht Flapper. Frauen, auf die diese Bezeichnung zutrifft, sind die Verkörperung des Jazz-Zeitalters. Zunächst gibt es die Flapperinnen nur in Amerika – junge Frauen, die kurze (Flatter-)Röcke tragen, ihre Beine weit übers Knie entblößen, das Haar kurz tragen statt es zu Stoppellocken zu drehen, keck zur Zigarette – mit und ohne Spitz – greifen, öffentlich reichlich Alkohol trinken, auf Partys exzessiv zu neumodischen Jazzrhythmen tanzen und manche, vielleicht sogar alle Regeln des guten Benehmens der Vorkriegszeit missachten. Den Männern gefällt's.

Der Krieg und die dadurch bedingte Abwesenheit vieler Männer hat die weibliche Berufstätigkeit beflügelt. Heerscharen von Mädchen bevölkern als Tippmamsells die Büros, arbeiten als Verkäuferinnen in den neuen Kaufhauspalästen und ziehen lebenslustig durch Bars und Varietés – so zumindest das Klischee. Mit der kriegsnotwendigen Berufstätigkeit von Millionen Frauen erobern sich diese neuen Freiheiten, jedenfalls in den Städten und jedenfalls in Amerika, Paris, London und auch in Berlin. Wien hinkt da etwas hinterher.

Während es in Deutschland so etwas wie eine anspringende Nachkriegskonjunktur gibt, laboriert Österreich noch immer an den Folgen des Zerfalls der k. u. k. Monarchie. Und „am Land“ gibt es sowieso keine flatterhaften jungen Damen, die das Leben exzessiv genießen dürfen. Das katholische Österreich bleibt konservativ, und selbst im „Roten Wien“ regiert proletarischer Puritanismus. Flapper Girls sind in der alpenrepublikanischen Hauptstadt kein Begriff.

Der gleichnamige amerikanische Schlagerfilm wird zwar 1924 im Wiener Odeon-Kino gezeigt, löst aber keine neue Modeströmung aus. Und dennoch gibt es sie, die modernen Frauen, die sich über Konventionen hinwegsetzen.

Das „Jazz-Zeitalter" und die „Roaring Twenties" kommen in Mitteleuropa nur als flache Welle an. Dabei dürfen in Wien Frauen schon 1918 – also zwei Jahre früher als in den USA – wählen und gewählt werden. In die Konstituierende Nationalversammlung für Deutschösterreich schaffen es immerhin acht weibliche Abgeordnete, sieben Sozialdemokratinnen und eine Christlichsoziale. Ihnen sitzen 192 Männer gegenüber, wobei sich das Stimmverhalten nie entlang von Geschlechterlinien, sondern immer entlang von Parteigrenzen orientiert. Im Berliner Reichstag ist die Frauenquote mehr als doppelt so hoch. Immerhin 37 von 423 Mandaten gehen an Frauen. Weltrekord.

Die aus England stammende radikale Bürgerrechtsbewegung der Sufragetten erkämpft in London und in den USA 1920 das Wahlrecht für die weibliche Bevölkerung. Bei den Unterhauswahlen setzt sich eine einzige Frau durch: Lady Nancy Astor, die konservative Ehefrau des Milliardärs Waldorf Astor, wird direkt ins Londoner Unterhaus gewählt. Von den militanten Frauenrechtlerinnen schafft es keine. Lady Astor duelliert sich im Unterhaus mit ihrem Lieblingsgegner: Sir Winston Churchill. „Wären Sie mein Ehemann, würde ich Ihren Tee vergiften." Der spätere Premierminister soll gekontert haben: „Und wenn Sie meine Frau wären, würde ich ihn sogleich trinken." Innige Freunde werden die beiden Konservativen nicht.

Gesellschaftliche Realitäten ändern sich dadurch nur wenig. Die Verwirklichung des Bilds der selbstbewussten, unabhängigen und emanzipierten Frau bleibt das Privileg weniger. Die Flapper Girls, die – zunächst noch stumm – von der Filmleinwand strahlen, sind ihrerseits Projektionsfläche für einen Lebensstil, der meist einer elitären Oberschicht vorbehalten ist.

Die wilden Zwanzigerjahre. Clara Bow ist das Inbild eines Flapper Girls. Die neuen selbstbewussten Frauen bestimmen das Bild der Zeit.

Doch der Traum vom gesellschaftlichen Aufstieg lebt. Es sind die Jahre, in denen angeblich jeder vom Tellerwäscher zum Millionär aufsteigen kann, wenn er nur fest genug an den „amerikanischen Traum“ glaubt. Tatsächlich sind die „Roaring Twenties“ für wohlhabende weiße Amerikaner Jahre einer unglaublich steigenden Prosperität. Das oberste eine Prozent der Amerikaner lukriert fast ein Viertel des Einkommens, allerdings vor Steuern. 60 Prozent der arbeitenden Bevölkerung müssen hingegen mit einem jährlichen Einkommen von 2000 Dollar auskommen. Damit liegt man knapp über der Armutsgrenze. Und obwohl Frauen deutlich weniger Geld (im Durchschnitt 18 Dollar die Woche) verdienen als Männer, stärkt das selbst Verdiente das weibliche Selbstbewusstsein. Frauen werden zu Konsumentinnen und damit für die Industrie wichtig. Erstmals in der Geschichte Amerikas und der Welt leben mehr Menschen in den großen Städten als auf dem Land. Der Mythos mag in der endlosen Weite des amerikanischen Westens wurzeln – doch in der Realität spielt sich das Leben in den endlosen Reihenhäusern der Suburbs oder in den beengten Mietwohnungen der Städte mit Ausblick auf dreckige Hinterhöfe und rostige Feuerleitern ab.

Die neue Mode folgt dem neuen Lebensstil. Musik tönt seit wenigen Monaten aus den Lautsprechern der neuartigen Radioempfänger, Musik wird demokratisiert, verführt zum Tanzen. Der Charleston wird zur Manie. Der Körper will bewegt, will frei, nicht eingeengt sein. Das Korsett fällt, die Röcke werden kurz, Frauen tragen gar Hosen. In Paris kreiert Coco Chanel den neuen „Garçonne"-Look ohne Betonung der Taille, der Frauen ein androgynes Aussehen verleiht. Das Darunter wird leichter, dünner, ja durchscheinend. Und die Modeschöpferin erfindet auch gleich das Sonnenbad. Gilt bis zum Beginn des 20. Jahrhunderts noble Blässe als chic, wird die bronzefarbene Hautfarbe in den 1920ern zum weiblichen Schönheitsideal. Frau Chanel fährt mit ihrer Freundin Sarah Murphy von Paris an die Côte d'Azur, sonnt sich am Strand und kehrt gebräunt in die hauptstädtischen Cafés zurück. Eine Stilikone kreiert einen Trend – das Strandleben wird erfunden.

Auch im Kino spielen weibliche Hollywood-Stars wie Joan Crawford, Louise Brooks, aber vor allem Clara Bow Flapper Girls. Es entsteht ein eigenes Filmgenre. Meist sind es romantische Komödien, in denen „coole" Frauen für Verwirrung auf der Leinwand sorgen und entsprechende Erwartungen beim zahlenden Kinopublikum wecken. Sie rauchen, sie trinken, sie flirten, sie stiften erotische Fantasien.

Ein Flapper-Film spielt ausgerechnet in Wien. Die fesche Mizzi – gespielt von Marie Prevost – setzt ein Karussell in Gang, auf dem Verliebte und Verlassene im Kreis fahren, bis allen schwindlig wird. *Die Filmwelt* vermag in ihrer lobenden Kritik der Handlung kaum zu folgen. „Drei Männer und zwei Frauen: er glaubt, daß der andere und daß sie –, der andere glaubt, daß die andere und er –, der Dritte glaubt, daß diese und jene und daß der Erste und der Zweite –, kurz, die Handlung besteht in Mutmaßungen und Mißverständnissen, in Mißverständnissen der Mutmaßungen und Mutmaßungen der Mißverständnisse. Also ein durch und durch ‚unfilmischer' Stoff. Lubitsch hat daraus sein bestes Lustspiel gemacht." Für amerikanische Verhältnisse ist *The Marriage Circle* – oder *Die Ehe im Kreise*, wie der Film in den deutschen Kinos heißt – reichlich frivol.

Die Flapper Girls der 1920er-Jahre haben es vorgemacht. Mit ihrer Energie werden sie die „role models" der ersten Generation unabhängiger Frauen und überwinden die bisher gültigen wirtschaftlichen, politischen und gesellschaftlichen Grenzen, zumindest für einige wilde Jahre. Der Typus des Flapper Girls ist vielleicht überhaupt mehr literarische Fiktion als Wirklichkeit. F. Scott Fitzgerald skizziert in einer seiner ersten Kurzgeschichten, *Bernice Bobs Her Hair* aus der Sammlung *Flappers and Philosophers*, vor allem aber in seinem 1924 an der französischen Riviera verfassten Roman *The Great Gatsby* den neuen Frauentyp. Das später verfilmte Buch gilt als Meisterwerk. F. Scott Fitzgerald wird zum Chronisten der wilden Zwanzigerjahre.

Auf der Suche nach einem Vorbild für seine Romanheldinnen muss Scott nicht in die Ferne schweifen. Seine Frau Zelda ist der Prototyp eines Flapper Girls. Sie ist seine Muse – Tänzerin, Künstlerin, „It-Girl". Die beiden leben das Klischee der wilden Zwanziger mit größtmöglicher Intensität. Doch dieses Leben aus dem Vollen fordert seinen Preis. Beide zahlen für das, was der Schriftsteller als „teuerste Orgie der Geschichte" beschreibt. F. Scott Fitzgerald zerbricht an seinem Alkoholmissbrauch, Zelda erleidet einen Nervenzusammenbruch und wird den Rest ihres Lebens in Sanatorien verbringen. Die wilden Zwanziger sind das kürzeste Jahrzehnt, das es je gegeben hat.

LUDWIG WITTGENSTEIN BEWIRBT SICH UM EINE STELLE ALS LEHRER

„DEN BEQUEMEN WEG VERMEIDEN UND DEN SCHWIERIGSTEN WÄHLEN“

5. AUGUST · Ludwig Wittgenstein hat sich beworben. Der Autor des *Tractatus logico-philosophicus* ist zur Zeit der Drucklegung eines der – mutmaßlich – wichtigsten philosophischen Werke des 20. Jahrhunderts Lehrer in einer niederösterreichischen Dorfschule. Die *Wiener Zeitung* veröffentlicht in den Sommerferien 1924 die Stellenausschreibung der Schulbehörde für den Bezirk Gloggnitz. In der zweiklassigen Volksschule Otterthal soll eine Lehrerstelle besetzt werden. Ludwig Wittgenstein wird diesen Posten bekommen. Warum will einer der wohlhabendsten Wiener in der Wechsel-Region als Lehrer arbeiten?

Der ausgemusterte Leutnant der Reserve flieht vor dem Druck seiner Familie. Er will die Ansprüche seines Vaters Karl Wittgenstein erfüllen, freilich auf ganz anderem Gebiet, auf ganz andere Art, als dies der Industrielle von seinen Kindern erwartet und fordert. Die Wittgensteins sind eine der wohlhabendsten Familien der k. u. k. Monarchie, vielleicht sogar die reichste überhaupt, wenn wir die Rothschilds ausklammern. Die neun Kinder (ein Mädchen stirbt bereits bei der Geburt) haben alle Privilegien der damaligen Oberschicht: eine luxuriöse Umgebung, Hauslehrer, Musiklehrer, Zeichenlehrer, zahlreiche Geschwister, Ferien in den Bergen, Sommerfrische am See. Doch der Schein überlagert das Sein. Die jüngste Tochter Margarethe Stonborough-Wittgenstein fällt ein harsches Urteil: „Wenn ich auf meine Kindheit zurückblicke, so überwältigt mich der Gedanke, wieviel an uns gesündigt worden ist. So schlecht ist kaum jemand erzogen worden. Lieblos, ohne die geringste Unterstützung oder Förderung der Begabung; und gleichzeitig überwältigt mich wieder der Gedanke, wieviel Gutes wir von zu Hause mitbekommen haben.“

Zwei Söhne nehmen sich das Leben, ein dritter Sohn verschwindet vor der Küste Floridas bei einem Segeltörn. Ein vierter Sohn wird in den ersten Kriegsmonaten schwer verwundet: Der Klaviervirtuose Paul Wittgenstein verliert einen Arm und spielt weiter – einarmig. Reichtum schützt nicht vor dem Schicksal.

Der jüngste Sohn Ludwig will die Philosophie auf den Kopf stellen. Sein Anspruch ist maßlos. Während des Kriegs arbeitet er an seinem Hauptwerk, dem *Tractatus*. Auf zunächst nur 60 Druckseiten versucht er Philosophie fast mathematisch, jedenfalls streng logisch zu entwickeln. Die durchnummerierten Sätze sind bis aufs Gerüst reduziert: „1. Die Welt ist alles, was der Fall ist." Der letzte Satz wird am häufigsten zitiert: „7. Wovon man nicht sprechen kann, darüber muss man schweigen."

Kaum hat Ludwig Wittgenstein sein intellektuelles Lebenswerk geschaffen, interessiert es ihn nicht mehr. Er verzichtet auf das ihm als Erbe zustehende Vermögen zugunsten seiner Geschwister und besucht die Lehrerbildungsanstalt in der Wiener Kundmanngasse. Mit dem erworbenen Abschluss dürfen Absolventen sofort an Volksschulen unterrichten. Er fühlt sich dort als 30-jähriger „Zögling" in einer Schulbank mit deutlich jüngeren Männern unterfordert: „Die Demütigung für mich ist eine so große, dass ich sie oft kaum ertragen zu können glaube … Ich fühle mich oft unglücklich!"

Er hält aber durch. In den Sommerferien des Jahres 1920 sucht er Beschäftigung und körperliche Arbeit als Therapie. Er wird Gärtner im Stift Klosterneuburg. „Die Gartenarbeit war gewiß das Vernünftigste, was ich in den Ferien habe machen können." Dann nimmt er seine erste Stelle als Lehrer im niederösterreichischen Trattenbach (er bezeichnet es als „schönes und kleines Nest") an. Er soll 70 Mädchen und Buben unterrichten. Die erste Begeisterung verfliegt rasch. Der junge Mann aus dem Innenstadt-Palais schläft in einer kleinen Kammer im örtlichen Wirtshaus Zum braunen Bären. Ludwig Wittgenstein ist kein Pädagoge. Er überfordert die Dorfschulkinder maßlos, ändert den Lehrplan eigenmächtig, verzichtet auf Pausen und verordnet den Kindern „Überstunden". Die Begabteren fördert er, die Schwächeren schlägt er mit dem Rohrstaberl, Mädchen reißt er an den Haaren, für Fehler gibt es Ohrfeigen. Körperliche Strafen sind in den 1920er-Jahren durchaus üblich, aber Wittgenstein überschreitet Grenzen. Er macht sich im Dorf viele Feinde. Als bekannt wird, dass der „Herr Lehrer" Spross einer sagenhaft reichen Familie ist, ist das für Ludwig eine Katastrophe. Er behauptet zwar, mit „den Wittgensteins" nur entfernt verwandt zu sein, aber seine Lüge fliegt auf. Nach dem ersten Schuljahr rechnet er mit seiner Umgebung ab: „Es ist wahr, dass die Menschen im Durchschnitt nirgends sehr viel wert sind; aber hier sind sie viel mehr als anderswo nichtsnutzig und unverantwortlich."

Die Abneigung ist gegenseitig. Die Trattenbacher revanchieren sich. In einer später angefertigten Liste aller Lehrer des Orts fehlt sein Name. Wittgenstein zieht weiter. Zwei Jahre unterrichtet er in Puchberg am Schneeberg, freundet sich sogar mit seinen Kollegen an und besucht den lokalen Arbeitergesangsverein. Seine strengen Unterrichtsmethoden wirken immerhin. Die Kinder der „stark zurückgebliebenen" 4. Volksschulklasse holen auf und erreichen ein weit überdurchschnittliches Wissensniveau. Wittgenstein sorgt dafür, dass begabte Kinder aufs Gymnasium gehen können. Das ist damals für Volksschüler vom Land kein selbstverständlicher Bildungsweg. Einen seiner Lieblingsschüler will er gar adoptieren, was dessen Vater aber verhindert.

Im September 1924 fährt Ludwig Wittgenstein in die niederösterreichisch-steirische Grenzregion am Wechsel. Es gibt wenige Gegenden, die so nah bei Wien und doch so abgelegen sind. Die Volksschule in Otterthal wird seine letzte Station als Grundschullehrer werden. Er schläft, wie seine Kollegen, in der Schule. Jeder Lehrer hat dort ein Zimmer mit einem Sessel, einem Tisch und einem Bett. Küche gibt es keine. Die Kollegen speisen im Gasthof Zur Post. In Otterthal schreibt der Philosoph ein kleines Wörterbuch für Volksschulen. Es wird nach dem *Tractatus* das zweite und letzte Werk sein, das von ihm zu Lebzeiten veröffentlicht wird.

Wittgenstein hat seine brachialen Lehrmethoden nicht gemildert. Und er stößt bald auf Widerstand. Schon im Oktober schreibt er nach Wien: „Ich bin der Arbeit nicht gewachsen, und ich werde ein klägliches Ende nehmen." Dennoch bleibt Wittgenstein, der von Otterthal aus mit dem englischen Wirtschaftswissenschaftler John Maynard Keynes korrespondiert, eineinhalb Jahre in der Einschicht am Wechsel. Eine Affäre beendet – vorerst – seine Lehrtätigkeit. Er schlägt den elfjährigen Schüler Josef Haidbauer so heftig, dass dieser ohnmächtig zusammenbricht. Ein Bauer aus dem Dorf zeigt ihn beim örtlichen Gendarmen an, will ihn verhaften lassen. Doch am nächsten Tag hat Ludwig Wittgenstein Otterthal bereits verlassen. In Wien verdingt er sich als Hilfsgärtner in einem Wiener Kloster. Die Schulbehörde leitet ein Dienstaufsichtsverfahren ein. Es kommt zu einer Anklage beim Bezirksgericht Gloggnitz, das ein psychiatrisches Gutachten über Wittgenstein in Auftrag gibt. Nach Jahren versandet das Verfahren, die Kontakte seiner Familie haben dabei bestimmt nicht geschadet. Trotzdem quittiert Wittgenstein den Schuldienst.

Am 19. Oktober 1924 meldet das *Wiener Salonblatt*, Herr Ludwig Wittgenstein habe dem Verein gegen Verarmung neuerlich eine Spende von 50 Millionen Kronen (das entspricht etwa dem Geldwert von 25 000 Euro) übergeben. Der Philosoph will nicht mehr Lehrer sein, er wird Architekt. Gemeinsam mit Paul Engelmann konzipiert er ein Haus für seine Schwester Margarethe. Es wird nach den gleichen strengen Prinzipien wie sein *Tractatus* gebaut. „Den bequemen Weg vermeiden und den schwierigsten wählen."

Als Lehrer ist Ludwig Wittgenstein auf seinem Weg gelegentlich gestrauchelt.

AUSSERIRDISCHE SUCHEN KONTAKT MIT DER ERDE

„DER MARS FUNKT NACH AMERIKA!“

27. AUGUST · Da berechnen Wissenschaftler auf neumodische Art und Weise, dass es auf der Oberfläche des roten Planeten Mars viel zu kalt für menschliches oder tierisches Leben ist, und schon werden sie widerlegt. Amerikanische Blätter berichten unter der Schlagzeile „Signale vom Mars?“ über rätselhafte Funksignale. Ein paar Tage später erreicht diese Sensationsmeldung auch Europa, wobei das Fragezeichen hinter der Überschrift einem Rufzeichen gewichen ist.

Die kanadische „Großfunkstation auf Point Grey“ in Vancouver will im Laufe der letzten Augustwoche wiederholt rätselhafte Radiosignale in ungewöhnlicher Stärke empfangen haben. Die *Villach Zeitung* schreibt: „Die Signale sind vollständig unbekannt und decken sich mit keinerlei Zeichen in den vorhandenen Radio-Codes.“ Gut, dass es Sachverständige gibt. Die sind schnell überzeugt, dass Marsbewohner mittels dieser Radiozeichen mit der Erde in Berührung treten wollen.

Zur Verifizierung dieser extraterrestrischen Anbandelungsversuche werden die Funkstationen der amerikanischen Flotte im Indischen Ozean alarmiert. Sie sollen ihre Antennen Richtung Mars ausrichten, um weitere Botschaften zu empfangen. Aber: Funkstille. Leser der *Deutschösterreichischen Tages-Zeitung* hätten es gewusst. Das deutschnationale Blatt druckt neben der Marsmeldung einen Bericht der akademischen Verlagsgesellschaft aus Leipzig. Demnach soll die mittlere Temperatur auf der Marsoberfläche bei minus 40 Grad liegen (heute wissen wir: es sind minus 68 Grad), zu kalt für irgendeine Form von Leben. Die Conclusio der Leipziger Forscher: „Der Glaube, daß Lebewesen auf dem Mars existieren können, ist in das Reich der Träume zu verweisen.“ Marsmännchen müssen sich warm anziehen.

ARNOLD SCHÖNBERG FEIERT SEINEN 50. GEBURTSTAG

„SEIN NAME WIRKTE WIE EIN TROMPETENRUF UND EINE KAMPFANSAGE."

13. SEPTEMBER · Berühmt zu Lebzeiten, geehrt vor dem Tod. Auch das kann einem in Wien passieren, selten, aber doch. Der Tod von Wolfgang Amadeus Mozart anno 1791 wird von den Zeitgenossen einst eher einsilbig kommentiert: „Die Beerdigung Mozarts fand mit dem Kondukt dritter Klasse statt, wofür acht Gulden sechsunddreißig Kreuzer bezahlt wurden." Kein großer Aufwand für ein Genie. Arnold Schönberg flicht die Nachwelt schon zu Lebzeiten Ruhmeskränze. Der Zwölfton-Komponist feiert seinen 50. Geburtstag und wird in der *Neuen Freien Presse* gepriesen: „Arnold Schönberg: Der Name wirkte einmal wie Trompetenruf und Kampfansage. Heute, an seinem fünfzigsten Geburtstag, steht Schönberg nach leidvollem Ringen, nach einem Leben voll tiefer Demütigungen und herber Enttäuschungen am Ziel. Der Not entwuchsen Flügel und der Widerstand fanatisierte Freunde und Anhänger, deren Applaus immer vernehmlicher die Mißfallensbezeugungen einer rückständigen Welt übertönte. Der Künstler Schönberg mag nur dem inneren Zwange der Stimme des Dämons gehorcht haben. Sein Menschentum aber war Liebe und Haß, an Liebe und Haß hat sich auch sein Erfolg so merkwürdig emporgerankt."

Schönberg wird als Meister seiner Zeit gefeiert, verehrt, er findet sein Publikum, er hat begeisterte Anhänger (und Gegner), seine Musik trotzt der Ablehnung. Er ist in Wien als „überragender Führer der radikalen Moderne" angekommen. Schönberg gilt als Universaltalent seiner Zeit. Er komponiert, spielt, lehrt, malt und erfindet eine „Notenschreibmaschine". In den Kreisen der Wiener Musikliebhaber wird der Komponist und Musiktheoretiker wie ein Heiliger verehrt, von anderen mit Hass verfolgt.

Zum 50. Geburtstag werden ihm Ehrungen und Auszeichnungen zuteil. Die *Neue Freie Presse* schreibt: „Wenn Schönberg an seinem fünfzigsten Geburtstag zurückblickt, wird er sich des Errungenen freuen dürfen. Trotz seiner den meisten Gegenwärtigen so befremdenden Art hat er in seiner Heimat und noch mehr im Auslande eine verstehende Anhängerschaft gefunden."

Schönberg ist tatsächlich der erste lebende deutsche Komponist, der nach dem Krieg in Paris aufgeführt wird. Wien ist Mitte der 1920er-Jahre eine Welthauptstadt der klassischen Musik: Arnold Schönberg komponiert und lehrt in Wien. Die Staatsoper am Ring wird von Richard Strauss als indirektem Nachfolger Gustav Mahlers geleitet.

Bei Schönbergs 50er wird klar, dass das Sprichwort vom Propheten, der im eigenen Land nichts gilt, nicht immer passt.

DIE SOZIALDEMOKRATIE BÄCKT DAS TÄGLICHE BROT

DIE WIRTSCHAFTSPOLIZEI BEZEICHNET DEN WIENER BROTPREIS ALS „ÜBERMÄSSIG“.

15. SEPTEMBER · Das tägliche Brot wird billiger. Die Wirtschaftspolizei verbucht einen Erfolg. Ab der ersten Septemberwoche soll ein „Normallaib“ Brot nicht mehr 8000 Kronen kosten. Die beiden großen Wiener Brotfabriken Hammerbrot und Ankerbrot einigen sich mit der Behörde. Die Wirtschaftspolizei hat den Wiener Brotpreis als „übermäßig“ bezeichnet. Jetzt soll Brot um 200 Kronen billiger werden. Seit Monaten wird um den Preis der Grundnahrungsmittel gestritten. Woche für Woche wird ein amtlicher Preis festgesetzt, gegen den die Bäcker protestieren. Im August resigniert das Bundeskanzleramt und untersagt die „kollektive Festsetzung des Brotpreises“. Der Erlass bereinigt das Chaos auch nicht. Der „Brotwucher“ ist ein brisantes politisches Thema. Arbeiterhaushalte müssen fast die Hälfte ihres Einkommens für Nahrungsmittel aufwenden. Da bleibt nicht viel Geld für andere Ausgaben übrig. Shopping als Freizeitvergnügen ist für die Masse unvorstellbar.

Die als Erfolg gefeierte Senkung des Brotpreises macht das Kraut freilich nicht fett. 200 Kronen entsprechen etwa zehn Cent. Damit kostet im Sommer 1924 ein 1260 Gramm schwerer Brotlaib knapp vier Euro, kaum weniger als hundert Jahre später. Im Verhältnis zur Einkommensentwicklung ist Brot heute also deutlich billiger als vor hundert Jahren. Brot ist das Grundnahrungsmittel schlechthin. Brot ist politisch. Schon vor dem Krieg gründen niederösterreichische Arbeiterkonsumvereine eine genossenschaftliche Brotfabrik. Das moderne Hammerbrotwerk an der Wiener Stadtgrenze zu Schwechat soll günstiges Brot für die sozialdemokratischen Arbeiter backen, den großen privaten Bäckereien Konkurrenz machen und nebenbei mit den erhofften Gewinnen auch die Partei finanzieren. Es ist ein Versuch, den kapitalistischen Fabriken mit einem Gegenmodell „die Butter vom Brot“ zu nehmen. Das Brot wird in den Geschäften des „Consumvereins Vorwärts“ verkauft, ist dort allerdings auch nicht billiger als bei der privaten Konkurrenz.

Freie, durch Wettbewerb gebildete Preise sind in den vielen Greißlereien und Feinkostgeschäften seit Kriegsbeginn 1914 unbekannt. Die Preise für sämtliche Grundnahrungsmittel sind amtlich vorgeschrieben, das erlaubte Warenangebot bürokratisch limitiert. Immer wieder kommt es zu Konflikten mit der Bäckerinnung und zu knappem Angebot. Erst seit 1922 können Kunden in der Bäckerei wieder eine „Kaisersemmel“ kaufen. Und das hat nichts mit der Gründung der Republik zu tun, sondern mit der amtlich geregelten Zuteilung von weißem Mehl an die Bäcker. Die Semmel war im August 1914 ein erstes Opfer der Kriegswirtschaft geworden.

Die roten Lieferwägen der Hammerbrotwerke mit dem Markenzeichen des Hammers in einem Ährenkranz gehören zum Stadtbild. Sie sind so präsent wie die privaten Anker-Filialen, die das Gebäck aus der 1891 von den Brüdern Heinrich und Fritz Mendl gegründeten Großfabrik in der Landgutgasse in Wien-Favoriten beziehen. Ankerbrot wird in wenigen Jahren zur größten Bäckerei Europas. 250 Pferdegespanne liefern täglich bis zu 150 Tonnen Brot und Gebäck aus. Das Unternehmen der Gebrüder Mendel hat bald hundert Filialen und beschäftigt 2000 Mitarbeiter. Um die Jahrhundertwende stehen die großen Brotfabriken auch immer wieder im Mittelpunkt von Arbeitskonflikten und Boykottaufrufen. Der Konkurrenzkampf wird nicht zuletzt über gewerkschaftliche Aktionen ausgetragen.

Die Hammerbrotwerke agieren indes durchaus kapitalistisch. So kauft das sozialdemokratische Parteiunternehmen den Favoritner Konkurrenten Kronenbrot auf, nur um das Werk dann stillzulegen. Ironie der Geschichte: Die sozialdemokratische Hammerbrot wird schließlich von der Ankerbrot AG aufgekauft und gehört damit letztendlich wieder einer alten Industriellenfamilie.

FUSSBALL WIRD IN ÖSTERREICH ZUM MASSENGESCHÄFT

HINEIN IN DEN PROFESSIONALISMUS!

20. SEPTEMBER · 1924 ist für den österreichischen Fußball ein entscheidendes Jahr. Als erster Verband Kontinentaleuropas beschließt der ÖFB die Gründung einer offiziellen Profi-Liga. Damit wird der Fußball zu dem, was er heute ist: Massensport und Geschäftsmodell. Schon in den 1920er-Jahren haben Kicker bis hinunter zur vierten Liga ihre Fußballschuhe nur geschnürt, wenn sie auch ein paar Kronen bar auf die Hand bekommen haben. Mit der Professionalisierung der Kickerei wird das Faktische auch rechtlich. Die Meisterschaft der ersten Klasse beginnt am 21. September, und zwar nur mit elf Mannschaften. Der Sportklub Hertha erhält von der Generalversammlung des Fußballbunds keine Lizenz.

In der ersten Runde der ersten Profi-Liga spielt Slovan gegen Rapid und der Sportclub gegen Hakoah. In der Vorbereitung hat der jüdische Verein Rapid immerhin mit 7:2 abgefertigt. Die Hakoah hat im Wien der 1920er-Jahre eine Ausnahmestellung inne. 1909 gegründet, soll die Wiener Hakoah – der Name bedeutet auf Hebräisch „Kraft" – das gestiegene Selbstbewusstsein des liberalen Judentums widerspiegeln. Der Sportverein ist auch Ausdruck einer moderneren jüdischen Körperkultur. Und außerdem haben Wiens Juden kaum eine Wahl, wollen sie sich sportlich betätigen. Viele Sportvereine schließen mit rassistischen „Arierparagrafen" Juden aus, lange bevor die Nationalsozialisten zur bestimmenden Kraft werden. Wenig kann die jüdische Wiener Bevölkerung so begeistern wie ein Sieg der zionistischen Hakoah. Die meist jüdischen Kicker spielen nicht nur gegen andere nationalistische Vereine, wie etwa die tschechische Slovan, sie rennen, laufen, rempeln gegen die rassistischen Vorurteile an, dass Juden unsportlich und nicht fair seien.

Schon im ersten Jahr der Wiener Profi-Liga gibt es bei den Vereinen ausländische Gastspieler. Bei der Hakoah kicken gleich sieben ungarische Nationalspieler. Béla Guttmann ist einer davon. Er wird später Trainer von Benfica Lissabon, eine Legende auf und neben dem Rasen. Der brillante Techniker Kálmán Konrád zeigt seine Tricks nicht nur am Platz, er ist im Nebenberuf Börsenspekulant.

Österreichs Profi-Fußballliga, die de facto nur aus Wiener Vereinen besteht – wie auch das Nationalteam nur eine Wiener Auswahl ist – wird in den Jahren bis 1938 zur europäischen Spitze gehören. Wiener Vereine spielen selbst in England und nötigen den Briten Respekt ab. Der Wiener Fußball hat schon vor 1914 europäisches Niveau. So besiegt der Wiener AF den dreifachen englischen Meister AFC Sunderland – ein ungeheures Sportereignis. Gelten um die Jahrhundertwende englische Vereine doch schlicht als unbesiegbar.

Fußball war schon vor dem Weltkrieg auf dem Weg zum Massensport und kann seine Entwicklung nach 1918 ungebremst fortsetzen. Die Klubs rekrutieren ihre Anhänger meist aus der unmittelbaren städtischen Wohnumgebung. Das Kicken mit dem runden Leder – Bälle sind damals tatsächlich aus Leder handgenäht – oder dem „Fetzenlaberl“ erfordert keinerlei Ausrüstung, eine ebene „G’stetten“ reicht. Fußball ist im proletarischen Umfeld der Vorstädte identitätsstiftend. Die „Dornbacher“, die „Döblinger“, die „Hütteldorfer“, die „Simmeringer“ – Bezirksnamen als Synonyme für Vereine, die den Männern Heimat und billiges Sonntagsvergnügen bieten. Die Buben kicken und ballestern auf den Straßen, in den grauen Höfen und in den Beserlparks.

Die Vereine versammeln sehr oft bestimmte Nationalitäten am Sportplatz. Schon die Vereinsnamen verraten viel über die jeweilige ideologische Ausrichtung: Arminia, Normannia, Romania, Falke, Germania, Unitas, Hertha, Libertas, Viktoria und Ostmark spielen gegen Phönix, Amateure, Vienna, Slovan oder Hakoah. Die meisten dieser Vereine gibt es längst nicht mehr, auch die traditionsreichen Fußballplätze sind mittlerweile großteils verbaut.

Doch einige Fußballklubs haben die Wirren der Geschichte überlebt. Die ersten Wiener Kickervereine sind englische Gründungen: die Cricketer oder der First Vienna Football-Club, in denen englische Gärtner der Rothschild-Familie dem Ball nachlaufen. Das Duell der Cricketer gegen die Vienna gilt als erstes Fußballspiel in der Monarchie. Es endet mit einem klaren 3:0-Sieg der Cricketer. Und die von „Amateure" auf „FK Austria Wien" umbenannten „Veilchen" haben selbst die Jahre 1938 bis 1945, als sie kurzzeitig als „Ostmark" kicken mussten, überlebt.

Auf der Schmelz befindet sich die erste Spielstätte des 1897 behördlich genehmigten Ersten Wiener Arbeiter Fußball-Clubs, heute als SK Rapid bekannt. Viele Kicker arbeiten damals in der Hutfabrik Böhm in der Schottenfeldgasse. Die Vereinsfarben blau-rot (noch heute die Farben des Auswärtsdresses der Rapidler) symbolisieren die Freiheit (blau) und die Arbeiterbewegung (rot).

Die Wurzeln Rapids – wie vieler anderer Vereine – liegen in den von Zuwanderern vor allem aus Böhmen und Mähren dominierten Arbeiter- und Handwerkermilieus. Das Typische des Wiener Fußballs ist die seltsame Mischkulanz aus Vorstadt und jüdischer Kaffeehaus-Sphäre. Die Vereinssekretariate sind nämlich oft in Kaffeehäusern untergebracht. Und viele Kicker pflegen abseits des Platzes keinen unbedingt sportlichen Lebenswandel. Alkohol- und Nikotinkonsum, Kartenspiel und nächtliche „Drahereien" gehören durchaus zum Anforderungsprofil eines populären Kickers.

Einzelne Spieler erreichen eine kaum vorstellbare Popularität. Der Rapid-Stürmer „Pepi" Uridil wird zum ersten Star der Vorstädte. Nach englischem Vorbild wird der bullige Stürmer als „Tank" beschrieben. Robert Katscher und Hermann Leopoldi schreiben für ihn den Schlagertext zu „Heute spielt der Uridil", den Walter Herrling mit dem ABC-Orchester auf Schellack einspielt: „Draußen in Hütteldorf muaß heut' / ein Weltwunder wohl zu seh'n sein […] / Heute spielt der Uridil, Uridil, Uridil. / Man kann sagen was man will, / so wundervoll trifft keiner mehr ins Goal. / Jawohl!"

Uridil ist der erste echte Sportstar und wird zum Werbeträger für eine breite Warenpalette: Spirituosen, Seifen, Wäsche, Sportbekleidung und eine Reihe anderer Gebrauchsartikel des Alltags. Selbst Bonbon- und Limonadefabrikanten werben mit dem Namen Uridil, der sich auch als Schauspieler im Stummfilm versucht. Er tritt in dem Spielfilm *Pflicht und Ehre* auf, der am 1. Februar 1924 in den beiden größten Kinos der Stadt, dem Gartenbau-Kino und dem Burg-Kino, über die Leinwand flimmert. In dem Film spielt Uridil sich selbst als einen Mann aus dem Volk, einen Fußballer. Viel mehr will der zeitgenössische Filmkritiker im Fachblatt *Die Filmwelt* gar nicht verraten. Auch die Tageszeitungen verlagern aus gutem Grund ihre Rezension aus dem Kultur- in den Lokalteil. „Nun, ‚Pflicht und Ehre‘ ist wirklich keine filmkritische Angelegenheit; ein Film, der dem Publikum außerordentlich gefällt, jedermann das Zuckerl gibt, das man gerne haben möchte; den Fußballern den Uridil und die Rapid-Mannschaft in full dress.“

Immerhin verfügt der junge Stürmer offenbar über einige Begabungen. Er tritt auch in der Leopoldstädter Rolandbühne – kein Haus ersten Ranges – in der Revue „Seid umschlungen, Billionen“ auf und trägt im grün-weißen Fußballdress ein Couplet vor. Sein Partner ist ein gewisser Hans Moser, der es später zu einiger Berühmtheit bringen wird – als Schauspieler, nicht als Kicker.

Fußball wird zum Massensport. Und Kicken in Wien zum Beruf. Uridil und Sindelar sind die Fußballstars aus der Vorstadt.

„HALLO, HALLO, HIER RADIO WIEN AUF WELLE 530!“

„... DER HAUSMEISTER IST AN DEN KOSMOS ANGESCHLOSSEN!“

1. OKTOBER · Am Anfang steht der Spott. „Großes Heil ist der Welt erflossen – der Hausmeister an den Kosmos angeschlossen.“ Wieder ist es Karl Kraus, der mit einem schlichten Reim das Weltgeschehen auf den Punkt bringt und doch weit danebenhaut. Mit den wenig originellen Worten „Hallo, hallo, hier Radio Wien auf Welle 530 ...“ beginnt am 1. Oktober 1924 die Epoche des Radios. Der Sprecher steht in einem Studioraum, den die konzessionierte Radio-Verkehrs-AG (RAVAG) im dritten Stock des einstigen Kriegsministeriums am Wiener Stubenring eingerichtet hat. Offenbar war dort mangels eines Kriegs Platz frei geworden. Die Sendeanlage der RAVAG ist am Dach des Ministeriums angeschraubt.

Daheim, in meist großbürgerlichen Wohnzimmern, verfolgen etwa 11 000 Wiener – es werden auch ein paar Frauen dabei gewesen sein – das Ereignis. So viele besitzen schon vor dem Start des neuen Mediums eine amtliche Empfangslizenz, die gar nicht billig ist. Von Radiohörern mit einem mittleren Einkommen werden 20 000 Kronen pro Monat kassiert. Angesichts des anfangs bescheidenen Angebots ist das kein wirklich preiswertes Vergnügen. Die erste Rundfunkgebühr würde heute dem Geldwert von knapp zehn Euro entsprechen. Die Kosten sind jedoch kein Hindernis für den Empfang der Wellen aus dem „Äther“, eher schon atmosphärische Störungen, etwa bei einem Gewitter, oder wenn die funkensprühende elektrische Tramway vorbeirumpelt.

Anfang November werden schon 25 000 offizielle Radiohörer gezählt. Die Zahl der Schwarzhörer soll um ein Vielfaches höher sein. Die – nicht ganz so neue – technische Sensation wird durch Freiluftvorführungen, etwa im Wiener Rathauspark, propagiert. Das eigentliche Ziel ist es, möglichst viele Empfangsgeräte zu verkaufen. Das gelingt.

Die ersten Rundfunk-Empfangsgeräte sind noch sogenannte Kristalldetektor-Empfänger, die sich begabte Techniker sogar selbst basteln können. Zeitungen drucken entsprechende Anleitungen. Und das, obwohl diese Detektoren-Empfänger nur Töne wiedergeben, wenn der Radiohörer dazugehörige Kopfhörer aufsetzt und damit nicht mehr am allgemeinen Gespräch im Wohnzimmer teilnehmen kann.

Innerhalb weniger Monate entsteht eine florierende Industrie. Die Wiener Firma Eumig bietet ihr Einröhrenmodell „Baby" um 94 Schilling (etwa 420 Euro) an. Für einen störungsfreien Empfang braucht es – je nach Entfernung vom Sender – ein meterlanges Antennenkabel, das quer durch die Wohnung oder sehr oft auch am Dachboden neben den Wäscheleinen gespannt wird. Luxusgeräte mit sieben Röhren, die den Empfang ausländischer Stationen ermöglichen, kosten das Zehnfache, finden aber ebenfalls Abnehmer. Und als technische Innovation werden Geräte gar mit Lautsprechern ausgestattet. Von da ab wird das Radio zum Massenmedium. Die Zahl der lizenzierten Zuhörer steigt steil an, wird aber von der Masse der Schwarzhörer nach wie vor um ein Vielfaches übertroffen.

Das offizielle Programm von „Radio Wien" beginnt am 1. Oktober mit einem Festkonzert. Bert Silvings Vier-Mann-Ensemble spielt Richard Wagner. Inoffiziell wird aus dem dritten Stock des ehemaligen Kriegsministeriums schon seit der Wiener Herbstmesse ein Musikprogramm ausgestrahlt. In den Tageszeitungen wird das Ereignis eifrig kolportiert und rezensiert. „Hallo, hallo, hier Radio Wien auf Welle 530. Mit dem heutigen Tage beginnen wir den Broadcasting-Dienst."

Keine Eröffnung ohne bedeutungsvolle Ansprachen der Politik. Zunächst darf Bundeskanzler Ignaz Seipel vors Mikrofon. Er formuliert einen hehren Wunsch, der nicht in Erfüllung gehen wird: „Möge das Radio immer nur dem Frieden und der Verständigung zwischen den Völkern dienen, niemals aber den Kämpfen und der Entzweiung." Die *Illustrierte Kronen Zeitung* lobt: „Der Bundeskanzler sprach sehr deutlich und sehr klar. Jedes Wort war verständlich." Auch Wiens Bürgermeister Karl Seitz darf vors Mikrofon und Außenminister Alfred Grünberger, der die Ansprache in englischer und französischer Sprache hält, weil ja „Radio Wien" selbst in Ägypten, der Schweiz und Frankreich gehört werden könne. Ehe das Unterhaltungsprogramm endlich beginnt, tritt der steirische Landeshauptmann Anton Rintelen auf und darf als Präsident der RAVAG die erlösenden drei Worte sagen: „Radio, Bahn frei."

Das Eröffnungsprogramm von „Radio Wien" gibt schon den Ton für die nächsten Jahre vor. Der Rundfunk verfolgt von Beginn an das Konzept der Volksbildung. Generaldirektor Oskar Czeija sieht im neuen Medium ein „Kulturinstrument", das im Volk „Interesse am Geistigen" wecken soll. Die Zuhörer sollen zum „Schönen und Wahren" erzogen werden, das ist der hohe Anspruch, der am Premierenabend mit einigen Arien der ungarischen Staatsopernsängerin Rosette Anday, der „Wiedergabe" von Schuberts „Ave Maria" durch den tschechischen Violinvirtuosen Váša Příhoda und mit Rezitationen durchaus eingelöst wird. Der aus Hamburg stammende Burgschauspieler Georg Reimers trägt zwei Gedichte von Johann Wolfgang Goethe vor: *Glück* und *Das Veilchen*.

Das Programm von „Radio Wien" klingt „kulturkonservativ". Und soll es auch sein. Ein Schwerpunkt wird auf die Musik gelegt, und zwar mit der Absicht, Werbung für die „Musikhauptstadt Wien" zu machen. Schon bald nach Sendebeginn bemängeln Wiens Sozialdemokraten die Programmgestaltung. Sie wünschen sich mehr belehrende Sendungen für die Arbeiterschaft.

Zum ersten Programmdirektor wird – passend zur kriegerischen Vergangenheit der Sendetechnik – der frühere Generalmajor Otto Redlich von Redensbruck. Dem neuen Radiomann mit Infanterieausbildung wird 1924 das Ritterkreuz des Militär-Maria-Theresien-Ordens verliehen. Wegen Tapferkeit vor dem Publikum?

Der geborene Linzer hat wenig gestalterischen Spielraum. Das Programm von „Radio Wien“ soll sich auf den Wetterbericht, belehrende Vorträge und musikalische Darbietungen beschränken. Politik und Religion werden ausgeblendet. Bald sendet „Radio Wien“ aber auch die offiziellen Verlautbarungen der Nachrichtenstelle. Und die sind so spannend, wie zu erwarten war. Die *Illustrierte Kronen Zeitung* übt schon drei Tage nach Sendebeginn harsche Kritik an den Nachrichtenbeiträgen, die sie als „gesprochene Zeitung“ empfindet: „Es ist komisch, wie fad vorgelesene Telegramme wirken, wenn man noch den letzten hübschen Walzer in den Ohren hat.“

Im ersten Jahr leidet das neue Medium an der Enge der Räume am Stubenring. Erst später wird die RAVAG weiter ins Zentrum der Stadt, in die Johannesgasse, ziehen und dort größere Studios zur Verfügung haben. Mit der Entwicklung der Mikrofontechnik wird auch die Tonqualität besser, bleibt aber auch jetzt noch weit hinter jener von schon gängigen Grammophonplatten in den Haushalten zurück. Immerhin überträgt die RAVAG schon im ersten Jahr eine Aufführung der Salzburger Festspiele, nachdem sich der italienische Maestro Arturo Toscanini persönlich von der Qualität des Radios überzeugen hat lassen.

Rundfunk mit Aussicht. Ein neues Medium erobert die Wohnzimmer. Das Radio. Gekommen, um zu bleiben. Hundert Jahre – bis heute.

DAS DEUTSCHE LUFTSCHIFF Z.R. III HEBT RICHTUNG NEW YORK AB

„MEHR ALS EIN SCHEINBARES WUNDER WURDE WIRKLICHKEIT.“

12. OKTOBER · Der Wetterbericht verheißt einen sonnigen Oktobertag. Kühl am Morgen, dann aber bis zu 21 Grad. Schon am Tag zuvor ist es in der Bodenseeregion ungewöhnlich warm gewesen. Das deutsche Luftschiff Z.R. III hätte zu einer historischen Reise aufbrechen sollen: von Friedrichshafen nach New York. Noch nie war ein Zeppelin so weit gefahren – richtig: „fahren“, denn „fliegen“ kann ein Luftschiff so wenig wie ein Ballon.

Der Start war freilich misslungen. Aus irgendeinem Grund wollte sich der gewaltige Zeppelin mit einer Länge von 200 Metern, beladen mit 30 Tonnen Benzin, zwei Tonnen Schmieröl für die fünf Maybach-Motoren, Tausenden Litern Wasser, das in Säcken aus „Kontinentalgummistoff“ als Ballast und zum Austarieren des Luftschiffs gebraucht wird, mehr als zwei Dutzend Mann Besatzung und einem Kanarienvogel im Käfig, nicht in die Lüfte erheben.

Beim zweiten Versuch klappt es dann. Schon um drei Uhr früh versammeln sich Hunderte Mitarbeiter (gendern ist diesfalls überflüssig) in der riesigen Zeppelinhalle. Das Flugschiff wird randvoll mit flüssigem Wasserstoff betankt, das hochexplosive Gas entweicht durch die Überdruckventile. Ein Probelauf der Propellermotoren wird „zur Zufriedenheit“ abgehalten. Die Besatzung des Luftschiffs herzt ihre Familienangehörigen, zum Abschied fließen Tränen. Dann klettern die Männer in die Gondel und begeben sich auf ihre Positionen. Jeder weiß, was er zu tun hat. Das größte Luftschiff seiner Zeit hat schon eine bejubelte Rundreise über Deutschland absolviert.

Die Steuerung eines Zeppelins ist kräfteraubende Handarbeit und jede Fahrt ein Abenteuer. Sehr viele der in den vergangenen 20 Jahren gebauten Luftschiffe sind schon wenige Wochen nach ihrer Jungfernfahrt zu Bruch gegangen. Die Halbwertszeit eines Zeppelins liegt selten bei mehr als ein paar Monaten. Während des Weltkriegs setzt die deutsche Marine Zeppeline zur Aufklärung ein und lässt sie aus ein paar Hundert Metern Höhe Bomben auf die alliierte Frontlinie abwerfen. Der militärische Nutzen erweist sich als bescheiden. Viele Luftschiffe werden von englischen Jagdfliegern abgeschossen oder krachen zu Boden. Sie sind ob ihrer schieren Größe und fragilen Hülle überaus verletzliche Ziele.

Die silbrig schimmernde Außenhaut besteht aus beschichtetem Stoff, der über eine tragende Aluminiumkonstruktion gespannt ist. Die neue Lackierung enthält Aluminiumpartikel, die die Sonnenstrahlung reflektieren und so das Aufheizen des Wasserstoffs verhindern sollen. Der Schiffskörper glänzt im Sonnenlicht. Wie eine fliegende Zigarre schwebt Z.R. III nahezu geräuschlos in ein paar Hundert Metern Höhe über Städten und Landstrichen. Überall jubeln Tausende Menschen dem Zeppelin zu.

Für die Deutschen sind die Luftschiffe ein nationales Symbol des Wiederaufstiegs nach der als schmachvoll erlebten Niederlage im Weltkrieg und den als Demütigung empfundenen Friedensbedingungen von Versailles. Motorflugzeuge sind den Deutschen verboten, womit sich auch der Aufstieg der Segelfliegerei im Deutschen Reich und der Bau von Luftschiffen, die vorgeblich nur für zivile Zwecke verwendet werden dürfen, erklärt.

Jetzt geht es wieder aufwärts, jetzt triumphiert deutscher Ingenieursgeist über alle Widerwärtigkeiten. Mit dem Zeppelin über den Atlantik: *das* Abenteuer der Zeit. Der Amerikaner Charles Lindbergh wird den Ozean erst drei Jahre später von West nach Ost mit seiner einmotorigen Spirit of St. Louis überqueren und am Pariser Flughafen Le Bourget landen. Noch ist nicht entschieden, welche Technologie sich durchsetzen wird. Deutschland glaubt ans Luftschiff. Auch jenseits der deutschen Grenzen wird die geplante Reise des Z.R. III in allen Zeitungen kommentiert. Die Leser werden über jedes Detail des Atlantikflugs informiert.

Die Wiener *Neue Freie Presse*, einst einziges Weltblatt der Habsburgermonarchie, und auch noch 1924 international gelesen, gibt am 13. Oktober den der Zeit geschuldeten pathetischen Ton vor: „Mit Bewunderung, ja mit Ergriffenheit verfolgen wir einen der gewaltigsten Versuche der Menschheit, die Technik nutzbar zu machen, die Hindernisse der Entfernung zu überwinden und über Berge und Meere hinweg neue Verbindungen zu schaffen."

Gegen sechs Uhr früh werden die großen Tore in Friedrichshafen aufgeschoben und das Ungetüm wird sachte aus der Halle gezogen. Die verletzliche Hülle darf nicht einreißen, die Gastanks dürfen nicht durchlöchert werden. Hunderte halten und ziehen die Seile, Tausende Zuschauer sind im nebligen Morgengrauen aufs Werksgelände gepilgert, Friedrichshafen ist auf den Beinen. Ja, es hat etwas von einer Pilgerfahrt. Es geht um die Anbetung technischen Fortschritts und das Gefühl nationaler Größe. „Sie alle wollen Zeugen des großen Ereignisses sein, um einst sagen zu können, daß sie dabei waren, als sich eine Schicksalswende im Verkehrsleben vollzog und das erste Luftschiff seinen Flug von Europa nach Amerika begann. Tief bewegt blickten die Versammelten dem Fahrzeuge nach, als es allmählich im Morgennebel verschwand." Viel sehen die Zeppelin-Gaffer allerdings nicht. Dichter Morgennebel hüllt das Luftschiff ein. Der Kapitän lässt sofort die Maschinen starten und die Taue lösen. Er will verhindern, dass die Feuchtigkeit das Schiff zusätzlich beschwert und erneut einen Aufstieg verhindert. So bleiben die vorbereiteten patriotischen Reden ungehalten, und auch das vielstimmig gesungene Deutschlandlied verhallt alsbald.

Bald hat der Z.R. III die Nebeldecke über dem Bodensee durchstoßen und fährt gegen Westen: Der Kurs führt über Frankreich, Nordspanien und die Azoren. Für die *Neue Freie Presse* ist der Start des Luftschiffs willkommener Anlass, über den Fortschritt zu philosophieren. „Mehr als ein scheinbares Wunder wurde Wirklichkeit."

Noch ist der Z.R. III aber nicht weit gekommen. Vier Stunden nach dem Abheben am Bodensee muss sich das Luftschiff durch die zerklüfteten Höhen des Département Côte d'Or im Burgund „hindurchwinden". Der Navigationsoffizier Anton Wittemann wird später über die „Amerikafahrt" ein Büchlein verfassen, das zum Erfolg wird.

Die Reise des Zeppelins ohne Namen wird eine Fahrt ohne Rückkehr. Das Luftschiff ist Teil deutscher Reparationszahlungen an die USA. Formell erfolgte der Auftrag zum Bau des weltweit größten Zeppelins an die Friedrichshafener Werft durch die Amerikaner, die für ihre Marine Zeppeline als „Fernaufklärer" einsetzen wollen. Die Rechnung muss die Berliner Reichsregierung bezahlen. Anton Wittemann gibt die Stimmung im Vorwort seines Büchleins vor: „Die deutsche Luftfahrt empfindet heute keine Freude, nein, Trauer. Muß doch das Jubiläumskind, der ‚Z.R. III', heute umjubelt von Millionen Deutscher, als Opfer des Kriegs, ein Tribut für den Sieger, nach Amerika überführt werden. Wird auch diese Fahrt, wie das ganze Schiff selbst, wieder ein Triumph deutscher Technik, deutschen Wagemuts und deutscher Tatkraft, so möge es doch hinausgehen als Sendbote deutschen Friedenswillens."

Immerhin kann der Vorsitzende der Zeppelin-Gesellschaft, Hugo Eckener, durchsetzen, dass eine 27-köpfige deutsche Mannschaft das Schiff über den Atlantik steuert. Fünf amerikanische Offiziere sind in Zivil mit an Bord. Sie hätten ohnehin keine ausreichende Erfahrung mit einem derartigen Luftschiff gehabt. Eckener übernimmt auch gleich selbst das Kommando und damit die Verantwortung. Die Zeppelin-Gesellschaft hat ihr gesamtes Vermögen „als Versicherung" für die gefahrvolle Reise verpfändet.

Nach neun Stunden Fahrt erreicht das Luftschiff über der Gironde-Mündung den Atlantik. Zeit zum Essen. Der Funker werkt in der Kombüse als Koch. Das Menü könnte als originell durchgehen: „Feine Schildkrötensuppe, Gulasch auf ungarische Art mit Erbsen und Mohrrüben und Pudding." Damit die Mannschaft bei guter Stimmung bleibt, wird ein „Electromophon" der Firma Albert

Ebner & Co. angeworfen. Die Stuttgarter haben einen der ersten elektrisch betriebenen Plattenspieler als Tischgerät in die Kabine des Zeppelins eingebaut. Der „Deutschmeister-Regimentsmarsch“ erklingt. Der Kanarienvogel in seinem Käfig singt erfreut mit.

Draußen bauen sich indes Wolkenberge auf. Der Z.R. III steuert über der spanischen Nordküste durch einen veritablen Sturm. „Es war ein übler Tanz. Von allen Seiten pfiffen Windböen aus den Felsentälern der Pyrenäen heraus und versetzten uns einige Backpfeifen.“ Über dem Atlantik gerät der Zeppelin in ein Gewitter. Das filigrane Luftschiff wird durchgerüttelt, Wassermassen dringen in die Gondel ein, an Navigieren ist kaum zu denken. Die Stabilisierung des Zeppelins ist anstrengende Handarbeit. Die Mannschaft ist durchnässt, erschöpft. Doch das Schiff gleitet unbeirrt durch den Atlantiksturm. Erst am nächsten Tag kann der Funker Kontakt zu einem Dampfer aufnehmen, der dem Luftschiff seine Koordinaten durchgibt. Der Z.R. III ist weit nach Norden abgedriftet, Rückenwind beschleunigt den Zeppelin auf mehr als 160 Stundenkilometer, deutlich schneller als die eigentlich geplante Höchstgeschwindigkeit. Im Sichtfeld des Steuermanns nur Wasser, Wasser, Wasser. Am Treibgut erkennen die Atlantikfahrer den Golfstrom. Es dient als Orientierungspunkt für die Berechnung der Geschwindigkeit.

Die erste Atlantikfahrt des deutschen Zeppelins Z.R. III. ist eine technische Sensation und beginnt am Bodensee. Das Zeitalter der Luftschiffe endet jedoch bald wieder.

Nach fast 75 Stunden Fahrzeit überfliegt der Zeppelin am frühen Morgen Boston an der Ostküste der USA. Die Bordscheinwerfer morsen einen Gruß. Vom Boden antworten Lichtsignale von Taschenlampen. Und eine Rundfunkstation sendet erste Grüße an das deutsche Luftschiff. Das nächste Ziel: New York. Der Zeppelin will die Stadt von der Seeseite her erreichen, wie die Ozean-Liner bei der Ankunft im Hafen soll das fliegende Schiff die Freiheitsstatue grüßen. Anton Witteman beschreibt das Ereignis: „Um 7.45 wird um die gewaltige Freiheitsstatue eine Ehrenrunde gefahren. Ein ohrenbetäubendes Getute sämtlicher im Hafen von New York liegenden Schiffe setzt ein, begleitet uns auf dem ganzen Wege." Die Gazetten wissen von einer „ungeheuren Begeisterung" zu berichten. „Millionen von Menschen bereiteten in New-York dem deutschen Luftschiff, das seinen Bug zum Gruß neigte, einen fanatischbegeisterten Empfang. Als ‚Z.R. III' in Sicht der amerikanischen Hauptstadt [sic!] kam, wurde die Riesenstadt geradezu von einem Zeppelintaumel erfaßt, der sich zu einem bisher nie da gewesenen Enthusiasmus steigerte." Zwei Mal fliegt der Zeppelin den Broadway entlang, steigt dann auf 3000 Meter Höhe und macht sich auf den kurzen Weg zur Marinebasis Lakehurst. Dort wird der Z.R. III bereits erwartet und seine Ankunft gefeiert. Das *Neue Wiener Journal* druckt am 16. Oktober den ersten Funkspruch: „Der ‚Z.R. III' ist um 3 Uhr 11 Minuten mitteleuropäischer Zeit in Lakehurst glatt gelandet."

Die Landung eines Zeppelins ist ein durchaus heikles Manöver. Das Luftschiff muss an einem Befestigungsturm andocken, ehe es mit Seilen zu Boden geholt und Meter um Meter in den riesigen Hangar gezogen werden kann. Die Amerikaner haben – wie sich in einigen Jahren im Mai 1937 bei der Katastrophe der LZ 129 „Hindenburg" in Lakehurst zeigen wird – zu Recht einen gehörigen Respekt vor der Brandgefährlichkeit einer so großen Wasserstoffmenge, die dem Luftschiff Auftrieb verleiht. In Deutschland wird die Atlantikfahrt als welthistorisches Ereignis gefeiert. Technischer Fortschritt verbündet sich mit nationalistischem Stolz: „In etwas mehr als drei Tagen hat der Zeppelin den Weg von Friedrichshafen nach den Vereinigten Staaten Nordamerikas zurückgelegt, in einer Zeit, in der bisher kein Sterblicher vom Innern Europas in die Neue Welt zu gelangen vermochte. Und mit einer Sicherheit, wie sie selbst die größten technischen Wunder modernen Schiffsbaues nicht zu überbieten imstande sind. Die Fahrt des Zeppelin nach Amerika ist ein historisches Ereignis, das als epochemachende Tat stets in den Annalen der Geschichte verzeichnet bleiben wird. Fürwahr, eine neue Epoche ist mit ihr eingeleitet worden, denn seit der Entdeckung der Neuen Welt durch Kolumbus ist kein Unternehmen von solcher Tragweite eingeläutet und mit so großartigem Erfolg zum Abschluss gebracht worden."

Die im wahrsten Sinne des Wortes hochfliegenden Erwartungen in die Zeppelin-Technik werden sich nicht erfüllen.

Zwei Jahre nach dem Absturz der „USS Shenandoah" fliegt Lindbergh mit einem Flugzeug nonstop über den Atlantik und zeigt damit die technische Möglichkeit des Fliegens. Zwölf Jahre nach Lindberghs gefeiertem Alleinflug startet der „Pan American Clipper" zu Linienflügen über den Atlantik. Das Flugzeug übernimmt die Rolle der Luftschiffe. Kapitän Wittemann hat sich geirrt: „Wir, die wir heute den stolzen Flug des ‚Z.R. III' nach Amerika erlebt haben, und die Männer, die ihn durchgeführt haben, ahnen jedoch, welch gewaltige Wirkungen dieses Ereignis haben muß. Berechnen können wir die Folgen freilich nicht, aber ausmalen können wir sie. Immer geringer wird die Bindung des Menschengeschlechts an die Erde, immer weniger macht sich die Erdenschwere fühlbar, immer kleiner werden die Distanzen, immer näher kommen sich die Völker." Die deutsche Besatzung des Z.R. III wird in Amerika gefeiert, in Washington vom Präsidenten empfangen, in New York bei einer Konfetti-Parade bejubelt. Sechs Jahre nach dem Ende des Weltkriegs wird das Luftschiff zum Symbol der amerikanisch-deutschen Freundschaft stilisiert.

BARONIN MARIE FOULD-SPRINGER STIFTET EINEN PREIS

„EIN MEISTERWERK ENGLISCHER FEINSCHMIEDEARBEIT“

26. OKTOBER · Wahre Prominenz ist, wenn selbst die Abwesenheit eine Zeitungsmeldung wert ist. Die *Allgemeine Sportzeitung* streicht das Fehlen von Baronin Marie Fould-Springer beim traditionellen „Lehár-Steeplechase“ auf der Rennbahn in der Wiener Freudenau heraus. Marie Freiin von Fould-Springer, geborene Marie Cäcilia Springer, hat für das herausfordernde Pferderennen immerhin ein „Meisterwerk englischer Feinschmiedearbeit“ – wie die Zeitung *Der Tag* tags darauf schreibt – gespendet. Das ist schon eine Notiz wert.

Den Siegespreis im Wert von damals 150 Millionen Kronen (heute etwa 73 000 Euro) erringt ein ungarisches Pferd aus dem Stall des Grafen Wenkheim, der den Tafelaufsatz aus Silber auf sein Gut mitnehmen darf. Nach dem Zusammenbruch der bolschewistischen Räterepublik in Ungarn und dem militärischen Erfolg der „weißen“ Gegenrevolution kehren die geflohenen Adeligen wieder auf ihre Güter zurück. Ungarn ist ja formell auch nach 1918 eine Monarchie, freilich ohne König. König Karl IV. – in Österreich Kaiser Karl I. – stirbt nach zwei eher unrühmlich gescheiterten Versuchen, wenigstens in Budapest den Thron für die Habsburger zu retten, im Exil auf Madeira. An seiner Stelle regiert auf der Burg nun der letzte Oberbefehlshaber der k. u. k. Marine, Admiral Miklós Horthy, als „Reichsverweser“.

Der Adel ist zwar seit fünf Jahren gesetzlich abgeschafft, darum kümmert man sich in Wiens ersten Kreisen aber kaum. Die „passionierte Sporting-Lady“ Baronin Fould-Springer ist ein gesellschaftlicher Fixstern, auch wegen ihres Engagements für den Pferdesport. Die einzige – eheliche – Tochter von Gustav Freiherr von Springer besitzt einen eigenen Rennstall und führt damit die väterliche Passion fort. Der zum Baron geadelte Industrielle Gustav Springer fühlt sich zum Trabrennfahren hingezogen und lässt ungarische Spitzenpferde für seinen Stall züchten. „Die Farben der liebenswürdigen Baronin Fould-Springer sind auch bei den Galoppern erfolgreich", berichtet das *Illustrierte Wiener Extrablatt* am 27. Oktober. Ihr Pferd Borgia siegt im „Kisbér-Rennen", das nach einem ehemaligen ungarischen k. u. k. Staatsgestüt benannt ist. Dort werden seit der Gründung durch den jungen Kaiser Franz Joseph spezielle Sportpferde gezüchtet, die ursprünglich für die Kavallerie gedacht waren.

Pferde sind das Hobby von Gustav Freiherr von Springer. Der Bankierssohn ist aus Bayern nach Wien gezogen und hat hier auf solidem väterlichem Fundament weitergebaut. Die Familie Springer lässt von den renommierten Architekten Fellner und Helmer in Wien-Rudolfsheim eine Spiritusfabrik bauen, Beteiligungen an Kohlenbergwerken in Jaworzno in Schlesien, an der Anglo-Österreichischen Bank und an einer Porzellanfabrik sorgen für finanziellen Glanz. Die Springers spielen in der Gesellschaft großbürgerlicher jüdischer Unternehmer wie den Wittgensteins oder den Wertheims eine bedeutende Rolle, mit den Rothschilds sind sie sogar ehelich verbunden. Wirklich viel Geld verdient der Industrielle mit dem Bau einer modernen Hefefabrik. Springers Germ ist die Voraussetzung für die Wiener Kaisersemmeln. Schon sein Vater Max Springer, der für die großherzige Unterstützung des österreichischen Staats und für seine Fürsorgeaktivitäten in den erblichen Adelsstand erhoben wird, besitzt ein Palais am Kärntner Ring 14, unweit der Hofoper. Die Architekten Fellner und Helmer – die sich auf Theaterbauten spezialisiert haben und nicht nur das Wiener Volkstheater und das Konzerthaus geschaffen haben, sondern in ganz Europa insgesamt fast 50 Theater – errichten ein Waisenhaus, das von Springer finanziert wird.

Sein Sohn Gustav führt die väterlichen Geschäfte weiter, kauft Güter in Ungarn, investiert in einen Pferderennstall bei Budapest und rundet sein Vermögen mit einem umfangreichen Zinshausbesitz in Wien ab.

Seine Ehe mit Helene Gräfin Königswarter aus einem vergleichsweise alten deutsch-französischen jüdischen Adelsgeschlecht bleibt 14 Jahre kinderlos, ehe die kleine Marie Cäcilia 1886 in einem Pariser Hotel zu Welt kommt. Ihre Mutter Helene stirbt bei der Geburt. Sie wird gerade einmal 39 Jahre alt. Der Vater umhegt und verhätschelt das zarte, etwas kränkliche Kind. Es soll nicht in Wiens stickiger Innenstadt, sondern in der Natur aufwachsen. So kauft Gustav von Springer ein zehn Hektar großes Areal in Wien-Meidling, das sich in unmittelbarer Nachbarschaft zu Schloss Schönbrunn befindet. Ein englischer Garten wird angelegt. Erneut werden die berühmten Theaterarchitekten Ferdinand Fellner und Hermann Helmer beauftragt, diesmal mit dem Bau einer Villa, die zu Recht als „Springer-Schlössl“ bekannt wird. Dort wächst Marie Cäcilia, betreut von einem Kinderfräulein, auf. Mehr als 50 Angestellte pflegen Haus und Garten, Reitwege werden angelegt, eine Kegelbahn gebaut, und der Springbrunnen vorm „Schlössl“ wird – einmalig in der Monarchie – von einem Elektromotor betrieben.

Marie Cäcilia, die auf gut Wienerisch einfach „Mitzi“ gerufen wird, darf sogar im für die kaiserliche Familie abgesperrten Teil des Schlossparks herumtollen. Die Springers haben einen Schlüssel zum exklusiven Garten. Tatsächlich trifft das kleine Mädchen immer wieder Kaiserin Elisabeth, die gern mit der Kleinen plaudert.

Nach dem frühen Tod ihres Vaters wird Marie Cäcilia die Hefefabriken in Wien und Paris weiterführen, den französischen Offizier Eugène Charles Joachim Fould ehelichen und mit ihm nicht glücklich werden. Eugène Fould ist an Frauen nicht so interessiert.

Marie Fould-Springer gelingt es höchst resolut, das Vermögen zu mehren. Das „Springer-Schlössl“ dient nur noch als Zweitwohnsitz. Die Familie lebt in Paris. 1938 wird der Besitz von den Nationalsozialisten geraubt, in der Villa eine Gauschule eingerichtet, die Einrichtung gestohlen. Nach 1945 wird die Villa restituiert. Doch Marie Springer kehrt nicht mehr nach Wien zurück. Sie verkauft das devastierte Anwesen weit unter seinem Wert.

RICHARD STRAUSS VERLÄSST DIE DIREKTION DER WIENER STAATSOPER

„NEUE KÜHNHEIT MIT ALTEM MEISTERSINN VEREINEND“

3. NOVEMBER · Richard Strauss kündigt. In einer dürren Pressemitteilung aus München lässt der größte Komponist seiner Zeit wissen, dass er die Leitung der Wiener Staatsoper zurücklegt. Diese Nachricht sendet Schockwellen aus, die weit über das Haus am Ring hinausreichen. Das Amt des Staatsoperndirektors ist für die Feuilletonredakteure mindestens so wichtig wie das des Bundeskanzlers. Und wenn der seit 1919 amtierende Direktor Richard Strauss heißt, dann gilt das noch viel mehr. So fühlt sich auch Regierungschef Ignaz Seipel bemüßigt, im seit Jahren schwebenden Streit zwischen dem musikalischen Genie Strauss und seinem Co-Direktor Franz Schalk einen Kompromissfrieden zu stiften. Der Unterrichtsminister wird mit der heiklen Angelegenheit befasst, und der schickt seinen Sektionschef Dr. Schneider mit einer neuen Dienstanweisung nach Deutschland, wo der Meister weilt. Diese Dienstanweisung soll die Kompetenzen zwischen Strauss und Schalk schriftlich festlegen und dem Meister größtmögliche Freiheit sichern.

Es nützt alles nichts. Strauss will nur bleiben, wenn sein Co-Direktor Franz Schalk geht. Der wiederum ist für die Leitung der Direktion unverzichtbar. Denn der Komponist und Dirigent Strauss widmet nur einen Bruchteil seiner Arbeitskraft dem Opernhaus am Ring. Die *Neue Freie Presse* kommentiert die Demission des Komponisten durchaus kritisch: „Ein Direktor, der viele Monate von Wien entfernt ist, muß in die Gefahr kommen, die Fühlung zu verlieren. Gehäufte Gastspiele konnten der Festigkeit des Ensembles, seinem organischen Charakter nicht zum Vorteil gereichen. Die Doppelgleisigkeiten zwischen einem Direktor, der anwesend, und jenem, der auf Reisen ist, zwischen dem einen, der alle Pflichten zu vollbringen hat, und dem anderen, der sie zeitweilig gleichsam als Nebenberuf betrachtet, dieses Zusammenwirken konnte nur stattfinden bei äußerster Selbstbescheidung und Duldsamkeit. Gerade in dieser Richtung scheint es jedoch gefehlt zu haben."

Andere Blätter in der Welthauptstadt der Musik ergreifen Partei für den Komponisten. Max Graf verteidigt im *Der Tag* den Abwesenden: „Man hat das vergiftete Verhältnis zwischen Richard Strauss und seinem Mitdirektor Franz Schalk jahrelang weitereitern lassen, ohne rechtzeitig den Versuch zu machen, durch klare Aussprache eine Heilung herbeizuführen, die mit dem papierenen Rezept einer Dienstinstruktion natürlich nicht bewirkt werden kann. Kritische Umtriebe und amtliche Verstimmungen haben mit der zuletzt offen gegnerischen Haltung Franz Schalks zusammengewirkt und schließlich das Resultat erreicht, daß der größte Künstler der Wiener Staatsoper, langjähriger kleinlicher Reibereien müde, in seiner Reizbarkeit eines Nervenmenschen, wie es jeder Künstler ist, verletzt, in seinem berechtigten Selbstgefühl als Weltherrscher der Musik getroffen, der Wiener Oper, an der er mit offen eingestandener Liebe hing, den Rücken gekehrt hat." Es ist ein schwerer Verlust für das Wiener Selbstverständnis. Ludwig Hirschfeld lobt Strauss in den musikalischen Olymp. „Richard Strauss ist der letzte Klassiker. Der letzte, in dem höchste Meisterschaft, ergiebiger Einfall, Neuheit der Tonsprache, Macht der Persönlichkeit sich zu einem Wesen verbinden, dem es bewußt ist, daß nicht Revolution, sondern Evolution das Heil der Kunst ist, und der, neue Kühnheit mit altem Meistersinn vereinend, organisch anknüpfend die Reihe der Großen beschließt, die seit den Tagen Bachs am Dom der deutschen Tonkunst mitgebaut haben."

Immerhin hat der solcherart in eine Reihe mit Mozart gestellte Maestro nicht nur nominell die Oper geleitet, er greift auch künstlerisch ein, dirigiert an Dutzenden Abenden – etwa 1924 seine *Ariadne auf Naxos* – und inszeniert. Um Kleinigkeiten wie die Einhaltung finanzieller Rahmenbedingungen und das Engagement der Sänger kann sich der Künstler natürlich nicht kümmern. Aber auch Franz Schalk ist kein schlichter Bürokrat oder Administrator. Seit November 1918 leitet er die nunmehrige Staatsoper, zunächst allein, dann mit Strauss gemeinsam. Schalk dirigiert und inszeniert, etwa die Uraufführung von *Die Frau ohne Schatten* seines Co-Direktors. Auch nach dessen Rücktritt bleibt Schalk weitere fünf Jahre Direktor der Staatsoper. Seine Mozart-, Wagner- und Strauss-Interpretationen werden hochgelobt.

Und auch Richard Strauss wird – trotz des Streits und seines Abgangs – weiter an der Staatsoper dirigieren. Offiziell für Gottes Lohn. Jahre später wird eine Absprache bekannt. Richard Strauss bekommt für den Bau seiner Villa ein staatliches Grundstück im Wert von 3,7 Milliarden Kronen am Rande der barocken Parkanlage des Wiener Belvedere geschenkt. Dafür verpflichtet sich der Komponist, als Gegenleistung an hundert Abenden zu dirigieren und die handschriftliche Partitur des *Rosenkavalier* sowie die Originalpartitur von *Die ägyptische Helena* der Nationalbibliothek zu überlassen. Kein Geschenk, ein Geschäft. Steuerrechtliche Fragen werden nicht gestellt.

DIE EISENBAHNER STREIKEN, EINE REGIERUNG STÜRZT

„EIN PAAR TAUSEND LEERE KÖPFE UND VOLLE MÄULER“

8. NOVEMBER · Ein Streik verleiht der Luftfahrt Flügel. Weil die drei Eisenbahner-Gewerkschaften ab Mitternacht den Bahnbetrieb in Österreich lahmlegen, erlebt die private Luftfahrt ihren ersten Höhenflug. Zwischen 8. November und 12. November drängen Leute, die es sich leisten können, zum Flugfeld Aspern, um per Flugzeug zu verreisen. Seit Februar betreiben drei Gesellschaften ein paar Maschinen, die nach München, Budapest oder über Krakau nach Warschau fliegen. Die Strecke nach München wird gar regelmäßig zwei Mal täglich bedient. Ein Flug kostet in heutiger Währung etwa 450 Euro, mit dem Wasserflugzeug nach Budapest genau die Hälfte. Das ist zwar nicht billig, dafür ist der Abenteuerfaktor angemessen hoch.

Während des Eisenbahnerstreiks nutzen die Fluglinien jede zur Verfügung stehende Maschine und legen Sonderschichten ein, selbst am Sonntag wird gestartet. Die Tage sind kurz, Nebel behindert den Flugverkehr, einige Starts müssen wegen schlechter Sicht abgebrochen werden. Die Junkers-F-13-Flugzeuge können neben zwei Piloten gerade einmal vier Passagiere, diese aber immerhin in einer schützenden Kabine, befördern.

An den Streiktagen werden amtlich gezählte 205 Passagiere befördert, überdies nehmen die kleinen Flugzeuge zwei Tonnen Fracht und 1673 Kilo Zeitungen, die per Luftfracht aus Wien zugestellt werden, an Bord. Die neu gegründete Österreichische Luftverkehrs AG (ÖLAG) beflügelt den Luftpostverkehr nach Zürich. Die französische Gesellschaft FRA fliegt von Paris über Prag nach Wien und weiter in die ungarische Hauptstadt. Das Flugfeld Aspern mit seinen drei Hangars und einer Holzhütte als Abfertigungsbaracke wird zu einem mitteleuropäischen Luftfahrtknoten.

Der Streik der Eisenbahngewerkschaften ist ein Vorbote künftiger politischer Entwicklungen. Die rote und die schwarze Bahngewerkschaft stehen zunehmend unter dem Druck der kleinen, aber radikalen Gruppe der nationalsozialistischen Deutschen Verkehrsgewerkschaft, die einzelne Bahnhöfe beherrscht und einen Stillstand des Bahnverkehrs erzwingen kann. Was sie auch tut, weil die Mehrheit der Gewerkschaftsvertreter der Lizitation der „Hakenkreuzler" nachgibt.

Die Békessy-Zeitung *Die Stunde* greift in einem Leitartikel mit dem Titel „Wien unter dem Terror der Hakenkreuzler" zum journalistischen Bihänder: „Beim Eisenbahnerstreik sehen wir es zum ersten Male, daß die bürgerliche Regierung und die sozialdemokratischen Organisationen gleichmäßig versagen. Beide haben sich dem Hakenkreuzterror gefügt, beide haben vor einer kleinen Gruppe Gewissenloser ihre Fahnen gesenkt."

Das Tauziehen um die Anpassung der Eisenbahner-Gehälter wird zur Machtprobe um das „Seipel'sche Sanierungswerk". Ein vergleichsweise unbedeutender Streit führt zum Rücktritt der Regierung. Der katholische Prälat im Kanzleramt pokert hoch und scheitert an den Landespolitikern der christlichsozial geführten Länder. Es geht um sein Lebenswerk: die Sanierung Österreichs. Der Regierungschef einer „kleinen" Koalition aus Christdemokraten und deutschnationalen Bürgerlichen genießt das Vertrauen der „Siegermächte", vor allem der Engländer und Franzosen und des Völkerbunds. Die Alpenrepublik steht unter Kuratel der Staatengemeinschaft. Der ehemalige Bürgermeister von Rotterdam und nunmehrige „Generalkommissar des Völkerbundes für die wirtschaftliche Wiederaufrichtung Österreichs", wie seine Amtsbezeichnung lautet, Alfred Rudolph Zimmermann muss alle Staatsausgaben genehmigen und die Einhaltung der Genfer Protokolle überwachen. Ein weiteres Mal muss die Republik Österreich einem „Anschluss" an das Deutsche Reich abschwören. Diese Verpflichtung empört die deutschnationalen Parteien und die Sozialdemokraten, deren Vorsitzender Otto Bauer Anhänger eines „Anschlusses“ an Deutschland ist. Bauer vertritt das Programm eines „revolutionären Abwartens“. Eine Zusammenarbeit mit den Christlichsozialen in einer Regierung lehnt Bauer als Vertreter des „Austromarxismus“ ab. Das würde nur den notwendigen Zusammenbruch der kapitalistischen Ordnung verzögern. Otto Bauer irrt.

Alfred Zimmermann macht sich mit seiner Aufgabe nicht gerade beliebt. Der Wirtschaftswissenschaftler Ludwig von Mises charakterisiert ihn wenig schmeichelhaft als „unwissend, arrogant und taktlos“. Aber Bundeskanzler Seipel braucht den Völkerbund-Kommissar und die Vormundschaft als Vorwand, um dringend notwendige Reformen gegen den Widerstand der in Österreich seit jeher allmächtigen Interessengruppen und gegen die Ablehnung der Bundesländer durchdrücken zu können. Dazu Ludwig von Mises: „Die Regierung musste die Möglichkeit haben, das Odium, das dem Veto gegen Ausgabensteigerungen anhaftete, auf einen Ausländer abwälzen können:“

Der Streik der Eisenbahner wäre nur eine Episode geblieben, hätte die Regierung Seipel ihr Schicksal nicht mit dem Sparkurs bei den Eisenbahnern verknüpft. Anfangs nimmt die Öffentlichkeit die Rücktrittsdrohung des Bundeskanzlers nicht ernst. Seipel genießt das Vertrauen einer Mehrheit, er gilt als Garant für Stabilität. *Die Stunde* kommentiert: „Wir haben eine Regierung, die vom Vertrauen des gesamten Bürgertums getragen wird. Keinem anderen als Seipel wäre es gelungen, jenen stillen und heldenhaften Opfermut zu wecken, auf dem allein das Sanierungsgebäude ruht.“

Das scheinbar Undenkbare passiert: Das Kabinett Seipel tritt zurück. Ein anderer muss im Kanzleramt das Ruder übernehmen. Die Wahl – sie wird vom Vorgänger getroffen – fällt auf den biederen Ländervertreter Rudolf Ramek. Er wird einer der vielen Übergangskanzler der Republik. Ein Ländervertreter soll die Länderfor-

Der Prälat Ignaz Seipel genießt als Bundeskanzler das Vertrauen der alliierten Siegermächte. Sein harter Sparkurs zur Sanierung der Staatsfinanzen erfordert von der Bevölkerung große Opfer. Nicht alle sind dazu bereit.

derungen erfüllen oder ablehnen. Rudolf Ramek setzt die Politik Seipels fort, der sich nicht ins klösterliche Ausgedinge zurückzieht, sondern die Parteiführung der Christlichsozialen übernimmt und damit das Ruder weiterhin fest in der Hand hält. Zwei Jahre später wird der Geistliche wieder im Kanzleramt „die Messe lesen" und so manchem die Beichte abnehmen, ohne eine Absolution zu erteilen. Der von seinen Gegnern als „Prälat ohne Milde" verteufelte Seipel strebt nicht, wie ihm unterstellt wird, die Kardinalswürde an. Er bleibt immer mehr Politiker als Seelsorger.

DIE ARBEITSLOSIGKEIT STEIGT WIEDER

„DIE LAGE IST GEGENWÄRTIG EINE UNGÜNSTIGE."

30. NOVEMBER · Die Arbeitslosigkeit steigt wieder. Amtlich wird mitgeteilt: Die Zahl der Arbeitslosen in Österreich hat im November gegenüber Oktober um 27 704 zugenommen. Mit 30. November werden 115 684 Unbeschäftigte unterstützt. Menschen, die „ausgesteuert" sind, scheinen nicht in der Statistik auf. Sie bekommen keine Arbeitslosen-Unterstützung. Die *Arbeiter-Zeitung* führt diese Entwicklung auf den Beginn der „winterlichen Jahreszeit" zurück, die Bauarbeiten werden weitgehend eingestellt und die Arbeiter gekündigt. „Die Lage ist gegenwärtig eine ungünstige."

Der Winter 1924 ist auch für Schneider keine gute Jahreszeit. Vom Wintereinbruch profitieren nur die Kürschner. Warme Pelze sind gefragt, wer immer sie sich leisten kann und mag. Auch in der Hauptstadt steigt die Zahl der Arbeitslosen, und zwar auf 52 689. Damit ist österreichweit fast jeder zweite Beschäftigungslose in Wien registriert. Als Ausweg bietet sich der Eintritt ins Bundesheer an. Die bewaffnete Macht der Republik sucht junge Männer. Und die Sozialdemokratie will möglichst viele Genossen beim Heer wissen: „Wir fordern arbeitslose jugendliche Sozialdemokraten auf, in die Wehrmacht einzutreten, damit das österreichische Heer bleibe, was es noch ist: Waffe und Wehr der republikanischen Freiheit des Volkes. Die Versuche schwarzgelber Monarchisten, aus der Wehrmacht ein Werkzeug der Arbeiterbedrückung zu machen, werden jämmerlich scheitern, wenn ihr, jugendliche Sozialdemokraten, eure Pflicht erfüllt und euch in den Dienst der Wehrmacht stellt."

Wer etwa ins Radfahrerbataillon Nr. 8 eintreten möchte, kann sich in der ehemaligen Franz-Ferdinand-Kaserne im Arbeiterbezirk Favoriten bewerben. Die Sozialdemokraten richten im ehemaligen

Kriegsministerium am Stubenring ein „Parlamentskommissariat“ ein. Der frühere k. u. k. General Theodor Körner berät die jungen Genossen täglich ab 9 Uhr vormittags über eine allfällige Soldatenlaufbahn. Die Versuche der Sozialdemokraten, mit Masseneintritten bewährter Genossen ins Heer eine starke Position innerhalb der Exekutive zu behalten, scheitern. Jahr für Jahr wird das Berufsheer zu einem verlässlicheren Instrument der Bürgerblock-Regierung.

DEUTSCHLAND WÄHLT ZUM ZWEITEN MAL IN EINEM JAHR DEN REICHSTAG

„STIMMUNG BEI BIER UND SCHNÄPSEN GUT“

3. DEZEMBER · Harry Graf Kessler fühlt sich gut. Der 56-jährige Kunstsammler, Mäzen und Diplomat spricht am 3. Dezember in der Bielefelder Stadthalle, und er meint sich vom Publikum verstanden. „Ich hatte in meiner Rede und in der Debatte stürmische Beifallssalven“, vertraut er seinem Tagebuch an. Harry Graf Kessler will bei den deutschen Reichstagswahlen am Sonntag gewählt werden. Der in Paris geborene, in England aufgewachsene und jetzt in Deutschland lebende Erbe eines stattlichen Vermögens hat sich nach Kriegsende zum Diplomaten gewandelt, aber seine Berufung als Verleger und Schriftsteller gefunden. Sein Vater Adolf Wilhelm Kessler hat dafür das Fundament gelegt. Von seiner Mutter Alice hat er die Eleganz geerbt. Sie stammt aus irischem Landadel, lernt den deutschen Kaiser Wilhelm I. auf der Promenade in Emden kennen. Der Monarch verliebt sich in sie. Die Irin gilt als „Wunder von Schönheit, Lieblichkeit und Eleganz“, gar als eine der schönsten Frauen Europas. Die Beziehung ist romantisch, bleibt aber doch eher platonisch. Immerhin beweist der Kaiser großmütig seine Gunst. Er wird Pate ihres Sohns. Der Vater und Bankier hinterlässt seinem Sohn ein Vermögen und wird dafür nicht übertrieben geschätzt. Harry empfindet es als „eine schreckliche Idee, sich sein Leben als Geldherstellungsmaschine vorzustellen“. Auch diese Einstellung vertraut er seinem Tagebuch an.

Graf Kessler ist ein Mann, der alle kennt, den alle kennen, eine Erscheinung, ein Spaziergänger durch die Zeitgeschichte, ein Kosmopolit und Europäer, ein Dichter und Verleger, ein Kunstsammler und Freund der Künstler. Edvard Munch und Max Liebermann porträtieren ihn. Paris, Berlin, Weimar und London – der Bankierssohn ist der Flaneur einer versinkenden Welt, die für die Wohlhabenden voller Licht und Schönheit ist. Er ist gebildet und kosmopolitisch, seine Tagebücher weisen ihn als klugen Denker aus. Mit dem Wiener Schriftsteller Hugo von Hofmannsthal ist er eng befreundet. Die beiden gehen gemeinsam auf Reisen.

Beim Ausbruch des Kriegs lässt Harry Graf Kessler sich vom nationalistischen Taumel mitreißen. Er meldet sich zur Armee und dient an der Karpatenfront und in Verdun. Die Euphorie weicht dem Entsetzen. Er erlebt den „Wahnsinn des Massenmordes“ und wird nach dem Zusammenbruch des Deutschen Reichs zum „roten Grafen“, der Sympathien für die Revolution äußert und in Berlin auf die Barrikaden steigt. Im November 1918 wird Kessler von den revolutionären Arbeiterräten in Paris mit einer heiklen Mission betraut. Er soll Józef Piłsudski, den späteren polnischen Ministerpräsidenten und „Marschall Polens“, aus seiner Magdeburger Gefängniszelle abholen und in einen Zug nach Warschau setzen. Piłsudski hat in der I. Brigade der polnischen Legion unter k. u. k. Befehl gegen die russische Armee gekämpft. Der Nationalist setzt sich für die Errichtung eines unabhängigen Polens ein, wofür die Niederlage des Zarenreichs Voraussetzung ist.

Józef Piłsudski wird tatsächlich zum ersten Führer des neuen Polen. Seinen Bekannten Harry Graf Kessler schicken die Berliner Revolutionäre nach Warschau. Er soll als Botschafter den Rückmarsch deutscher Divisionen aus der Ukraine verhandeln, was er auch tut. Nur einen knappen Monat wird Kessler in Warschau Botschafter des Deutschen Reichs bleiben. Dann werden er und seine Delegation von nationalistischen Polen vertrieben.

Im Dezember 1924 tingelt Harry Graf Kessler durch die Säle seines selbst gewählten Wahlkreises. Er will für die linksliberale Demokratische Partei – und für sich – einen Reichsratssitz erobern.

Er täuscht sich. Immer wieder werden die Versammlungen von politischen Gegnern der nationalen Rechten gestört. Es sind schon die zweiten Wahlen in diesem Jahr. Die Weimarer Republik, deren demokratisches Parlament längst nicht mehr in der kleinen Provinzstadt Weimar tagt, ist politisch höchst instabil. Zwischen linksradikalen Revolutionsträumen, die längst zerplatzt sind, und sich überbietenden nationalistischen Erwartungen, die nicht erfüllt werden können, stolpert Berlin durch Hyperinflation und Arbeitslosigkeit. Demokraten, echte Demokraten, stehen auf verlorenem Posten, umtost von Polemik und politischer Aggression.

Im Berliner Reichstag sind mehr als ein Dutzend Parteien vertreten. Regierungen können nur durch Koalitionen gebildet werden. Diese stehen auf wackligen Beinen. Bei den Frühjahrswahlen im Mai – es sind die ersten nach der Stabilisierung der deutschen Währung und nach Einführung einer „Rentenmark" – verliert die Mitte zugunsten der radikalen Ränder links und rechts.

Der Zentrum-Politiker Wilhelm Marx (nicht mit Karl Marx verwandt) strebt eine „große Koalition" der einigermaßen verantwortungsvoll agierenden Parteien unter Einschluss der Sozialdemokraten an. Er scheitert. Die Parteiegoismen widersprechen jeder Vernunft – und werden schließlich in wenigen Jahren den Aufstieg der totalitären Hitler-Partei befördern.

Noch hofft die „Mitte". Noch glaubt Harry Graf Kessler, dass die linksliberale Demokratische Partei einen Wahlsieg einfahren kann. Noch stehen die Chancen nicht schlecht. Innerhalb weniger Monate hat sich das Blatt gewendet. Die Arbeitslosigkeit ist seit dem Sommer von mehr als 12 Prozent auf nur noch sieben Prozent im November zurückgegangen. Die Löhne steigen, die Arbeitszeit sinkt. Der Nährboden für das Wachstum radikaler Gruppierungen trocknet aus. Nach dem Rücktritt der Minderheitsregierung von Reichskanzler Wilhelm Marx wird im Spätherbst eine Gegenbewegung erwartet. Die Sozialdemokraten, das bürgerliche Zentrum, die diversen – mehr oder minder – nationalen Parteien hoffen, den Vormarsch der ganz Radikalen zu bremsen. Im August stimmt der Reichstag dem „Londoner Abkommen" zu, das die Reparationszahlungen neu regelt und zu nationalistischen Aufwallungen führt.

Am Wahltag gibt der Kandidat seine Stimme im ostwestfälischen Städtchen Minden ab. „Nachher im wunderschönen Dom einen Augenblick der Messe beigewohnt.“ Um Gottes Segen zu erlangen, reicht der Messbesuch offenbar nicht aus. Am Sonntag fährt Harry Graf Kessler aus der westfälischen Provinz 360 Kilometer in die Hauptstadt. In der Nacht werden die ausgezählten Stimmen in die Parteizentralen telegrafiert: „Die ersten Ergebnisse lauten günstig … gegen ein Uhr zu den Sozialdemokraten, die einen besseren Nachrichtendienst haben … Starke Zunahme der Sozialdemokraten, aber auch der Deutschnationalen, schwache der Demokraten, Stimmung bei Bier und Schnäpsen gut, aber durch die deutschnationalen Erfolge getrübt.“

Es dauert Tage, bis sämtliche 30 Millionen Stimmen ausgezählt sind. Der Kandidat wird auf eine harte Geduldsprobe gestellt: „Den ganzen Tag in Unsicherheit wegen meiner Wahl. Keine bestimmten Nachrichten aus meinem Wahlkreis.“

Die Sozialdemokraten gehen als Sieger aus der Wahl hervor. Ein gutes Viertel der Deutschen stimmt für die SPD, die 131 Mandate, aber nicht die Macht gewinnen kann. Auch die bürgerlichen Parteien des Zentrums legen zu. Zweitstärkste Gruppe wird die Deutschnationale Volkspartei (DNVP) mit 103 Reichstagsmandaten, vor dem Zentrum. Eine Binsenweisheit bewahrheitet sich: Geht es den Menschen besser, rücken sie zur Mitte, verlieren die Radikalen. Die deutschen Kommunisten kommen gerade auf 8,9 Prozent, und ihre krakeelenden Gegenspieler werden überhaupt zerrieben. Die drei „nationalsozialistischen“ Gruppierungen, die sich zu einer Plattform zusammengeschlossen haben, werden im Vergleich zur Maiwahl 1924 halbiert. Lediglich 14 von insgesamt 493 Abgeordnetensitzen gehen an die „Hakenkreuzler“, die mit kaum drei Prozent eine marginale Größe darstellen. Einer ihrer lautstärksten Anführer sitzt derweil noch in lockerer „Festungshaft“ im bayrischen Landsberg.

Er schweigt, muss schweigen, weil ein Gericht ihm „Redeverbot" erteilt hat. So kann sich Hitler aus den Streitereien der sektiererischen Fraktionen der nationalsozialistischen Bewegung heraushalten. Während er schweigt, bringt der 34-jährige ehemalige Gefreite seine politischen Zielsetzungen zu Papier. Er wird das Programm *Mein Kampf* nennen. Versuche der bayrischen Behörden, den „Staatenlosen" über die Grenze nach Österreich abzuschieben, scheitern an der Weigerung seines einstigen Heimatlands, ihn wieder aufzunehmen.

Am 9. Dezember steht das Ergebnis der Reichstagswahl fest. Harry Graf Kessler schreibt nur eine Zeile in sein Tagebuch: „Ich bin nicht gewählt." Kaum neun Jahre – und eine Weltwirtschaftskrise – später wird der schon nach wenigen Monaten aus der Festungshaft entlassene Putschist Adolf Hitler in Berlin zum Reichskanzler ernannt. Im Frack täuscht er Bürgerlichkeit vor.

Harry Graf Kessler verlässt das Land und emigriert nach Frankreich. Seine Aufzeichnungen führt er weiter. Tag für Tag.

EIN SCHOCK FÜR DIE ZIONISTISCHE BEWEGUNG

„HANS HERZL IST TATSÄCHLICH ZUM KATHOLIZISMUS ÜBERGETRETEN.“

4. DEZEMBER · Josef Redlich ist es eine Tagebucheintragung wert. Von 1869 bis 1936 notiert der Wirtschaftswissenschaftler, Schriftsteller, Politiker, Reichsratsabgeordnete, kurzzeitige k. u. k. Finanzminister alles, was ihm wichtig erscheint, in seine Quarthefte. 1924 ist Josef Redlich nachlässig geworden. Nur zwölf Einträge verfasst er fürs ganze Jahr. Am 4. Dezember schreibt er: „Hans Herzl, Sohn von Theodor Herzl, ist tatsächlich zum Katholizismus übergetreten.“

Nun war Theodor Herzl, der Wiener Journalist und Feuilletonredakteur der *Neuen Freien Presse*, ja kein besonders gläubiger Mensch. Aber wenn der Sohn des Begründers der zionistischen Idee, der in einem schmalen Band den *Judenstaat. Versuch einer modernen Lösung der Judenfrage* propagiert, katholisch wird, dann rechtfertigt das eine Tagebucheintragung. „Tout Vienne“ tratscht darüber. Herzl, der Vater, erlebt den Religionswechsel seines Sohns nicht mehr. Er ist vor 20 Jahren in der Wasserheilanstalt Edlach an der Rax an einer Lungenentzündung gestorben, gerade einmal 44 Jahre alt. Ein nicht näher definiertes Herzleiden lässt den in Budapest geborenen Wiener immer wieder an einen baldigen Tod denken: „Ich bebe, daß ich hinfahren könnte über Nacht, Hinfahren, ehe ich dies Werk vollbracht.“

Im Jahr seines Todes klammert sich der Kulturchef der *Neuen Freien Presse* an ein vages Versprechen des britischen Kolonialministers Joseph Chamberlain. Der Vater des späteren Premierministers hat den Zionisten ein Siedlungsgebiet auf dem Mount-Kenya-Massiv in Aussicht gestellt. Geografisch nicht sehr präzise spricht der Brite von „Uganda“. Dort, auf einer Fläche von 13 000 Quadrat-

Theodor Herzl als Vater mit seinen drei Kindern Hans, Margarete („Trude") und Pauline. Der Journalist wohnt mit seiner Familie in einer Villa im Währinger Cottageviertel.

kilometern, will Herzl eine Million europäischer Juden ansiedeln. Die Utopie wird – wenig überraschend – scheitern, die Idee eines Staates Israel wird vier Jahrzehnte nach Herzls Tod verwirklicht.

Der Schriftsteller hinterlässt seine Frau Julie und drei Kinder. Hans Herzl ist der einzige Sohn. Und er zerbricht an seinem (Über-) Vater, der posthum zum Gründervater Israels wird. Nach dem Tod Herzls übernimmt die zionistische Bewegung quasi die Vormundschaft über die Familie ihres Leitgestirns. Herzl vererbt seinen Kindern kein Vermögen. Er hat praktisch seine sämtlichen Einkünfte für die Umsetzung der Idee, für das jüdische Volk in Palästina einen eigenen Nationalstaat zu gründen, ausgegeben. Um die Familie sorgt er sich weniger.

Hans Herzl wird von zionistischen Kreisen zur schulischen Ausbildung nach England geholt. Was immer er auch beginnt, er schließt nichts davon ab. Nicht einmal das College. Er hadert mit dem Schicksal, „nur" Sohn eines berühmten Vaters zu sein. Seine Suche nach dem rechten Glauben ist eine bewusste Abwendung vom Vater. Mit der Aufgabe seiner jüdischen Identität hofft Hans Herzl, eine eigenständige Persönlichkeit zu werden: Vatermord durch Aufgabe der religiösen Heimat. Auch darin scheitert Hans, der nie wirklich zum gläubigen Katholiken wird.

Seine Schwester Pauline zerbricht ebenso im und am Leben. Im Sommer 1930 wird die junge Frau in Bordeaux wegen Landstreicherei verhaftet, aufgrund ihres desaströsen gesundheitlichen Zustands aber in ein Spital eingeliefert, Pauline ist alkohol- und drogensüchtig. Wenige Wochen später stirbt sie an einer Überdosis Morphium, das in jenen Tagen durchaus freizügig konsumiert wird. Das erträgt ihr Bruder Hans nicht. Am Tag vor ihrem Begräbnis am jüdischen Friedhof der französischen Hafenstadt bringt sich Herzls Sohn um. Der österreichische Konsul in Bordeaux informiert die Jewish Telegraphic Agency. Er ist sich nicht sicher, ob Hans Herzl österreichischer Staatsbürger ist. In seiner Anzugstasche findet die Polizei gerade einmal sieben englische Pfund, aber keinen Pass. Im Hotelzimmer werden zwei Abschiedsbriefe entdeckt. Der „Katholik" wünscht sich, auf einem jüdischen Friedhof in Wien begraben zu werden. Ist es eine posthume Versöhnung mit dem Glauben seines Vaters? Sein letzter Wunsch bleibt unerfüllt.

Hans wird neben seiner Schwester Pauline beigesetzt. Der Rabbiner von Bordeaux sieht darüber hinweg, dass Hans Herzl zum Christentum konvertiert ist und daher eigentlich nicht auf einem jüdischen Friedhof begraben werden dürfte. Erst Jahrzehnte nach seinem Tod und nach der Überführung der Überreste seines Vaters nach Israel wird die Familie Herzl in Tel Aviv wiedervereint.

DAS AUTOMOBIL BEGINNT DIE WELT ZU VERÄNDERN

„BENZINDUFT SCHEINT HIER MODEPARFÜM GEWORDEN“

10. DEZEMBER · „Berlin ist wieder Berlin! Die Inflation, die Trübsal, den Pessimismus, die Schwarzseherei hat das lebensfrohe Spree-Athen – wie zu hoffen steht: endgültig! – überwunden. Vorbei! Vorbei! Berlin, Weihnachtsausgabe 1924, lacht wieder, tanzt, flirtet und – autelt! Benzinduft scheint hier nachgerade Modeparfüm geworden, Geruch der Straße in den noblichen Vierteln, Odeur des selbstbeweglichen Vermögens der soundsoviel obersten Tausend.“ Die technische Monatszeitung *Motor – der Flug. Illustrierte Zeitschrift für Automobilismus, Luftfahrt und Motorbootsport* widmet ihre Dezember-Ausgabe im Verlag Weiler & Co. zur Gänze der Berliner Automobilausstellung, und das hochtourig. Das Auto – noch mit dem Zusatz „-mobil“ – beginnt seine Herrschaft in den Städten anzutreten.

Die Mobilität eilt dem Wirtschaftswachstum voraus. Noch ist die deutsche Autoindustrie von den großen Messen der Siegermächte verbannt. Die Amerikaner, die Engländer, die Franzosen bleiben unter sich. Die deutsche Konkurrenz wird ausgesperrt – das Los der Besiegten. Doch sechs Jahre nach Kriegsende kommen die Maschinen der deutschen Automobilfabriken auf Touren. Bei der dritten Berliner Automobil-Ausstellung, die in zwei großen Hallen am Kaiserdamm in Charlottenburg stattfindet, zählt die österreichische Technikzeitschrift bereits tausend Aussteller, etwa 70 Automobilfabriken stellen ihre vierrädrigen Exponate vor. Und die Massen kommen, die Hallen sind für den Besucheransturm zu klein.

Das Automobil legt den Vorwärtsgang ein. Der Luxus auf vier Rädern beginnt sich zu demokratisieren. Die *Neue Berliner Zeitung* begründet die Notwendigkeit der Massenmotorisierung: „Deutschland ist nicht mehr reich genug, um sich den Luxus der Zeitverschwendung leisten zu können. Lange zeitraubende Fahrten zur Arbeitsstätte stellen für den Werktätigen einen wirtschaftlichen Nachteil dar."

Es geht um den Markt der Zukunft. Selbst den Begriff „Volkswagen" gibt es bereits. Die Industrie hat längst erkannt, dass in der Masse der Gewinn steckt. Henry Ford hat es in Detroit vorgemacht. Sein Ford Modell T wird dank Fließbandarbeit das erste Automobil für Millionen. Kostet dieses umgangssprachlich „Tin Lizzy" genannte Automobil vor dem Krieg noch 825 Dollar, sinkt der Preis durch die günstige Fabriksproduktion auf 260 Dollar.

In Berlin macht der Begriff des „Jedermannswagens" die Runde. Nur wenn sich der Mittelstand ein Auto leisten kann, wird sich diese Art der Fortbewegung durchsetzen. Die Adam Opel AG hat in Rüsselsheim den Opel 4/12 PS konzipiert. Der offene Zweisitzer ist das erste deutsche Auto, das nach amerikanischem Muster am Fließband produziert wird. Es hat gerade mal zwölf Pferdestärken unter der Motorhaube und wird in Einheitsgrün ausgeliefert. Extras und Sonderwünsche gibt es nicht. Die sprichwörtliche Berliner Schnauze macht aus dem ersten „Volkswagen" einen „Laubfrosch". „Da ist er, der Volkswagen, der Liebling des automobilistischen Mittelstandes, der Sohlenschoner der Halbarrivierten", jubelt das Wiener *Motor-Magazin.* „Ein rechtschaffener, gutbürgerlicher Kleinwagen ist es, dem nichts fehlt als eben der rechtschaffene, gutbürgerliche Preis."

Auch die Firma Hanomag setzt auf das (vergleichsweise) billige Automobil für den gehobenen Mittelstand. Für 2300 Reichsmark bekommt der Käufer des Hanomag 2/10 PS einen Zweisitzer mit einem Einzylinder-Viertaktmotor und einer Höchstgeschwindigkeit von 60 Stundenkilometern. Das Gefährt muss auf alles verzichten, was Karosseriebauer damals eigentlich schon können. Der aus Sperrholz gebaute Wagen ist nicht ganz drei Meter lang, hat keine Kotflügel und ähnelt einer Kiste. Auch der Hanomag bekommt binnen Stunden einen Spitznamen verpasst: „Kommissbrot". So wird das rechteckige Vollkornbrot für die Soldaten genannt. Haltbar in Dosen versiegelt. So unverwüstlich sollte der „Hanomag" ja auch sein. Es fehlt auch nicht an Spott für die billige Konstruktion: „Zwei Kilo Blech, ein Kilo Lack – fertig ist der Hanomag!"

Wien rumpelt der mobilen Zukunft hinterher. Die „Breitner-Steuern" bremsen die Kraftfahrzeuge. Der sozialdemokratische Stadtrat wird zum Feindbild und verspottet: „Darum auch kennt Berlin nicht den ‚letzten Schrei' der Donaustadt, den inmobilisierten Automobilismus."

Aber selbst prohibitive Sonderabgaben für Autobesitzer können den Fortschritt auf den Straßen nur verlangsamen, nicht stoppen. Von 1913 bis 1921 verdoppelt sich die Zahl der über Wiens Straßen rumpelnden Kraftfahrzeuge. Und 1924 sind in Österreichs Hauptstadt gut 15 000 Autos zugelassen. Bald wird es auch in Wien bei der Oper den ersten markierten Fußgängerübergang geben müssen. Fahrbahn und Gehsteige werden getrennt. Das Automobil verlangt eine Aufteilung der Bereiche. Die Flaneure werden buchstäblich an den Rand gedrängt. Die Straße gehört ab nun dem Auto, obwohl die Tramway weiterhin das Transportmittel für die Massen bleibt. Das ausgedehnte innerstädtische Schienennetz ist das Rückgrat des öffentlichen Verkehrs, die Tramway fährt bald elektrisch, und auch die von Otto Wagner noch in der k. u. k. Zeit konzipierte Stadtbahn wird auf Strombetrieb umgestellt. Eine U-Bahn, wie es sie in Budapest bereits gibt, will sich Wien nicht leisten.

Berlin hat Wien in Sachen individuelle Mobilität längst überholt. „Draußen im Reiche sind die Autos nach wie vor auf dem Laufenden … Führen ein bewegtes Leben, tagaus, nachtein, haben es ganz blödsinnig eilig, als gelte es, einer Hochkonjunktur entgegenzurasen, die – wie Wirtschaftspropheten unentwegt versichern – im bestimmten Anrollen ist."

Auch Österreichs Industrie will vom deutschen Aufschwung profitieren. Nach der Teilnahme an der Brüsseler Automesse ist

Wien in Berlin erstmals nach dem Krieg mit mehreren Fabrikaten vertreten.

Steyr stellt seinen bekannten Sechszylinder 12/40 PS aus. Und Austro-Daimler präsentiert seine beiden Typen 10/40PS und 17/60PS in mehreren Karosserievarianten. Mercedes (noch ohne den Zusatz Benz) zeigt seine Neuschöpfungen in einem eleganten Wohnzimmer in der Messehalle. Die Mercedes Benz AG wird erst in ein paar Wochen im Februar 1925 durch den Zusammenschluss der Daimler-Motoren-Gesellschaft mit Benz & Cie. gegründet. Mit einem 140 PS starken Motor beginnt das Aufrüsten bei den Motorstärken und der Lärm in der Stadt.

Der Wiener Journalist Ludwig Hirschfeld, der einen höchst erfolgreichen „alternativen" Reiseführer über die Donaumetropole herausgibt, klagt über eine „zunehmende Gereiztheit und Überempfindlichkeit gegen die Außenwelt, insbesondere gegen Lärm". Und der deutsche Kulturphilosoph Theodor Lessing beschwert sich über „viel Lärm, rasendes Gefauche von Autos und elektrischen Bahnen selbst in der Nacht". Die Hupsignale der Automobilisten, die sich, vorbei an den viel langsameren Pferdefuhrwerken, ihren Weg auf den Straßen bahnen, lösen das Hufgeklapper langsam ab.

Alles beschleunigt sich. Der Fortschritt wird laut.

Das Automobil wird zum modernen Auto. Ein Fahrzeug verändert die Welt. Massen werden mobil. Fließbandarbeit verbilligt auch viele andere Konsumgüter.

RUDOLF WACKER MALT EINE KLEINE SCHWEINEREI

„ES HILFT NICHTS, WIR MÜSSEN DURCHHALTEN."

11. DEZEMBER · Rudolf Wacker ist Maler, ein Zeitgenosse von Egon Schiele. Dieser ist schon seit sechs Jahren tot, gestorben an der Spanischen Grippe, wie drei Tage zuvor seine schwangere Frau Edith. In einem Brief an seine Mutter schreibt Schiele am 27. Oktober 1918: „Edith erkrankte gestern vor acht Tagen an spanischer Grippe und bekam Lungenentzündung dazu. Auch ist sie im VI. Monat der Schwangerschaft. Die Krankheit ist äußerst schwer und lebensgefährlich; – ich bereite mich bereits auf das Schlimmste vor, da sie fortwährend Athemnot hat." Zu diesem Zeitpunkt ist Schiele noch nicht erkrankt, oder er verschweigt es seiner Mutter. Vier Tage später ist auch das – wahrscheinlich – größte Malergenie seiner Zeit tot.

Rudolf Wacker geht es auch nicht gut, aber er lebt. Der geborene Vorarlberger sucht nach Studienjahren an der Kaiserlich-Königlichen Fachschule für gewerbliches Zeichnen in Bregenz und an der Weimarer Mal- und Zeichenschule in Wien den Erfolg, der ihm allerdings verwehrt bleibt, obwohl zu seinen Lehrern der Osttiroler Albin Egger-Lienz zählt. Wacker findet zwar Galeristen, die ihm Ausstellungen ermöglichen, aber seine Bilder verkaufen sich mehr schlecht als recht. Der Mittelstand wird durch die Inflation enteignet, für Spekulanten sind Wackers Bilder nicht „schön" genug. Einen Markt gibt es nur für kleinformatige Stillleben. Ein paar verkauft der Bregenzer in Wien. Die Wintermonate verbringt Wacker in Berlin. Dort erwartet er sich mehr Verständnis für seine Kunst. Die deutsche Hauptstadt ist das Zentrum der Avantgarde.

Künstlerisch ist der Vorarlberger anerkannt. Die Österreichische Gemäldegalerie im Oberen Belvedere kauft eines seiner Stillleben. Er selbst hofft, eine Professur an der Akademie der bildenden Künste in Wien zu erhalten. Chancenlos. 1924 malt er ein *Selbstbildnis mit Rasierschaum* und ein *Selbstbildnis mit Palette*. Auf der Staffelei steht ein Frauenporträt, Modell ist wahrscheinlich die Geliebte seines Freundes Josef Genser. Sie wird immer ohne Vornamen genannt: Frau Klimesch. Wacker malt sie oft in erotischen Posen. Eine spitze Brust ragt aus dem Kleid. Das anstößige Detail muss später überpinselt werden. Dazu schreibt er an Genser: „Auf dieser Rückseite male ich Fr. K. à la Klebebild und das eine nur sichtbare exhibitionierte Brüstchen dabei ist oben erwähnte kleine Schweinerei.“ Der Maler selbst porträtiert sich „verbissen, fanatisch, ingrimmig, satanisch, in der Farbe gelb u. grün“. Das entspricht seinem Seelenzustand.

In seinem Tagebuch notiert er in der Adventszeit: „Es ist von Woche zu Woche kein Geld da, alle sind verstimmt, man sieht nur Sorgen, hört Jammer…Solange ich an meine Arbeit glaube will ich nichts anderes tun, ich möchte lieber nicht mehr leben.“

Die Todessehnsucht bleibt unerfüllt. Der Maler findet Halt in seiner Arbeit – Porträts, Stillleben, Masken und Puppen. 1924 wird zum künstlerischen Wendepunkt in seiner Laufbahn. Erstmals wendet sich Wacker der Ölmalerei zu. Bei einer Ausstellung in Weimar zeigt er Gemälde. Ein Jahr später ist Rudolf Wacker in seiner Heimat bei der Ausstellung der Vorarlberger Kunstgemeinde mit mehr als einem Dutzend Bildern vertreten.

Heute zählt der damals Unterschätzte zu den wichtigsten Malern der „Neuen Sachlichkeit“. Mit Anton Reichel, dem Kustos der grafischen Sammlung Albertina in Wien, beginnt Wacker eine Korrespondenz. Reichel wird für den Maler aus dem „Ländle“ zum Anker im Wiener Kunstbetrieb. Er unterstützt Wacker, versucht einige Werke für die Albertina zu erwerben. Ankäufe durch Museen sind in den 1920er-Jahren für Künstler überlebenswichtig. Private Mäzene, finanziell potente Sammler sind im Nachkriegswien rar. „Es ist in dieser Zeit fast unmöglich, irgendeine Stelle zu bekommen.

Es hilft nichts, wir müssen durchhalten … Solange ich an den Sinn meiner Arbeit glaube, solange kann ich die Sinnlosigkeit, dass viele schlechtere Maler sehr gut existieren können, nicht einsehen. Aber diese Depressionen sind abscheulich."

Schließlich gelingt es Wacker doch, sich finanziell auf sicheren Boden zu retten. Er bekommt eine Anstellung an der Bregenzer Gewerbeschule und lehrt Aktzeichnen. Im Ständestaat wird seine Arbeit geschätzt. Rudolf Wacker darf Österreich bei der Biennale in Venedig vertreten. Im Pavillon von Josef Hoffmann in den Giardini wird ein Werk von ihm ausgestellt. Der künstlerische (und finanzielle) Erfolg stellt sich erst Jahrzehnte später ein, als Wacker schon lange tot ist (er stirbt 1939). Sein Selbstporträt aus dem Jahr 1924 wird in einem Wiener Auktionshaus um mehr als eine halbe Million Euro versteigert. Es ist heute in einem Wiener Privatmuseum zu sehen.

Weihnachten 1924 verbringt Rudolf Wacker in Vorarlberg. „Der Weihnachtsabend daheim war schön, nicht so traurig, als ich gefürchtet hatte. Wir waren wieder einmal alle so nah beisammen."

FRITZ HAARMANN WIRD 24 MAL ZUM TODE VERURTEILT

„ES IST KEIN VERGNÜGEN, EINEN MENSCHEN ZU TÖTEN."

19. DEZEMBER · Richter Otto Böckelmann spricht am Vormittag des 19. Dezembers im Landgericht Hannover das Urteil. Der Angeklagte Fritz Haarmann wird wegen 24-fachen Mordes verurteilt, 24 Mal wird die Todesstrafe verhängt. Vollzogen wird das Urteil im April des nächsten Jahres mit dem Fallbeil. Die Causa des Serienmörders Haarmann ist das internationale Medienereignis der 1920er-Jahre. Die grauenhaften Details seiner zwei Dutzend Lustmorde (vielleicht waren es auch mehr) an homosexuellen jungen Männern, die er im Bahnhofsmilieu von Hannover anspricht und in seine schäbige Dachwohnung mitnimmt, erregen die Öffentlichkeit und die Politik in der Weimarer Republik.

Der 45-jährige Fritz Haarmann liefert sich im Juni 1924 selbst der Polizei aus. Er betritt die Wache am Hauptbahnhof Hannover und übergibt den Beamten einen 17-Jährigen, der unter öffentlicher Fürsorge in einem städtischen Heim wohnt. Der Bursch habe sich „herumgetrieben". Bei der Einvernahme durch die Bahnhofspolizei behauptet der junge Mann, Haarmann habe ihn mit einem Messer bedroht, es sei zu Sexualverkehr gekommen. Er hat überlebt. Dutzende andere jüngere Männer nicht. Fritz Haarmann gesteht später in Polizeigewahrsam, mehrere Männer am Höhepunkt des Geschlechtsakts mit einem Biss in die Halsschlagader oder den Adamsapfel getötet zu haben.

Der vermeintliche Kleinkriminelle Fritz Haarmann ist amtsbekannt. Er liefert immer wieder Zunds aus der einschlägigen Szene von männlichen und weiblichen Prostituierten an die Polizei und ist bei den Kriminalkommissaren dafür gut angeschrieben. Hannover hat sich nach dem Weltkrieg zu einem internationalen Schwarzmarkt entwickelt. Die Kriminalpolizei ist chronisch unterbesetzt und auf „Geschäfte“ mit Kriminellen angewiesen. Der „Kleinunternehmer“ Haarmann kann sich sogar einen Polizeiausweis organisieren und kommt so durch jede Sperre. Gelegentlich empfängt der Mörder auch Gesetzeshüter in seiner desolaten Wohnung, bewirtet sie mit „Kognak und Hackfleisch“.

Fritz Haarmann bewegt sich im Strichermilieu. Jugendliche aus zerrütteten sozialen Verhältnissen, Ausreißer, Kleinkriminelle, männliche Prostituierte wissen, dass man in seiner schmutzigen Wohnung in der Hannoveraner Altstadt übernachten kann. Er vermittelt die Burschen auch an einschlägig Interessierte, handelt mit Kleidern und Lebensmitteln. Sogenannte „Sittlichkeitsverbrecher“ nach § 175, der gleichgeschlechtliche Beziehungen unter Strafe stellt, werden in seiner Akte beschrieben. Haarmann soll ferner pädophile Neigungen haben und diese auch ausleben.

Schon sechs Jahre vor seiner Verhaftung wird der Polizeiinformant mit dem Verschwinden eines jungen Mannes in Verbindung gebracht. Friedel Rothe wird zuletzt mit dem deutlich älteren Haarmann gesehen. Dann verlieren sich seine Spuren. Friedel kommt nicht nach Hause. Seine Eltern erstatten Anzeige und geben Hinweise auf Haarmann. Bei einer nächtlichen Razzia verhaften Polizisten den Schieber und einen jungen Mann, der unbekleidet in Haarmanns Bett liegt.

Genaue Nachschau halten die Polizisten nicht. Sie hätten sonst den abgetrennten Schädel Friedel Rothes hinterm Kamin entdeckt. „Der Haarmann ist doch ein gutmütiger Kerl“, sagt der Kriminalbeamte Jahre später vor Gericht aus. Niemand hätte ihm eine solche Bluttat zugetraut. Alle Nachforschungen im Fall Rothe verlaufen im Sand. Die Eltern des jungen Burschen äußern zwar einen schwerwiegenden Verdacht: „Dieser Haarmann, der der Polizei bekannt ist, soll junge Leute an sich locken und mehrere sollen seitdem spurlos verschwunden sein.“ Weitere Ermittlungen lehnen die Eltern jedoch ab. Sie fürchten, dass dadurch in ihrem Freundeskreis die Homosexualität ihres Sohnes bekannt werden könnte. Das wäre eine Schande. Und so kann Haarmann sechs Jahre lang weitermorden und zwei Dutzend junge Männer töten. Der „Vampir von Hannover“ steigert sich regelrecht in einen Blutrausch hinein. Im letzten Monat vor seiner Verhaftung tötet er jede Woche einen jungen Mann, bricht über dessen Leiche zusammen. Ihm graut vor der Arbeit der „Zerstückelung“: „Es ist kein Vergnügen, einen Menschen zu töten“, wird er später dem Gerichtspsychiater anvertrauen.

Durch den Besuch auf der Bahnhofs-Polizeistation in Hannover liefert sich Haarmann selbst der Justiz aus. Ist es eine unbewusste Flucht vor seinem Trieb? Ist es Eitelkeit? Der Drang nach Berühmtheit? Tatsächlich genießt Haarmann während des Prozesses die überbordende mediale Aufgeregtheit. Er will durch seine Taten bekannt werden. Er wünscht, dass seine Hinrichtung gefilmt, sein Tod in den Kinos gezeigt wird. „Ich will geköpft werden, dann habe ich Ruh.“ Tatsächlich erreicht er posthum sein Ziel. Haarmann wird berühmt. Es werden Romane und Sachbücher über ihn verfasst, sein Leben und seine Morde werden in Filmen, Wochenschauaufnahmen, Theaterstücken und sogar in einem zynischen Gassenhauer verewigt. „Warte, warte nur ein Weilchen, / dann kommt Haarmann auch zu dir, / mit dem kleinen Hackebeilchen / macht er Leberwurst aus dir.“ Das abgrundtief Böse wirkt im grellen Scheinwerferlicht grauenhaft normal.

Nach der Urteilsverkündung fünf Tage vor Weihnachten sagt der Angeklagte, dass „er das Urteil voll und ganz annehme“. Wegen 24-fachen nachweislichen Mordes wird er zu 24-facher Todesstrafe verurteilt.

Die Morde Haarmanns sind charakteristisch für die Zeit, die Not, die Gesellschaft und die verquere Sexualmoral des beginnenden 20. Jahrhunderts. Homosexualität ist in der Weimarer Republik strafbar und wird es auch aufgrund der Haarmann-Morde weiter bleiben. Die Gesellschaft empfindet wenig Mitleid mit den Getöteten. Auch der Mörder verachtet seine Opfer. „Das waren nur Puppenjungens", spottet er nach seiner Verhaftung. Jahrelang ignoriert die Polizei in Hannover Hinweise auf einen Massenmörder, nach den Verschwundenen wird nur nachlässig gesucht, Hinweise aus der Bevölkerung werden nicht beachtet. Was zählt schon das Leben von Obdachlosen, Streunern, männlichen Prostituierten? Wenig.

Erst als im Sommer 1924 Kinder fünf menschliche Schädel aus dem Fluss Leine in der Altstadt von Hannover fischen, wird die Polizei aktiv. Teile des Flussbetts werden trockengelegt. Im Schlamm findet sich eine große Zahl von skelettierten Schädeln, Bein- und Armknochen. Die Gerichtsmedizin identifiziert Überreste von männlichen Jugendlichen im Alter zwischen elf und 22 Jahren. Die Polizei in Hannover ruft die Bevölkerung zur Mithilfe auf. Im Rotlichtmilieu beginnt die Jagd auf mögliche Verdächtige. Nachbarn denunzieren Homosexuelle, „Zigeuner", „Herumtreiber". Konkurrenten, Betrüger und „Schieber" sollen so ausgeschaltet werden.

Tatsächlich gerät auch der Polizeispitzel Haarmann ins Visier der Behörden. Er wird auf der Bahnhofswache festgesetzt und bei der Einvernahme „hart angefasst." Beim Verhör durch Kriminalkommissar Heinrich Rätz gesteht Haarmann schließlich zunächst einige Morde, ehe die ganze grauenhafte Serie publik wird. Die Justiz hat es eilig, den Geständigen vor Gericht zu bringen. Vieles – auch im Verhältnis Haarmanns zur Polizei – ist aufklärungsbedürftig, doch allzu genau will das Gericht nicht hinschauen. Bei der zweiwöchigen Verhandlung geht es kaum um die Hintergründe, sondern mehr um die Tatabläufe. Der psychiatrische Sachverständige Ernst Schultze führt mit dem Mörder lange Gespräche und erklärt ihn für zurechnungsfähig, nur so kann er rasch exekutiert werden. Haarmann selbst schildert, wie er im Moment der sexuellen Erregung seine Opfer getötet hat: „Ich denke, ich habe sie zu fest gebissen, und dann werden sie wohl geschrien haben, und dann werde ich wohl zugegriffen (macht entsprechende Handbewegung) haben. Gebissen habe ich sie – das habe ich den andern Tag gesehen – hier (zeigt auf Hals)." Haarmann leugnet jede Tötungsabsicht. Er habe im Moment höchster sexueller Erregung einfach so handeln müssen. „Wenn ich wieder meine Tour habe, dann passiert was."

Oft braucht der gelernte Schlosser Haarmann tagelang, um die Leichen mit einem Beil und einem Kartoffelmesser zu zerstückeln, das Fleisch in einem Kanonenofen zu verbrennen und die Knochen in der Leine zu entsorgen. „Och, das ist eine furchtbar schwere Arbeit." Der Vorsitzende Richter Otto Böckelmann hält es für „ausgeschlossen", dass der Angeklagte „im geschlechtlichen Rausche" gehandelt habe, obwohl er genau das behauptet. Die empörte Gesellschaft verlangt einen kurzen Prozess, ein rasches (Todes-)Urteil. Keine weiteren Fragen. Paul Schlesinger ist der bekannteste Gerichtsreporter in der Weimarer Republik. Er verfasst seine Essays für die *Vossische Zeitung* und publiziert sie später unter dem Pseudonym „Slang" in Buchform. Auch beim Sensationsverfahren in Hannover ist der Jurist und Journalist auf der Zuhörerbank im Saal. Ihn erinnert das Gerichtsverfahren „mehr an das ärztliche Verhör eines Geisteskranken" als an die reguläre Vernehmung eines Angeklagten.

Fritz Haarmann macht verwirrende Angaben. Einmal spricht er von 16 Opfern, dann wieder von 30 oder mehr. Entschieden leugnet er, das Fleisch der jungen Männer zu Pasteten verarbeitet, selbst verspeist oder verkauft zu haben. Verdächtige Fleischproben werden von der Gerichtsmedizin pauschal als Schweinefleisch identifiziert, ohne sie dazu unterm Mikroskop zu untersuchen.

Der Philosoph und Psychologe Theodor Lessing beobachtet den Prozess als Redakteur des *Prager Tagblatts* und skizziert das triste Milieu, in dem Haarmanns Morde sechs Jahre lang unbemerkt bleiben konnten, im *Berliner Börsen-Courier*: „Da wurde Schores geschoben, geneppt und Klamotten gemaust. Da gingen Elli, Anni, Hilde und Dörchen ihren Geschäften nach und benutzten Haarmanns vorurteilsfreie Zimmer. Da kamen alle Fürsorgezöglinge und schweren Jungens zusammen, und Herr Haarmann als Kriminal wußte immer, wenn eine Razzia war, und machte es im voraus bekannt.“ Theodor Lessing stellt in seinen Berichten für die kulturpolitische Wochenzeitung *Das Tagebuch* Fragen, die nie beantwortet werden. Das Gericht in Hannover schließt den Unbequemen von den Verhandlungen aus. Theodor Lessings Analysen des Mörders ergeben ein Sittenbild – auch – der Justiz: „Obwohl Polizei wie Gerichtsärzte in Hannover wussten: ‚Haarmann mordet Kinder‘, haben sie ihn dennoch laufen lassen.“

Dutzendfacher Mörder. In sexueller Ekstase tötet Fritz Haarmann Dutzende junge Männer. Sein Prozess und seine Hinrichtung werden zum Medienspektakel – samt all den grauenhaften Details.

ALFRED LECHNER LÖST EINE ALLFÄLLIGE ENERGIEKRISE

„DIE VEREINIGUNG VON KOHLENSTOFF MIT SAUERSTOFF“

20. DEZEMBER · Mit Schachtelhalmgewächsen gegen die Kälte. Lösungsmöglichkeiten zur Bewältigung einer allfälligen Energiekrise sind bekannt – seit hundert Jahren. Dr. Alfred Lechner hält vor Weihnachten im Wiener Volksbildungswerk Urania einen Vortrag. Seine beruhigende Conclusio: In den nächsten paar Tausend Jahren wird es weltweit zu keiner Verknappung von Energie kommen. Der Vortragende ist Assistent an der Technischen Hochschule am Wiener Karlsplatz. An diesem Abend in der Volkshochschule verrät er seinem Publikum, dass „Kohlenlager nichts anderes als versteinerte Überreste vorgeschichtlicher Bärlapp- und Schachtelhalmgewächse sind, die durch den Verwesungsprozess immer kohlenstoffreicher geworden sind“. Und da hat er recht. Die versteinerten Farne und Bärlappgewächse dienen als Brennstoff für den Ofen und wärmen: in Form von Kohle.

Der Assistent an der Lehrkanzel für allgemeine und analytische Mechanik versichert den Urania-Besuchern, dass in nächster Zeit sicher keine Energiekrise zu befürchten sei. Kohle gebe es genug, wenn sie nur in ausreichendem Maße aus den Gruben in Böhmen nach Österreich importiert werden könne. Sechs Jahre nach dem Krieg ist die akute Kohlennot überwunden. Mit dem schwarzen Sedimentgestein werden Dampfmaschinen betrieben, wird geheizt und in Wien Stadtgas erzeugt. Ohne Kohle – bittere Not.

Vor ein paar Hundert Millionen Jahren wurden gigantische Farne, Schachtelhalm- und Bärlappgewächse, die die Oberfläche der Erde bedeckten, Opfer einer Klimakatastrophe. Warum und wieso? Alfred Lechner weiß es nicht – und wir wissen es heute, hundert Jahre später, auch nicht, also jedenfalls nicht genau. Alfred Lechner beschreibt das Wesen der Kohle als eine Art Akkumulator: vor Jahrmillionen gespeicherte Sonnenenergie. Die abbaufähigen Kohlereserven der Erde werden 1924 mit 400 Milliarden Tonnen beziffert.

Über Alfred Lechners Vortrag wird in der christlichsozialen *Reichspost* berichtet. „Durch den Verbrennungsprozess wird dem Kohlenstoff wieder Gelegenheit gegeben, sich mit dem seinerzeit von der Pflanze ausgeschiedenen Sauerstoff zu vereinigen, wodurch gebundene Energien frei werden." Lechner beschreibt das – ein wenig poetisch – als die „Vereinigung von Kohlenstoff mit Sauerstoff", also als die Wiederherstellung chemischen Gleichgewichts.

Wenn aber alle Kohle verbrannt ist, was dann? Schon 1924 forscht die Wissenschaft an neuen Energiequellen und zählt durchaus zeitgemäße Alternativen auf. „Die Erzeugung elektrischer Energie kann als Ersatz für Kohle nur in zweiter Reihe in Betracht kommen, da ja der Betrieb eines Dynamos bereits eine Energiequelle voraussetzt."

Solcherart wird die elektrifizierte Zukunft unterschätzt. Auch von der Idee der Gezeitenkraftwerke ist Lechner nicht überzeugt: „Durch die Ebbe und Flut konnte jedoch auf tausend Quadratmetern nur die geringe Leistung von zwei Pferdekräften erreicht werden." Der technische Experte verweist indes auf eine Zukunftstechnologie, die er für Erfolg versprechend hält: Sonnenenergie. „Es wurden auch schon wiederholt Versuche unternommen, die Strahlungsenergie der Sonne zur Leistung von Arbeit heranzuziehen. In Kairo gelang es durch Bestrahlung einer 20 Quadratmeter großen Fläche Wasser in Röhren zum Verdampfen zu bringen, welcher Effekt einer Pferdekraft gleichkam. Daß auch die Energie der bewegten Luft mit Erfolg als treibende Kraft Verwendung finden kann, beweisen uns die Segelschifffahrt und Hollands zahlreiche Windmühlen." Sonne und Wind als Energiequellen der Zukunft. Das sind die Erkenntnisse, die das Publikum in der Urania mit nach Hause nimmt – und die für ein paar Jahrzehnte in Vergessenheit geraten.

DEM RATHAUS GEHT EIN LICHT AUF

„ÖSTERREICH VON DER HERRSCHAFT DER SCHWARZEN KOHLE BEFREIEN“

27. DEZEMBER · Wiens eiserner Rathausmann wird ins rechte Licht gerückt. Vor dem Jahreswechsel beleuchten erstmals drei Scheinwerfer den Ritter an der Spitze des neogotischen Baus am Ring. Wiens Stadtregierung setzt damit ein Lichtzeichen. Denn die 1920er-Jahre pulsieren elektrisch. Die Städte werden hell. Straßenzug um Straßenzug verschwinden die alten Gaskandelaber, die seit dem Weltkrieg die Dunkelheit nur unzureichend erhellen.

Das erste Wasserkraftwerk Österreichs liefert über eine eigene Leitung Starkstrom in die Bundeshauptstadt. Gut hundert Kilometer von Wien entfernt, treibt die Ybbs drei Turbinen im Kraftwerk Opponitz an. In dreijähriger Bauzeit haben bis zu 4000 Arbeiter drei kilometerlange Stollen durch den Felsen getrieben und ein Viadukt errichtet, um das Wasser der Ybbs zum Kraftwerkshaus zu leiten. Vor Inbetriebnahme dieses Wasserkraftwerks wird in Österreich elektrischer Strom vornehmlich aus Kohle gewonnen. Dieser Brennstoff muss um teures Geld importiert werden. Das Kraftwerk Opponitz soll nun Tausende Güterwagen Kohle einsparen. An Klima- und Umweltschutz denkt damals noch niemand. Der Ausbau der Wasserkraft soll Österreichs Wirtschaft unabhängig machen und das Handelsbilanzdefizit halbieren.

Sichtbares Zeichen der neuen Zeit wird das illuminierte Rathaus. „Die Türme, Loggien, Arkaden und Fenster werden durch indirektes Licht aufgehellt, wobei die Glühbirnen unsichtbar bleiben. Interessant und von bester Wirkung ist die Beleuchtung der Fenster, die derart erfolgt, daß in den Fensteröffnungen versteckt Glühlampen angebracht sind, welche die weißen Vorhänge hinter den Fenstern bestrahlen. Es werden rund viertausend Glühlampen in

Stärken von sechzig bis dreitausend Kerzen und drei Scheinwerfer verwendet. Die Festbeleuchtung ist so eingerichtet, daß sie wiederholt werden kann." Und die Wiener kommen und staunen. *Das interessante Blatt* beobachtet, wie „zirka 500 000 Personen am Rathaus vorbeidefilierten". Das alles zur Feier der Vollendung des ersten der Wasserkraftwerke, „die Österreich von der Herrschaft der schwarzen Kohle befreien werden".

Neugierde und Schaulust geht in Wien immer mit Motschgern Hand in Hand. Die *Illustrierte Kronen Zeitung* klagt schon ein paar Tage vor der Illuminierung des Rathauses: „Stadtrat Breitner hat angekündigt, daß der elektrische Kraftstrom verbilligt werden wird. Ihm gestatte ich mir die Anfrage: Wann kommt die Verbilligung für das elektrische Licht? Die Konsumenten des elektrischen Lichtes haben bei jeder Lichtrechnung eine Wasserkraftabgabe von vier Prozent gezahlt. Auch die Gaskonsumenten haben ihren Beitrag für den Bau des Opponitzer Werkes geleistet. Auch sie mußten von jedem Betrage der Gasrechnung vier Prozent als Wasserkraftabgabe entrichten. Nun ist das Opponitzer Werk fertig, und daher ist die Frage berechtigt: Wird sich der Gaspreis um die vier Prozent Wasserkraftabgabe vermindern?"

Tatsächlich senkt die Gemeinde den städtischen Stromtarif. In den drei Jahren seit dem Spatenstich im Jänner 1922 haben die Wiener Stromkunden fast 70 Milliarden Kronen (ungefähr 35 Millionen Euro) für das Kraftwerk in Opponitz gezahlt. Es wird 47 Millionen Kilowattstunden und damit ein Sechstel des damaligen Strombedarfs der Großstadt liefern. Seit hundert Jahren laufen die Turbinen jetzt also schon und decken heute gerade noch ein halbes Prozent des Wiener Bedarfs. Nicht viel, aber immerhin. Die Investitionen von damals rechnen sich bis heute.

EIN MENSCHENFRESSER WIRD VERHAFTET

„ADOLF, DU DICKER MANN!"

29. DEZEMBER · Der Handwerksbursche Vinzenz Olivier aus dem schlesischen Landkreis Strehlen soll einen Brief schreiben. Der junge Mann streunt als Bettler durch die ländliche Gegend rund um Münsterberg in der Nähe von Breslau. 20 Pfennig hat ihm der bärtige Sonderling in dem kleinen Bauernhaus versprochen, wenn er, der des Schreibens kundig ist, für ihn einen Brief zu Papier bringt. „Adolf, du dicker Mann!", diktiert Karl Denke dem Handwerker, der diesen Briefeinstieg seltsam findet und sich lachend übers Papier beugt.

Diese zufällige Bewegung rettet ihm das Leben. Denn währenddessen hat Karl Denke mit einer Spitzhacke ausgeholt und will den Schädel des jungen Mannes zertrümmern. Der Bauer verfehlt den Kopf des Burschen, der zwar aus einer Wunde blutet, aber nicht lebensgefährlich verletzt ist und sich zur Wehr setzen kann.

Der Gewalttäter – von „stattlicher Größe" und mit „kurzem Vollbart" – wird überwältigt. Die Tatzeugen sehen einen Mann, dessen Gesicht „grausig verzerrt" ist und dessen Augen aus den Höhlen treten. Karl Denke „knirscht immerzu mit den Zähnen", sein Körper zuckt, als er von der örtlichen Polizeiwache abgeholt und ins Münsterberger Gefängnis verfrachtet wird.

Das blutende Opfer will davonrennen, es fürchtet, als Streuner in ein preußisches Arbeitslager eingeliefert zu werden. Die Ordnungsmacht wird nicht als „Freund und Helfer" wahrgenommen. Dutzende Männer drohen, Karl Denke zu lynchen. Die Wachmänner müssen den Landwirt vor der Bevölkerung schützen. Nach der Tat haben es dann alle schon immer geahnt: ein wirrer Sonderling, der auf seinem Hof Hunde schlachtet. Ein Einzelgänger, der mit niemandem im Dorf redet. Ein Mann, der bei Prozessionen und Beerdigungen aber immerhin das Kreuz tragen darf, also respektiert ist.

Es sind die letzten Stunden von Karl Denke, der sich als „Menschenfresser von Münsterberg" blutrot in die deutsche Kriminalgeschichte einschreibt. Der „Sonderling" unter der Maske eines frommen Kirchgängers, wie die *Neue Freie Presse* schreibt, erhängt sich nach seinem Geständnis in der Gefängniszelle. Später werden Zeitungen die Polizei in Münsterberg beschuldigen, beim Selbstmord des Gewalttäters Beihilfe geleistet zu haben. Ein toter Mörder erspart einen hochnotpeinlichen Prozess. Seine Taten sind grauenvoll. Bei der Durchsuchung seines Gehöfts entdecken die herbeizitierten Verwandten menschliche Überreste. Fleisch in Kübeln eingepökelt, ausgelassenes Fett von Menschen.

Nach dem Massenmörder Haarmann aus Hannover ist der „Menschenfresser" Denke ein weiterer Kriminalfall, der in Deutschland für Aufsehen sorgt und Grauen und Ekel erregt. Kein Detail wird in den Zeitungsberichten ausgespart. Fünf Morde können rasch nachgewiesen werden, aber es werden weitere Papiere, Arbeits- und Invalidenbescheinigungen vermisster Männer gefunden. Und menschliche Überreste, etwa in Form von zwei „gelblich braunen Hosenträgern aus Menschenhaut", wie im *Grazer Volksblatt* zu lesen ist. Denke soll, wie sich nach seiner Festnahme Nachbarn erinnern wollen, Menschenblut zur Düngung seiner Rhabarberstauden vergossen haben.

Immer waren die Opfer ältere Landstreicher und durchziehende Handwerksburschen. Ob der Mörder das Fleisch seiner Opfer wirklich selbst genossen hat, konnte nicht festgestellt werden, aber „die gründliche Durchsuchung seines Besitztums zeigte, daß er das Fleisch der Getöteten regelrecht bearbeitete und zur Daueraufbewahrung herrichtete".

Die Verbrechen auf dem kleinen Gehöft in Münsterberg sind durch den Tod des Besitzers gesühnt, aber die monströsen Taten werden nie vollständig aufgeklärt. Die Bevölkerung weigert sich, den Täter am Kommunalfriedhof zu bestatten. Immer mehr Details werden entdeckt, vergrabene Knochen in benachbarten Gärten gefunden. Viele Bewohner von Münsterberg erkranken aus Ekel an einem nervösen Magenleiden. Sie weigern sich, Gemüse zu essen. Es könnte mit Menschenblut gedüngt worden sein.

Für Zeitungsleser ist das Jahresende 1924 schaurig und gar nicht schön.

HUGO VON HOFMANNSTHAL UND ARTHUR SCHNITZLER PLAUDERN ZU SILVESTER

„EIGENTLICH WAR ES GESTERN."

31. DEZEMBER · „Mein lieber Hugo, wollen Sie am 31., Mittwoch, letzten Tag des Monats und Jahres bei mir zu Mittag essen, und vorher, je nach Laune und Wetter, im freien oder geschlossenen Raume plaudern?" Die Einladung seines Kollegen Arthur Schnitzler erreicht Hugo von Hofmannsthal per Postkarte in seiner Villa in Rodaun bei Wien, und er wird postwendend und ebenfalls per Karte zusagen. „Ich werde mit Freude am 31ten um ½ 12 zu Ihnen kommen." Der Mitbegründer der Salzburger Festspiele ist um Weihnachten herum noch ein wenig unpässlich, hofft aber, dass „eine kleine Grippe mit etwas Fieber" bis zum Silvestertag auskuriert werden kann.

Hofmannsthal und Schnitzler verbindet seit Jahrzehnten eine wertschätzende Brieffreundschaft. Die beiden Chronisten des deutschsprachigen Fin de Siècle finden lobende Worte über die literarische Produktion des jeweils anderen. Nicht ganz uneitel hat Schnitzler am 6. November Hofmannsthals Lob für seine Novelle *Fräulein Else* bescheiden abgewehrt. „Über das Frl. Else hör ich und les ich von allen Seiten so viel Gutes, dass ich sie im ganzen beinahe überschätzt finden muss."

Tatsächlich wird die Schnitzler-Novelle in den Kanon der deutschsprachigen Literatur aufgenommen werden. Hofmannsthals zur gleichen Zeit geschriebenes Trauerspiel *Der Turm* hingegen wird zwar in den 1920er-Jahren von Thomas Mann („Es ist ein Werk von außerordentlicher Schönheit und von einer Unwillkürlichkeit, die ich im rührendsten und verehrungswürdigsten Sinn dichterisch empfinde") sehr wohlwollend rezipiert, verschwindet aber bald von den Spielplänen der deutschsprachigen Bühnen. Arthur Schnitzler

Hugo von Hofmannsthal und Arthur Schnitzler. Zwei Dichter zwischen Moderne und Monarchie. Als wäre es gestern gewesen.

notiert: „Las den ‚Thurm' zu Ende. Eine Überflüssigkeit auf sehr hohem Niveau."

Im neuen Jahr wird Schnitzler eine Lesereise durch die Schweiz antreten und dies mit einer Engadiner Schnee- und Sonnenwoche verbinden. Beide Dichter stehen im Zenit ihres Ruhms. Vor seiner Abreise in die Schweiz blickt Schnitzler in einem Brief an Hugo von Hofmannsthal ein wenig versonnen auf das Leben und auf turbulente private Zeiten zurück. „Nichts von alledem ahnten wir heute vor 30 Jahren. Und eigentlich war es gestern."

QUELLENVERZEICHNIS

2. FEBRUAR · Thomas Mann und die Aufnahmsprüfung in die Geisterwelt
Mulacz, Peter: *Mensch – Wissenschaft – Magie*. Mitteilungen der *Österreichischen Gesellschaft für Wissenschaftsgeschichte*, Band 33, Wien 2017.
Rawcliffe, Donovan: *Occult and Supernatural Phenomena*, Mineola 1988.
Schrenck-Notzing, Adalbert Freiherr von: *Die Phänomene des Mediums Rudi Schneider*. Aus dem. Nachlass hg. von Gabriele Freifrau von Schrenck-Notzing, Leipzig 1933.
Der Tag, 2. Februar 1924.

5. FEBRUAR · Gold in Chamonix
Illustriertes (Österreichisches) Sportblatt, 9. Februar 1924.
Wiener Sonn- und Montagsblatt, 25. Februar 1924.
https://www.fembio.org/biographie.php/frau/biographie/sonja-henie/
https://olympics.com/de/olympic-games/chamonix-1924 Olympische Winterspiele 1924/Teilnehmer (Norwegen)
https://www.sn.at/sport/wintersport/1928-sie-waren-die-vorreiter-fuer-marcel-hirscher-und-co-23931952
https://www.spiegel.de/geschichte/erste-winterolympiade-olympische-winterspiele-1924-in-charmonix-a-953261.html

8. FEBRUAR · Eine Löwin hält sich nicht ans Drehbuch
Allgemeine Automobil-Zeitung, 16. Juni 1924.
Winkler, Gisela und Dietmar: *Die große Raubtierschau. Aus dem Leben 12 berühmter Dompteure*, 2. überarbeitete Auflage, Berlin 1978.
Zipse, Katrin: SWR2, „Zeitwort", Baden-Baden 2020.
https://www.spiegel.de/geschichte/erster-oscar-gewinner-emil-jannings-a-947762.html

19. FEBRUAR · Zeitungskrieg und Revolverpresse
Kirchweger, Peter: *Inflations- und Revolverpresse in der Ersten Österreichischen Republik*, Dissertation Universität Wien 1985.
Kraus, Friederike: *Wiener Originale der Zwischenkriegszeit*, Diplomarbeit Universität Wien 2008, S. 31 f.
Lanz, Birgit Virginia: *Das Phänomen „E. B." in der Fackel*, Diplomarbeit Universität Wien 2002.
Neue Freie Presse, 21. Februar 1924.
Neues Wiener Journal, 17. Februar 1924.
Pelinka, Peter/Scheuch, Manfred: *100 Jahre AZ*, Wien 1989, S. 77–79.
Die Rote Fahne, 20. Februar 1924.
Thurnher, Armin: „Hinaus aus Wien mit dem Schuft!", in: *Falter*, Nr. 16, 2008, S. 21 f.
http://www.biographien.ac.at/oebl/oebl_S/Spitz_Ernst_1902_1940.xml?frames=yes
https://www.geschichtewiki.wien.gv.at/Julius_Bauer
https://www.oeaw.ac.at/fileadmin/Institute/INZ/Bio_Archiv/bio_2012_10.htm

28. FEBRUAR · Das Silberne Zeitalter der Operette
Die Bühne, 8. März 1924.
Der Humorist, 8. August 1924.
Wiener Montagblatt, März 1924, S. 10.
https://www.fembio.org/biographie.php/frau/biographie/fritzi-massary/
https://www.songhall.org/profile/James_P_Johnson

13. MÄRZ · In Wien platzt eine ungeheure Spekulationsblase
Die Börse – Zeitung für das gesamte Wirtschaftsleben, Nr. 19, 2024.
Rechteren, Friedrich von: *Weltwirtschaftskrise der 30er Jahre*, Berlin 2002.
https://www.hypochart.de/inflation/geschichte/waehrungsreform-1923#:~:text=Einführung%20der%20Reichsmark%20und%20Rückkehr%20der%20Reichsbank&text=August%201924%20endete%20die%20Große,%2DDollar%204%2C2%20Reichsmark
https://www.kraus-vorleser.wienbibliothek.at/node/1243?page=2

25. MÄRZ · Griechenland ohne König, Türkei ohne Kalifen
https://www.bpb.de/themen/europa/tuerkei/184976/vom-osmanischen-reich-zur-republik-tuerkei/

1. APRIL · In München endet der Hochverratsprozess gegen Hitler
Frankfurter Zeitung, 3. April 1924.
Gietinger, Klaus: *Hitler vor Gericht*, München 2009.
Gritschneder, Otto: *Der Hitler-Prozeß und sein Richter Georg Neithardt. Skandalurteil von 1924 ebnet Hitler den Weg*, München 2001.
Steger, Bernd: *Der Hitler-Prozess und Bayerns Verhältnis zum Reich 1923/24*, Vierteljahreshefte zur Zeitgeschichte, München 1971.
Das Urteil im Hitler-Ludendorff-Prozess aus dem Jahre 1924 (Staatsarchiv München, STAANW 3098).
Wiener Zeitung, 3. April 1924.
https://www.historisches-lexikon-bayerns.de/Lexikon/Hitler-Ludendorff-Prozess,_1924
https://www.ifz-muenchen.de/heftarchiv/1977_4_3_steger.pdf

2. APRIL · Max Reinhardt eröffnet das Theater in der Josefstadt
Huemer-Strobele, Christiane/Schuster, Katharina: *Theater in der Josefstadt*, Wien 2011.
Österreichisches Biographisches Lexikon 1815–1950, Online-Edition Österreichische Akademie der Wissenschaften.
Die Stunde, 2. April 1924.
Wiener Morgenzeitung, 3. April 1924.
https://apis.acdh.oeaw.ac.at/person/90687
https://data.onb.ac.at/nlv_lex/perslex/R/Reinhardt_Max.htm
https://www.theatermuseum.at/vor-dem-vorhang/ausstellungen/max-reinhardt-und-oesterreich/

9. APRIL · Hekaphon gegen SC Donaustadt
Pensold, Wolfgang: *Zur Geschichte des Rundfunks in Österreich*, Wiesbaden 2018.
https://anno.onb.ac.at/cgi-content/anno?aid=wst&datum=19240409&seite=2&zoom=33&query="Hekaphon"&ref=anno-search
https://austria-forum.org/af/Kunst_und_Kultur/Bücher/TUGraz_200_Jahre/Die_Technik_in_Graz/Otto_Nußbaumer
https://hdgoe.at/hekaphon
www.musiklexikon.ac.at/ml/musik_S/Silving_Bert.xml
https://www.wienerzeitung.at/nachrichten/kultur/medien/347651_Erfolgsstory-Von-der-RAVAG-zum-ORF.html

10. APRIL · Die Reichsgräfin Triangi
Baur, Uwe: *Literarisches System in Österreich 1933/1938–1945*, Wien 2021.
Feldner, Fritz: *Wiener Originale und andere nicht ganz Normale*, Wien 1962.
Kraus, Friederike: *Wiener Originale der Zwischenkriegszeit*, Diplomarbeit Universität Wien 2008.

Die Stunde, 3. Mai 1924.
Die Stunde, 10. April 1924.
Weiss, Hans/Leopoldi, Ronald: *Hermann Leopoldi und Helly Möslein. „In einem kleinen Cafe in Hernals"*, Wien/München/Zürich 1992.
https://www.wienerzeitung.at/nachrichten/wissen/geschichte/996884-Enfant-terrible-des-alten-Oesterreich.html
https://dernostalgiker.at/wiener-originale-reichsgraefin-triangi/

12. APRIL · Alice Schalek reist nach Japan und kämpft für Frauenrechte
Klaus, Elisabeth: „Rhetoriken über Krieg. Karl Kraus gegen Alice Schalek", in: *Feministische Studien. Zeitschrift für interdisziplinäre Frauen- und Geschlechterforschung*, Jg. 26, Stuttgart 2008.
Neues Wiener Tagblatt, 12. April 1924.
Schalek, Alice: *Japan, das Land des Nebeneinander. Eine Winterreise durch Japan, Korea und die Mandschurei*, Breslau 1924.
https://doi.org/10.25595/674
https://www.geschichtewiki.wien.gv.at/Alice_Schalek

14. APRIL · Die Aprilnarretei des Wetters
Illustriertes Wiener Extrablatt, 3. April 1924.
Salzburger Volksblatt, 16. April 1924.

1. MAI · Boxweltmeister Carpentiers Einzug in Wien
Gurk, Paul: *Berlin*. Hg. von Magnus Chrapkowski und Simon Schnorr, Wuppertal/Wien 2016.
Illustrierte Kronen Zeitung, 26. April 1924.
Neue Freie Presse, 2. Mai 1924.
Paterno, Wolfgang: *Faust und Geist. Literatur und Boxen zwischen den Weltkriegen*, Wien 2017.
Paterno, Wolfgang: *Das Mögliche regieren. Duell im Moderne-Labor. Re(a)gieren im Ring – Der Boxer als Repräsentationstypus in der Zeit der Weimarer Republik*, Wien 2014.
Sport-Tagblatt, 26. April 1924.
Sport-Tagblatt, 2. Mai 1924.
https://www.deutschlandfunk.de/paul-gurk-berlin-faszinierendes-portraet-einer-metropole-100.html
https://www.literaturportal-bayern.de/journal?task=lpbblog.default&id=583
https://www.ndr.de/sport/legenden/Max-Schmeling-Stationen-einer-Weltkarriere,schmeling144.html
https://www.wienerzeitung.at/nachrichten/kultur/literatur/969623-Poesie-der-planvollen-Pruegelei.html?em_cnt_page=2

20. MAI · Marianne Hainisch und die Einführung des Muttertags
Elsen, Thierry/Klein, Simone Stefanie (Hg.): *Marianne Hainisch – Die Mutter*, Wien 2016.
Neues Wiener Tagblatt, 1924.

1. JUNI · Das Revolverattentat auf Bundeskanzler Seipel
Höbelt, Lothar: *Provisorium*, Wien 2023.
Neuigkeits-Welt-Blatt, 2. Juni 1924.
Neues Wiener Journal, 2. Dezember 1924.
https://www.diepresse.com/3814040/attentat-auf-kanzler-seipel-ich-glaube-man-hat-auf-mich-geschossen

11. JUNI · Die Affäre Sternberg-Herberstein
Kuh, Anton: *Luftlinien*, Wien 1981.
Kuh, Anton: *Zeitgeist im Literaten-Café*, Wien 1983.
Kuh, Anton: „Wie Adalbert Sternberg aus Wien abreiste", in: *Der Querschnitt*, Nr. 10, Wien 1925.
Die Stunde, 13. Juni 1924.
Neue Freie Presse, 11. Juni 1924.
Röchelt, Hans (Hg.): *Adalbert Graf Sternberg. Aus den Memoiren eines konservativen Rebellen*, Wien 1997.
https://www.waahr.de/texte/wie-adalbert-sternberg-aus-wien-abreiste
www.geschichtewiki.wien.gv.at/Anton_Kuh 16
https://wk1.staatsarchiv.at/kaiser-im-krieg/duellverbot/

23. JUNI · Die verschwundenen Münzen
Jabloner, Clemens u. a.: *Neuordnung im Bankwesen – Veröffentlichungen der Österreichischen Historikerkommission. Vermögensentzug während der NS-Zeit sowie Rückstellungen und Entschädigungen seit 1945 in Österreich.* Hg. von Peter Melichar, Wien/München 2004.
https://anno.onb.ac.at/cgi-content/anno?aid=nwb&datum=19241220&seite=1&zoom=33&query=„Schillingrechnungsgesetz"&ref=anno-search
https://www.projekt-gutenberg.org/kraus/kanonade/chap005.html
https://www.wifo.ac.at/jart/prj3/wifo/resources/person_dokument/person_dokument.jart?publikationsid=60900&mime_type=application/pdf

24. JUNI · Eugenie Schwarzwald fährt nach Gloggnitz zum Begräbnis
Hackenberg, Michael: *Bergbau im Semmeringgebiet*, Archiv für Lagerstättenforschung der geologischen Bundesanstalt, Wien 2003.
Streibl, Robert (Hg.): *Das Vermächtnis der Eugenie*, Wien 2017.
https://www.noen.at/neunkirchen/bezirk-neunkirchen-katastrophe-unter-tage-ueber-das-grubenunglueck-von-1924-bezirk-neunkirchen-100-jahre-niederoesterreich-grubenunglueck-print-314779493
https://www.schlot.at/2009/01/10/nk-gloggnitz-enzenreith-braunkohlebergwerk-hart-1913/

26. JUNI · Zusammenbruch der Depositenbank
Jelinek, Gerhard: *Eine Frage der Herkunft*, Wien 2022.
Pollner, Martin: „Camillo Castiglioni. Ein Lebensbild", in: *Wiener Geschichtsblätter* 66 (2011).
Schlüter, Reinhard: *Der Haifisch. Aufstieg und Fall des Camillo Castiglioni*, Wien 2015.
Stiefel, Dieter: *Camillo Castiglioni oder Die Metaphysik der Haifische*, Wien/Köln/Weimar 2012.
https://austria-forum.org/af/Wissenssammlungen/Essays/Wirtschaft/Geld
https://www.die-wirtschaft.at/die-wirtschaft/koenig-der-spekulanten-40696
https://www.geschichtewiki.wien.gv.at/Banken
https://www.geschichtewiki.wien.gv.at/Camillo_Castiglioni
https://www.wienerzeitung.at/meinung/gastkommentare/2093578-Korruption-mit-Tradition.html

3. JULI · Gebaute Ideologie
Payer, Peter: *Der Klang der Großstadt – Eine Geschichte des Hörens. Wien 1850–1914*, Wien 2018.
Pelinka, Anton: Die *Arbeiterbewegung und die „Graswurzeln" am Beispiel der Wiener*

Wohnungspolitik 1919–1934, Wien 1991.
http://www.rotes-wien.at/content/rote Stichwoerter/breitnerssteuerreform.htm

7. JULI · Schilderung eines unbeteiligten Augenzeugen

Arbeiter-Zeitung, 7. Juli 1924.
Kübler, Walter: *Anton Kuh – eine Biographie*, Göttingen 2018.
Moderne Welt, Heft 15, 1924, Montag, 7. Juli 1924.
Die Rote Fahne, 7. Juli 1924.
https://www.historisches-lexikon-bayerns.de/Lexikon/Freikorps_Roßbach,_1919-1923
https://strombad-kritzendorf.at/
https://www.wienmuseum.at/de/ausstellungen/archiv/riviera-an-der-donau-sommerfri-sche-kritzendorf

9. JULI · Die Biene Maja fliegt ins Kino

Germania, 18. September 1924.
Neues Wiener Journal, 9. Juli 1924.
Paupié, Kurt: *Handbuch der Österreichischen Pressegeschichte 1848–1959*, Band 1 Wien 1960, S. 155 ff.
https://www.monacensia-digital.de/bonsels
https://www.geschichtewiki.wien.gv.at/Neues_Wiener_Journal
https://www.ndr.de/geschichte/Waldemar-Bonsels-Die-braune-Seite-des-Biene-Maja-Schoepfers,waldemarbonsels100.html
https://www.oeaw.ac.at/phonogrammarchiv/phonogrammarchiv/detail/bonsels-tonaufnahme-biene-maja

10. JULI · Fünf Mal Gold für einen Finnen bei den Olympischen Sommerspielen

Sport-Tagblatt, 8. Juli 1924.
Sport-Tagblatt, 17. Juli 1924.
Zeyringer, Klaus: *Olympische Spiele. Eine Kulturgeschichte.* Band 1: *Sommer*, Frankfurt am Main 2016.
https://ericliddell.org/about-eric-liddell/
https://olympics.com/de/olympic-games/paris-1924

13. JULI · Der erste Flug um die Welt

https://anno.onb.ac.at/cgi-content/anno?aid=mon&datum=19240714&seite=2&zoom=33&query=„Weltumflieger“&ref=anno-search
https://anno.onb.ac.at/cgi-content/anno?aid=aze&datum=19240713&seite=6&zoom=33&query=„Weltumflieger“&ref=anno-search
https://www.heise.de/hintergrund/Zahlen-bitte-In-175-Tagen-um-die-Welt-die-erste-Weltumrundung-via-Flugzeug-6202180.html
https://www.thisdayinaviation.com/tag/lowell-herbert-smith

15. JULI · Rapid Wien leistet in Salzburg Entwicklungshilfe

Sport-Tagblatt, 16. Juli 1924.
https://vereine.oefb.at/1Ssk1919/Vereins-Geschichte-1.html

3. AUGUST · Roald Amundsen meldet Bankrott an

The New York Times, 2. September 1928.
https://www.fliegermagazin.de/news/roald-amundsen-startet-vor-87-jahren-mit-dem-wal-zur-ersten-flugexpedition-richtung-nordpol/
https://amundsen.mia.no/en/resource/1924-bankruptcy/
http://www.maudreturnshome.no/uncategorized/maud-is-home/

4. AUGUST · F. Scott Fitzgerald und das Phänomen der Flapper Girls
Reinsch, Ole: „Flapper Girls. Feminism and Conumer Society in the 1920s", in: *gender forum*, Nr. 40, 2012.
Maiwald, Stefanie: *Beach Life*, Augsburg 2023.
https://blog.tagesanzeiger.ch/historyreloaded/index.php/4884/die-erste-frau-im-britischen-parlament/
https://www.dhm.de/zeughauskino/filmreihe/flapper-it-girls-funny-ladies/
https://filmlexikon.uni-kiel.de/doku.php/f:flapper-3265
https://www.history.com/topics/roaring-twenties/flappers

5. AUGUST · Ludwig Wittgenstein bewirbt sich um eine Stelle als Lehrer
Ackerl, Isabella/Weissensteiner, Friedrich: *Österreichisches Personenlexikon [der Ersten und Zweiten Republik]*, Wien 1992.
Jelinek, Gerhard: *Eine Frage der Herkunft*, Wien 2022.
Waugh, Alexander: *Das Haus Wittgenstein. Die Geschichte einer ungewöhnlichen Familie*, Frankfurt am Main 2009.
https://www.alws.at/de/otterthal-1924-1926/ (Wittgensteins Schule in Otterthal 1925 mit seinem Autograph „My School" auf der Postkarte).
https://www.gedaechtnisdeslandes.at/personen/action/show/controller/Person/person/wittgenstein.html
https://www.eurologisch.at/docroot/waehrungsrechner/#/
https://www.wienerzeitung.at/nachrichten/reflexionen/geschichten/855677-Algebra-in-Trattenbach.html?em_cnt_page=2
https://en.wikipedia.org/wiki/Haidbauer_incident

15. SEPTEMBER · Die Sozialdemokratie bäckt das tägliche Brot
Amann, Klaus: *Die Dichter und die Politik. Essays zur österreichischen Literatur nach 1918*, Wien 1992.
Zoitl, Helge: „Gegen den Brotwucher! Die Gründung der Wiener Hammerbrotwerke", in: *Zeitgeschichte*, 1988/16, 3.
https://dasrotewien.at/seite/hammerbrotwerke

20. SEPTEMBER · Fußball wird in Österreich zum Massengeschäft
Die Filmwelt, Nr. 7, 1924.
Jelinek, Gerhard: *Neue Zeit 1919,* Wien 2018.
Maderthaner, Wolfgang/Pfoser, Alfred/Horak, Roman (Hg.): *Die Eleganz des runden Leders,* Wien 2008.
https://www.geschichtewiki.wien.gv.at/Sportklub_Rapid
https://www.skrapid.at/de/startseite/verein/geschichte/unsere-wurzeln/
https://www.hakoah.at/

12. OKTOBER · Das deutsche Luftschiff Z.R. III hebt Richtung New York ab
Neue Freie Presse, 13. Oktober 1924.
Wittemann, Anton: *Die Amerikafahrt des Z.R. III. Mit dem Luftschiff über den atlantischen Ozean. Die Geschichte des gesamten Zeppelinbaues*, Wiesbaden 1925.
https://de.wikipedia.org/wiki/LZ_126
https://de.wikipedia.org/wiki/USS_Shenandoah_(ZR-1)

3. NOVEMBER · Richard Strauss verlässt die Direktion der Wiener Staatsoper
Neue Freie Presse, 3. November 1924.
Neues Wiener Journal, 11. Oktober 1926.
Moderne Welt, V. Jahrgang 1924, Heft 24a.

8. NOVEMBER · Die Eisenbahner streiken, eine Regierung stürzt
Mises, Ludwig von: *Erinnerungen*, Stuttgart 2014.
Schausberger, Franz: *Rudolf Ramek 1881–1941. Konsenskanzler im Österreich der Gegensätze,* Wien 2018.
Die Stunde, Nr. 507, 1924.

4. DEZEMBER · Ein Schock für die zionistische Bewegung
http://www.ag-friedensforschung.de/regionen/Israel1/herzl.html
https://www.jta.org/archive/hans-herzl-son-of-theodor-herzl-commits-suicide-after-funeral-of-sister-paulina
https://www.juedische-allgemeine.de/allgemein/an-vaters-seite/

10. DEZEMBER · Das Automobil beginnt die Welt zu verändern
Motor – der Flug. Illustrierte Zeitschrift für Automobilismus, Luftfahrt und Motorbootsport, Dezember 1924.
https://www.deutschlandfunk.de/in-berlin-wird-die-automobilausstellung-mit-dem-ersten-auto-100.html

11. DEZEMBER · Rudolf Wacker malt eine kleine Schweinerei
Rudolf Wacker – Anton Reichel. Briefe 1924–1936. Jahrbuch des Franz-Michael-Felder-Archivs der Vorarlberger Landesbibliothek, Bregenz 2022.
Rudolf Wacker Symposium, Museum Ortner, Wien 2022.
https://artinwords.de/rudolf-wacker/
https://www.bbw-auktionen.com/de/einlieferungen/wir-suchen-kuenstler/rudolf-wacker-198.html
https://hdgoe.at/schiele
http://rudolf-wacker.info/de/biografie

19. DEZEMBER · Fritz Haarmann wird 24 Mal zum Tode verurteilt
Lessing, Theodor: *Der Fall des Mörders Fritz Haarmann*, Bonn 2019.
Zeitgeschichte, Nr. 1, 2018.
Hannover, Prozeß gegen Friedrich Haarmann Bundesarchiv, Bild 102-00824 / Georg Pahl / CC-BY-SA 3.0.
Das Tagebuch, 1924.
https://litkult1920er.aau.at/themenfelder/das-tage-buch/
https://www.was-war-wann.de/1900/1920/1924.html
https://www.welt.de/geschichte/article167550569/Seine-Opfer-toetete-er-mit-Biss-in-den-Adamsapfel.html

20. DEZEMBER · Alfred Lechner löst eine allfällige Energiekrise
Reichspost, 20. Dezember 1924.

27. DEZEMBER · Dem Rathaus geht ein Licht auf
Arbeiter-Zeitung, 22. Juli 1924.
Illustrierte Kronen Zeitung, 28. Dezember 1924.
Die Stunde, 27. Dezember 1924.
https://opponitz.gv.at/wasserkraftwerk

29. DEZEMBER · Ein Menschenfresser wird verhaftet
Grazer Volksblatt, 29. Dezember 1924
Neue Freie Presse, 28. Dezember 1924
Arbeiterwille, 30. Dezember 1924

NAMENREGISTER

DER AUTOR

GERHARD JELINEK, Prof., Dr., arbeitete 1989–2019 beim ORF, u. a. als Leiter der Abteilung „Dokumentation und Zeitgeschichte" sowie der Sendungen „Report" und „Newton". Der Jurist und erfahrene Journalist gestaltete rund 70 politische und zeitgeschichtliche Dokumentationen und Porträts. Für ServusTV drehte er die sechsteilige Dokureihe „Österreichs wunderbare Jahre" und zuletzt anlässlich des 100. Todestags des letzten Habsburgerkaisers „Kaiser Karl – eine Spurensuche".

BILDNACHWEIS

Geldmuseum der Oesterreichischen Nationalbank (15), Archiv Gerhard Jelinek (17, 87, 149), Frieda Riess/Ullstein Bild/picturedesk.com (20), HARRY/Mary Evans/picturedesk.com (27), AP1924/AP/picturedesk.com (29), Votava/brandstaetter images/picturedesk.com (30, 191), Retrograph Collecti/Mary Evans/picturedesk.com (33), ANNO/Österreichische Nationalbibliothek (34, 37, 47, 60, 72), ÖNB-Bildarchiv/picturedesk.com (54, 212), Österreichisches Theatermuseum/brandstaetter images/picturedesk.com (68), ANNO/Österreichische Nationalbibliothek/Foto: Fayer, Wien (80), Schalek, Alice/ÖNB-Bildarchiv/picturedesk.com (84), Wikimedia Commons/Library of Congress/George Grantham Bain Collection/50384 (100), JTI-Austria (103), Scherl/SZ-Photo/picturedesk.com (107, 235), mauritius images/TopFoto (163), Nasjonalbiblioteket/National Library of Norway/Wilse, Anders Beer (173), Wikimedia Commons/Library of Congress/George Grantham Bain Collection/32426 (176), Rübelt, Lothar/ÖNB-Bildarchiv/picturedesk.com (195), Wikimedia Commons/Library of Congress/George Grantham Bain Collection/37559 (200), Austrian Archives/brandstaetter images/picturedesk.com (221, 244), Ullstein Bild/picturedesk.com (226)

Der Verlag hat alle Rechte abgeklärt. Konnten in einzelnen Fällen die Rechteinhaber der reproduzierten Bilder nicht ausfindig gemacht werden, bitten wir, dem Verlag bestehende Ansprüche zu melden.